高等学校计算机基础教育教材精选

C语言程序设计

（第2版）

孙改平 王德志 主　编

吴　静 盛建瓴 王晓菊 乔　良 副主编

清华大学出版社

北 京

内 容 简 介

本书是按照普通高等院校大学计算机程序设计课程的培养目标和基本要求，结合全国计算机等级考试（二级）最新考试大纲，由多年从事计算机基础教学、具有教学经验的教师编写。全书共分10章，系统地介绍了程序设计概述、数据类型、顺序结构程序设计、选择结构程序设计、循环结构程序设计、数组、函数、指针、结构体和共用体、文件等内容。

本书内容丰富翔实、语言通俗易懂，通过一些有趣的案例激发读者的学习兴趣，通过一些实用案例讲解知识点，把一些繁杂的知识点分散到不同的示例中讲解并应用，通过几个典型案例贯穿整个知识体系。

本书适合作为高等院校C程序设计课程的教材，也可作为计算机各类培训班的教材或计算机及相关工作的科技人员、计算机爱好者及各类自学人员的参考书。

图书在版编目（CIP）数据

C语言程序设计/孙改平，王德志主编. —2版. —北京：清华大学出版社，2019（2025.1重印）
（高等学校计算机基础教育教材精选）
ISBN 978-7-302-52292-8

Ⅰ. ①C…　Ⅱ. ①孙…　②王…　Ⅲ. ①C语言－程序设计－高等学校－教材　Ⅳ. ①TP312.8

中国版本图书馆CIP数据核字（2019）第028655号

责任编辑：龙启铭
封面设计：何凤霞
责任校对：时翠兰
责任印制：杨　艳

出版发行：清华大学出版社
网　　址：https://www.tup.com.cn，https://www.wqxuetang.com
地　　址：北京清华大学学研大厦A座　　**邮　　编**：100084
社 总 机：010-83470000　　**邮　　购**：010-62786544
投稿与读者服务：010-62776969，c-service@tup.tsinghua.edu.cn
质量反馈：010-62772015，zhiliang@tup.tsinghua.edu.cn
课件下载：https://www.tup.com.cn，010-83470236
印 装 者：三河市人民印务有限公司
经　　销：全国新华书店
开　　本：185mm×260mm　　**印　　张**：24.5　　**字　　数**：568千字
版　　次：2016年3月第1版　2019年7月第2版　　**印　　次**：2025年1月第5次印刷
定　　价：45.00元

产品编号：077476-01

前言

本书第1版自2016年3月出版以来，先后经过多次印刷，在多所院校得到很好的应用，颇受广大师生的好评。本书在使用过程中，得到了众多读者的意见反馈，在此向他们表示感谢！本书是在第1版基础上，进一步完善教材内容和原有电子资源，新增加了扫码学习的视频资源，方便广大读者。

本书既注重概念，使读者建立起对程序设计和C语言的清晰理解，又引导学生学以致用，使学生在较短的时间内初步学会用C语言编写程序，具有初步的编程知识和能力。本书的讲解是不断地提出问题、解决问题，再进一步提出问题，并逐步解决问题的过程。使学生养成由简到繁、逐步求精的编程习惯。

全书共分10章，第1章介绍计算机与程序设计语言基础知识、C语言的发展和特点、C语言的应用等；第2章详细介绍C语言中常用的数据类型，如整型、实型和字符型等；第3章为顺序结构程序设计，介绍赋值运算符与赋值表达式、算术运算符与算术表达式、宏定义与宏替换等，重点介绍数据的格式化输入与输出；第4章为选择结构程序设计，介绍算法及其描述方法、关系运算符与关系表达式、逻辑运算符与逻辑表达式、条件运算符与条件表达式、单分支与双分支以及多分支选择结构；第5章为循环结构程序设计，详细介绍while循环、do-while循环和for循环三种循环结构语句应用，以及C语言中实现流程的转移控制语句；第6章为数组，介绍一维数组、二维数组、字符数组的定义、引用和初始化等；第7章为函数，介绍函数的概念、函数声明、函数定义、函数调用、数组作为函数参数、变量的作用域和存储类型等；第8章为指针，介绍指针的概念、指针变量的定义、指针与数组、指针与函数、指针的高级应用等；第9章为结构体和共用体，介绍结构体类型和结构体变量、结构体数组、结构体指针、链表、共用体等；第10章为文件，介绍文件的概念、分类、文件的打开与关闭、文件的读写操作等。

为了方便广大师生的教学和学习，本书还提供了配套的电子教案和有关的素材文件。

本书由孙改平、王德志主编，吴静、盛建瓴、王晓菊、乔良为副主编。第1、4章由王晓菊编写，第2、3章由盛建瓴编写，第5章由吴静编写，第6、7章由孙改平编写，第9章由乔良编写，第8、10章和附录由王德志编写，全书的视频资源由王德志老师录制，最后由孙改平、王德志进行统稿。

在本书的编写过程中得到了各级领导的关心和大力支持，C语言程序设计课程的任课教师郭红、鞠宏军、朱冬梅、陈超、郭晓欣、万雪芬、刘明艳、吴晓丹等为本书提出了宝贵的意见和建议，在此一并表示感谢。

在本书的编写过程中，参考了国内外的相关研究成果和著作，部分已列入本书后面的参考文献，在此感谢涉及的所有专家和研究人员。

尽管作者做出了种种努力，付出了许多劳动，但由于水平有限，时间仓促，书中不妥或疏漏之处在所难免，恳请使用本书的广大同行和读者对本书提出宝贵意见，帮助我们不断地完善本书。

作　者

2019年5月

目录

第1章 程序设计概述

本章主要介绍计算机程序设计语言的发展、分类、C语言的发展和特点等相关概念，并通过几个简单的C程序实例，介绍C程序的基本结构、工作原理和操作环境。通过本章的学习，可以掌握C语言程序的结构，初步了解C程序设计的步骤及上机调试的简单方法。

1.1 计算机与程序设计语言

计算机不能完全自动进行所有的工作，更不是“万能”的。计算机的每一个操作都是根据人们事先制定的指令进行的。例如，要求计算机进行加法运算，必须事先编好指令，输入计算机，才能让计算机进行相应的操作。程序是一组计算机能识别和执行的指令序列。每一条指令让计算机执行特定的操作，一个特定的指令序列完成一定的功能。为了使计算机系统能实现各种功能，需要成千上万个程序，这些程序都是由计算机软件设计人员根据需要设计的，并且都是通过程序设计语言来编写的。

程序设计语言是人和计算机交换信息的工具，到目前为止，程序设计语言的发展历程主要包括机器语言、汇编语言和高级语言三大类，前两类依赖于计算机硬件，有时统称为低级语言，而高级语言与计算机硬件依赖关系较小。

1.1.1 机器语言

机器语言是计算机硬件系统能够直接识别的计算机语言，不需要翻译。机器语言中的每一条语句实际上是一条二进制数形式的指令代码，都由0和1组成。0和1的数码组合不仅用来表述数据、符号，而且也用来表述计算机所进行的操作（如加、减、乘、除等）的命令。

例如，计算累加器A=8+10的机器语言程序如表1.1所示。

表1.1 计算A=8+10的机器语言及注释

机器语言程序	注　释
10110000 00001000	把8存放到累加器A中
00101100 00001010	将10与累加器中的8相加，结果存在A中
11110100	程序结束

对于不同的计算机硬件，其机器语言是不同的，因此，针对某一种计算机所编写的机器语言程序，多数不能在另一种计算机上运行。另外，用机器语言编写程序，工作量大、难于记忆、容易出错、调试修改麻烦，而且程序的直观性差，不容易移植，因此在初期只有极少数的计算机专业人员会编写计算机程序。机器语言的优点是编写的程序能直接在机器上运行，因此它的执行效率比较高，能充分发挥计算机的速度性能，同时用机器语言编写的程序占用的存储空间相对较小。

1.1.2 汇编语言

汇编语言是用助记符来代替机器指令的操作码，用地址符号代替操作数。由于这种符号化的做法，所以汇编语言也被称为符号语言。汇编语言要比机器语言直观，容易理解和记忆。例如用 ADD 表示加、SUB 表示减、JMP 表示跳转、MOV 表示数据的传送指令等。

例如，实现 8+10 的汇编语言程序为：

```
MOV AX, 08H          ;将 8 送到寄存器 AX 中
MOV BX, 0AH          ;将 10 送到寄存器 BX 中
ADD BX, AX           ;将 AX 和 BX 中的数值相加，结果存在 BX 中
```

用汇编语言编写的程序称为汇编语言“源程序”，计算机能够直接识别的语言只有机器语言，因此汇编语言的源程序是不能在计算机上直接运行的，需要用“汇编程序”把它翻译成机器语言程序后方可运行。

汇编语言编写的程序比机器语言编写的程序易读、易检查、易修改，同时保持了机器语言执行速度快、占用存储空间少的优点。但是，汇编语言也是“面向机器”的语言，通用性和可移植性差。

1.1.3 高级语言

高级语言接近于自然语言和数学语言。高级语言允许用英文单词编写解题程序，所用的运算符、运算式与数学公式差不多。由于高级语言采用自然语汇，并使用与自然语言相近的语法体系，所以它的程序设计方法比较接近于人们的习惯，编写出的程序更容易阅读和理解。

高级语言是一类面向过程或面向对象的语言，它不依赖于具体的机器，独立于计算机硬件，通用性和可移植性都比较好。高级语言的特点是易学、易用、易维护，人们可以更有效、更方便地利用它编写各种用途的计算机程序。

例如，计算 8+10，并把结果赋值给变量 c，在 C 语言中可将它表示成：

```
c= 8+10;
```

用某种高级语言编写的程序称为高级语言源程序，也简称为源程序。与汇编语言一样，要让计算机理解高级语言源程序的意图，必须先将源程序“翻译”成机器指令形式的程

序，然后再让计算机执行。不同的高级语言采用的翻译方式不同，但归纳起来有两种方法，即编译方式和解释方式。

（1）编译方式：把用高级语言编写的源程序翻译成目标程序的过程称为编译。完成编译工作的软件称为编译程序。源程序经过编译后，若无错误就会生成一个等价的目标程序，对目标程序再进行链接、装配后，便得到执行程序，最后运行执行程序即可得到程序的运行结果，其中的执行程序全部由机器指令组成，运行时不依附于源程序，运行速度快。但这种方式不够灵活，每次修改源程序后，必须重新编译、链接。目前使用的 FORTRAN、Pascal、C、C++、Visual C++、C#、Ada 等高级语言都采用这种方式。

（2）解释方式：解释方式也是将高级语言转换为机器能够识别的语言，但与编译方式不同的是，解释方式是边扫描源程序、边进行翻译，然后执行，即解释一句，执行一句，不生成目标程序。完成解释工作的软件称为解释程序。这种方式运行速度慢，但执行中可以进行人机对话，随时改正源程序中的错误。BASIC、Java 等高级语言采用这种方式处理。编译程序与解释程序的区别如图 1.1 所示。

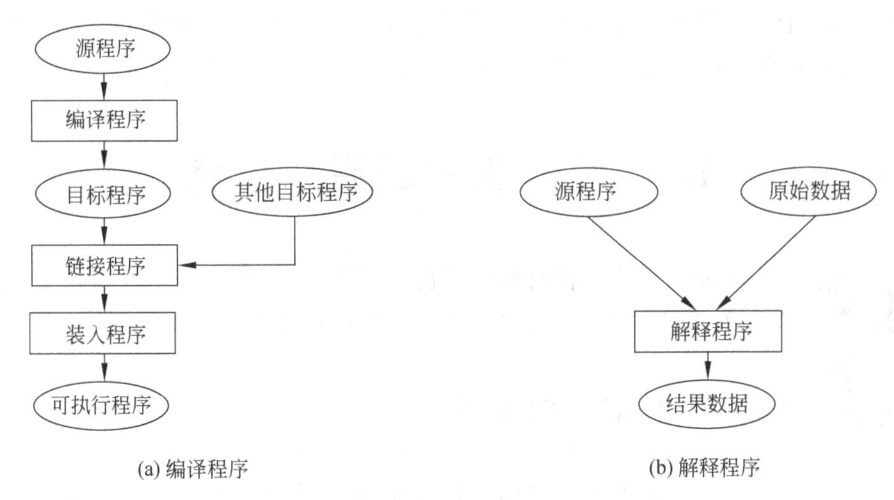

图 1.1　编译程序与解释程序的区别

这两种方式各有特点，其中编译方式可以节省计算机时间，而解释方式则可节省计算机存储空间。

高级语言经历了如下几个不同的发展阶段。

1. 非结构化的语言

初期的语言属于非结构化的语言，编程风格比较随意，只要符合语法规则即可，没有严格的规范要求，程序中的流程可以随意跳转。人们往往追求程序执行的效率而采用了许多“小技巧”，使程序变得难以阅读和维护。早期的 BASIC、FORTRAN 和 ALGOL 等都属于非结构化的语言。

2. 结构化语言

结构化语言提出了“结构化程序设计方法”，规定程序必须由具有特定的基础结构(顺序结构、选择结构、循环结构)构成，程序中的流程不允许随意跳转，程序总是由上到下顺序执行各个基本结构。这种程序结构清晰，易于编写、阅读和维护。QBASIC、C 语言等都属于结构化语言。这些语言的特点是支持结构化程序设计方法。

以上两种语言都是基于过程的语言，在编写程序时需要具体指定每一个过程的细节。在编写规模较小的程序时，还能得心应手，但在处理规模较大的程序时，就显得捉襟见肘了。在实践的发展中，人们又提出了面向对象的程序设计方法。程序面对的不是过程的细节，而是一个个对象，这些对象是由数据以及对数据进行的操作组成的。

3. 面向对象语言

面向对象语言是一类以对象作为基本程序结构单位的程序设计语言，用于描述的设计是以对象为核心，而对象是程序运行的基本成分。这些语言中提供了类、继承等。C++ 、C# 、Visual Basic 和 Java 等都是支持面向对象程序设计的语言。

1.2 C 语言的发展和特点

C 语言是当代流行的计算机语言之一，因为它是一种独立于机器、结构化的高级语言。它允许软件开发者开发程序而无须考虑硬件平台。

1.2.1 C 语言的发展

C 语言的根源是 ALGOL 60 语言，它是在 20 世纪 60 年代初提出的。ALGOL 语言是第一个使用块结构的高级语言。计算机科学界提出了初步的结构化程序设计概念，并由计算机科学家 Corrado Bohm、Guiseppe Jacopini 和 Edsger Dijkstra 进行了推广。

1963 年英国剑桥大学推出了 CPL(Combined Programming Language，组合程序设计语言)，它是在 ALGOL 60 的基础上开发的，但规模较大。

1967 年，英国剑桥大学的 Martin Richards 在 CPL 语言基础上，经过简化，开发出了 BCPL(Basic Combined Programming Language，基本组合程序设计语言)，主要用于编写系统软件。

20 世纪 60 年代，美国贝尔实验室的研究员 Ken Thompson(以下简称为 ken)看到阿波罗 11 号载人飞船登月成功，觉得很酷，自己设计了一个叫“Space Travel”的游戏。在没有商业游戏的年代，这种 DIY(Do It Yourself)的游戏被别人喜欢也是一件很酷的事情。这个游戏先是在 Multics 系统上编写的，后来又在 CECOS 系统上重写。能运行这两个系统的机器都是笨重的大型机，虽然运行能力很强，但显示效果很差，同时机时费非常高。因此 ken 与他的同事 Dennis M. Ritchie(以下简称为 dmr)一起寻找免费的“游戏机”，找到了一台空闲的机器——PDP-7。PDP-7 是一台小型机，由 DEC 公司制造，拥有当时最先进的图形处理能力。那时计算机的主要用途是数据处理，图形处理能力并不太重要，因此 PDP-7 被闲置了。但这台机器没有操作系统，而游戏必须使用操作系统的一些功能，于是他着手为 PDP-7 开发操作系统。后来，这个操作系统被命名为 UNIX。直到今天，UNIX 仍然是最受信任的操作系统，它既支撑着军队、政府、电力、电信和银行等大型机构的关键业务，又是苹果 Mac 系列计算机的动力之源，甚至 iPhone、iPod Touch 的部分魅力也拜其所赐。

UNIX 起初是用汇编语言编写的，由于汇编语言缺少可移植性，针对一种计算机编写的汇编程序不能在另一种计算机上直接使用，必须重写，因此 ken 和 dmr 决定改用高级语言编写 UNIX，这样它就可以在更多类型的计算机上运行。

决定使用高级语言后，在语言的选择上，他们又遇到了麻烦，当时已有的高级语言都是面向应用程序编写而设计的，层次太高，不适合用来开发操作系统。DIY 精神再次发挥作用，他俩决定自己设计一个适合编写 UNIX 的高级语言。

1970 年，ken 对 BCPL 语言进行了进一步的提炼，创建了 B 语言(取自 BCPL 的首字母)，并用 B 语言创建了 UNIX 操作系统的早期版本。BCPL 和 B 两者都是“无类型”(typeless)系统程序设计语言。

1972 年至 1973 年间，dmr 和 ken 继续合作，dmr 负责设计新语言，他在 B 语言的基础上推出了 C 语言。该语言保持了 BCPL 和 B 语言的精炼、靠近硬件等优点，并增加了数据类型的概念和其他强有力的特性。ken 和 dmr 合作将 90% 以上的 UNIX 操作系统用 C 语言改写(即 UNIX 第 5 版)。此时的 C 语言主要还是在贝尔实验室内部使用，这一时期的 C 语言被称为“传统 C”。

直到 1975 年 UNIX 第 6 版发布以后，随着许多商用 C 语言编译程序的发布和 UNIX 的日益流行，C 语言终于获得了计算机专业人士的广泛支持。C 语言先后移植到大、中、小和微型计算机上。

1978 年，由 Brian W. Kernighan 和 dmr 所著的 *The C Programming Language*(《C 程序设计语言》)出版后，该语言更加流行了，也成为了实际上的第一个 C 语言标准。

1983 年，美国国家标准协会(ANSI)成立了一个委员会，根据 C 语言问世以来各种版本对 C 语言的发展和扩充，制定了第一个 C 语言标准草案，称为 83 ANSI C。1989 年，ANSI 公布了一个完整的 C 语言标准——ANSI X3.159-1989(简称为 ANSI C 或 C89)。之后，在 1990 年，该标准被国际标准化组织(ISO)批准为国际 C 标准，即 ISO C 标准。1999 年，ISO 又对 C 语言标准进行修订，称为新的国际标准，简称为 C99。2011 年，ISO 又发布了新的标准，称为 ISO/IEC9899:2011，简称为 C11。本书中的所有例题、习题的参考答案所涉及的 C 程序都是在 Microsoft Visual C++ 2010 Express 的开发环境下编译和运行通过的。

1.2.2 C语言的特点

C语言之所以能够得到广泛的应用，主要是它具有突出的优点。C语言的主要特点如下。

1. 语言简洁、紧凑，使用方便、灵活

C语言共有32个关键字、9种控制语句，程序书写的形式自由，主要用小写字母表示，压缩了一切不必要的成分，用C语言开发软件效率会更高。

2. 运算符丰富

C语言包含的运算符共有34种，C语言把括号、赋值、强制类型转换等都按照运算符来处理，使其表达式的种类多样化，运算类型也十分多样。灵活使用各种运算符可以实现在其他高级语言中难以实现的运算。

3. 数据类型丰富

C语言提供了编程所需要的各种数据类型，主要有字符型、整型、浮点型、枚举类型、数组类型、结构体类型、共用体类型、指针类型、空类型等。丰富的数据类型可以表示各种复杂数据结构的运算。

4. 支持结构化、模块化程序设计方法

C语言具有良好的结构化控制语句，如顺序结构的语句、选择结构的语句(如if语句、if-else语句、switch语句等)和循环结构的语句(如while语句、do-while语句、for语句等)。C语言的函数作为程序的模块单位，便于实现程序的模块化。

5. 程序设计自由度大

一般的高级语言的语法检查比较严格，几乎能检查出所有的语法错误，而C语言则放宽了语法检查，允许程序员有较大的设计自由度。C语言对数组下标不做越界检查，对变量和常量的数据类型的使用比较灵活，如允许字符型、整型、逻辑型等数据通用等。语法限制不严格的优点是增强了程序设计的灵活性、提供了容错能力、加强了处理能力；缺点是编写程序容易出错。

6. C语言允许直接对硬件进行操作

C语言既具有高级语言的功能，又具有低级语言的许多功能，可用来编写系统软件，直接对硬件进行操作。

7. 可移植性好

用C语言编写的程序可移植性好，几乎所有的计算机系统都可以使用C语言。

8. 生成目标代码质量高，程序执行效率高

C 语言编译系统采用了优化策略，其程序生成目标代码的效率一般仅比汇编语言低 10%～20%，程序执行效率高。

1.3 C 语言的应用

为了使用 C 语言编程，必须先了解 C 语言，并能够熟练地使用 C 语言。本节首先介绍几个简单的 C 语言程序，并从中总结出 C 程序的结构及编写 C 程序的一些注意事项。

1.3.1 简单的 C 语言程序实例

【例 1-1】 要求在屏幕上输出以下信息。

```
Hello World!
```

【程序代码】

```
1    #include<stdio.h>                    //预编译处理命令
2    int main()                           //定义主函数
3    {                                    /* 函数开始的标志 */
4        printf("Hello World!\n");        //输出所指定的信息
5        return 0;                        //函数执行完毕后返回函数值 0
6    }                                    /* 函数结束的标志 */
```

【运行结果】

```
Hello World!
```

以上运行结果是在 Microsoft Visual C++ 2010 环境下运行程序时屏幕上得到的显示结果。

【程序分析】

(1) 程序第 2 行中的 main 是函数的名称，是主函数。main 函数是一个由 C 系统所使用的特殊函数，所有程序都从 main 函数开始运行。每一个 C 程序都必须有且仅有一个 main 函数。main 函数前面的 int 表示此函数返回值的类型是 int 类型(整型)，在执行完主函数后会得到一个整型的函数值，函数体由一对大括号“{}”括起来。

(2) 紧接在 main 后面的一对空的圆括号()表示该 main 函数没有参数，如果函数有参数，将参数写在括号内，若有多个参数，多个参数之间用逗号“,”隔开即可。

(3) 程序的第 4 行是一个输出语句，printf 是标准函数库中一个用于打印输出的预定义的标准 C 函数。printf 函数中包含在一对圆括号之间的信息称为函数的参数，该参数是一个字符串，该字符串“Hello World!”将按原样输出，其中“\n”是回车换行符，即在输出字符串“Hello World!”后，再输出一个回车换行符，类似于按 Enter 键。

(4) 在使用函数库中的输入输出函数时，编译系统要求程序提供此函数的有关信息，比如所用函数的声明等。标准输入输出函数被定义并作为C标准输入输出库的一部分保存，如果要使用其中的任何一个函数，就必须在程序的开头添加一个编译预处理命令“#include <stdio.h>”。其中stdio.h是含有所需函数的声明等信息的文件名，stdio是“standard input & output”的缩写，文件名后缀.h的意思是头文件(header file)，因为这些文件都是放在程序各文件模块的开头的。这条命令的作用就是在编译之前将stdio.h整个文件中的内容插入到这条命令所在的位置，因此后面就可以使用printf函数了。

(5) 程序的第5行的“return 0;”是一条返回语句，所起作用是当main函数执行结束前，将整数0作为函数的返回值返回给调用它的系统或者函数。

注意：*程序中的“int main()”也可以写成“void main()”，void表示main函数返回值的类型是空类型，即main函数执行后，不会给调用它的系统或函数返回任何值，此时也不需要“return 0;”语句了。*

(6) 每条C语句的后面都有一个分号，表示该语句的结束。

(7) 在以上程序各行的右侧，有用“//”隔开的部分或用“/*”和“*/”标记的内容，在程序中表示注释，用来对程序有关部分进行必要的说明。在程序进行预编译时将每个注释换为一个空格，因此在编译时注释部分不会产生目标代码，注释对运行不起作用。注释只是给人看的，而不是让计算机执行的。因此在写程序时应多用注释，以方便自己和别人理解程序各部分的作用。

说明：“//”和“/*……*/”是C语言允许使用的两种注释方式，其中，

① “//”为单行注释。这种注释可以单独占一行，也可以出现在一行中其他内容的右侧。此种注释的范围从“//”开始，以换行符结束。也就是说，这种注释不能跨行，如果注释内容一行写不下，可以用多个单行注释。

② “/*……*/”为块注释。这种注释可以包含多行内容。在注释块开始处用“/*”，在注释块结束处用“*/”，它可以单独占一行，也可以包含多行，还可以为一行中的某一部分进行注释。编译系统在发现一个“/*”之后，会找到注释结束符“*/”，把两者之间的内容作为注释的内容。

③ 注释部分可以用空格、汉字、英文、字符等任意字符。但要注意，在用“/*”进行注释时，注释内容中不能包含“*/”，否则“*/”内容之后的内容即被认为是非注释内容。

④ 在字符串中，“//”和“/*”不能用来标注注释的内容，而是作为字符串的一部分内容，因此，在printf函数的双引号内不能用“//”和“/*”来进行注释。

例如：

```
printf("//Hello World!\n");
```

或者

```
printf("/*Hello World!*/");
```

分别输出：

```
//Hello World!
```

和

```
/*Hello World!*/
```

【例 1-2】 求两个整数之和。

【程序代码】

```
1    #include <stdio.h>
2    int main()
3    {
4        int a,b,sum;                   //函数声明部分:定义 a,b,sum 为整型变量
5        a= 10;                         //对变量 a 进行赋值
6        b= 20;                         //对变量 b 进行赋值
7        sum= a+b;                      //进行 a+b 的运算,并将结果存储在 sum 中
8        printf("sum is %d\n",sum);     //输出结果
9        return 0;
10   }
```

【运行结果】

```
sum is 30
```

【程序分析】

(1) 第 4 行是函数的声明部分,分别定义了三个整型变量 a、b 和 sum。

(2) 第 5、6、7 行为赋值语句,把 10 赋值给变量 a,把 20 赋值给变量 b,计算 a+b 的和 30,然后将 30 赋值给变量 sum,从而完成了求两个数之和的运算。

(3) 第 8 行是一个输出语句,其中调用 printf 函数的圆括号中有两个实参,第一个实参"sum is %d\n"是格式控制字符串,其作用是输出用户希望输出的字符和输出的格式,这里 sum is 是用户希望输出的字符串,%d 是指定的输出格式,d 表示以"十进制整数"的形式输出;圆括号内的第二个参数 sum 表示输出变量 sum 的值。在执行 printf 函数时,将 sum 的值取代双引号中的%d 进行输出,最后输出"sum is 30"并换行,程序执行结束。

【例 1-3】 调用自定义函数求三角形的周长。

【程序代码】

```
1    #include <stdio.h>
2    void main()
3    {
4        int circ(int a,int b,int c);      //对被调函数 circ 进行声明
5        int x,y,z,zc;
6        printf("输入三角形的三条边:");     //输出提示信息
7        scanf("%d,%d,%d",&x,&y,&z);       //通过键盘给 x,y,z 赋值
8        zc= circ(x,y,z);                  //调用 circ 函数,将函数的返回值赋值给变量 zc
9        printf("三角形的周长是: %d\n",zc);     //输出周长
10   }
11   //求三角形周长的 circ 函数
```

```
12  int circ(int a,int b,int c)        //定义 circ 函数,函数形参为 a,b,c
13  {
14      int s;
15      s= a+b+c;
16        return s;                    //把 s 作为函数的返回值返回给主调函数
17  }
```

【运行结果】

```
输入三角形的三条边: 4,5,6
三角形的周长是: 15
```

【程序分析】

(1) 本程序包括两个函数：main 函数和 circ 函数,其中 circ 函数为用户自定义函数,其作用是求三角形的周长。在 circ 函数中,s 为所求三角形的周长,程序第 16 行将 s 的值作为函数的返回值,返回给调用 circ 的函数,即 main 函数。

(2) 程序第 4 行是对被调函数 circ 的声明,因为 main 函数中要调用 circ 函数(在第 8 行),而 circ 函数的定义在 main 函数之后,对程序的编译是自上而下进行的,对程序第 8 行进行编译时,无法知道 circ 是什么,因而无法把它作为函数调用来处理,为了使编译系统识别 circ 函数,就要在调用 circ 函数之前用语句"int circ(int a,int b,int c);"对函数 circ 进行声明。所谓声明就是通知编译系统,后面调用的 circ 是什么,以及它的相关信息等。

(3) 程序第 7 行的 scanf 是输入函数的名称,该函数的作用是输入变量 x、y、z 的值。scanf 后面括号中的内容与 printf 括号中的内容含义类似,双引号中的内容指定了输入数据的格式,后面的 &x、&y 和 &z 分别取的变量 x、y 和 z 的地址,即 C 语言中的 & 是取地址符,也就是把从键盘输入的数据分别存储在变量 x、y 和 z 的地址空间中,即给变量 x、y 和 z 赋值。

(4) 程序第 8 行用 circ(x,y,z)调用 circ 函数,在调用时将 x、y 和 z 作为 circ 函数参数的值分别传递给 circ 函数中的参数 a、b 和 c,然后执行 circ 函数体,使函数 circ 中的 s 得到一个返回值,通过 circ 函数中的 return 语句返回给主调函数 main,然后通过第 8 行将函数的返回值赋值给变量 zc。

(5) 程序第 9 行输出三角形的周长信息。

1.3.2 C 语言程序的结构

通过前面几个实例,让大家了解一下 C 语言程序结构。由于实例涉及后续的内容较多,初学者不可能对每个语句理解很透,详细内容后面章节会做介绍。目前只要从中大致理解以下特点,并在随后的编程中遵守 C 语言的规定即可。

1. 一个 C 程序由一个或多个源程序文件组成

一个规模较小的程序往往只包含一个源程序文件,如本节前面的三个实例,其中例

1-1 和例 1-2 只有一个主函数，例 1-3 有两个函数，但这三个程序都分别各属于一个源程序文件。若程序规模较大，一个 C 程序源文件可以包含多个源程序文件。在一个源程序文件中可以包括两个部分：

(1) 预处理命令，如 #include <stdio.h>等。C 编译系统在对源程序进行“翻译”以前，首先由预处理程序对预处理命令进行预处理。所谓预处理，就是把预处理文件(如 stdio.h)的内容放在 #include 指令行，替换 #include <stdio.h>指令。由预处理得到的结果与程序其他部分一起组成一个完整的、可以用来编译的最终源程序，然后由编译程序对该源程序正式进行编译，得到目标程序。

(2) 函数定义。程序中的每个函数都完成一定的功能，在调用函数时，会完成函数定义中指定的功能。

2. C 程序由函数组成

函数是 C 程序的基本单位。一个 C 程序可以只由一个 main 函数组成，也可以由一个 main 函数和若干其他函数组成，也就是说，一个 C 程序中必须包含一个 main 函数。在一个程序中，每个函数都可以看作是一个程序模块，这些函数也可以是 C 函数库中的函数。在 C 函数库中提供了大量的库函数，如 printf、scanf 函数等，也可以是用户自定义的函数，如例 1-3 中的 circ 函数。

3. 一个函数由函数首部和函数体构成

函数首部即是函数的第一行，它给出了所定义函数的类型、函数名、函数参数名、参数类型等信息。如在例 1-3 中定义的 circ 函数，其函数首部如下：

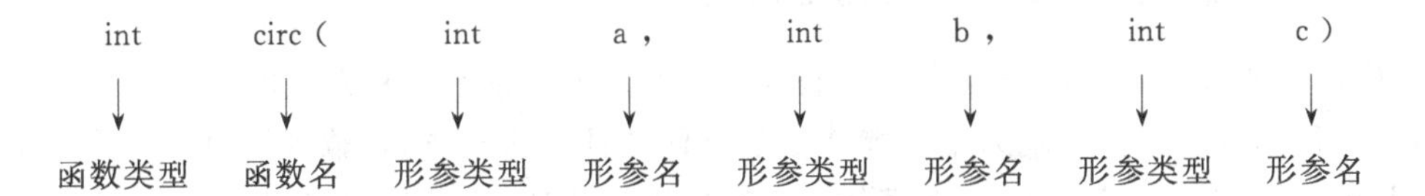

需要指出的是，函数名后面的一对圆括号是定义函数的象征。括号内给出形参表列。如果有多个形参，则中间以“,”分隔，形参表列也可以为空，即可以定义一个无参函数，如函数首部可写成 int max()，但一对圆括号不能省略。

函数体为紧跟在函数首部后面最外层一对大括号内的部分。函数体一般由声明部分和可执行部分组成。

声明部分包括对被调用函数的声明，以及本函数所用到的变量的声明和定义等。例如，在例 1-3 中 main 函数体的声明部分声明了 circ 函数，定义了 4 个整型变量 x、y、z 和 zc。

可执行部分包括若干条可执行语句，指定在函数中所进行的操作。C 语言规定，一般声明部分的语句必须放在所有可执行语句的前面。声明部分可以省去(如例 1-1 所示)。如果声明部分和可执行部分两者都省去，就是定义了一个空函数，如：

```
void max()
```

{ }

是一个空函数,空函数什么也不做,但也是合法的。对于空函数,通常在编写多模块的大型应用程序的过程中是有用的,为以后函数的完善留出位置。

4. 程序总是从 main 函数开始执行

含有多个函数的 C 程序,各个函数的先后位置是可以随意的,但程序总是从 main 函数开始执行,中间调用各个其他函数,最后以 main 函数结束。

5. 每条 C 语句的最后必须以一个分号结束

分号是 C 语句的必要组成部分,如声明语句“int a,b,sum;”和赋值语句“sum=a+b;”都是以分号结束。前面实例中的预处理命令(如 #include <stdio.h>等)的后面没有分号,因此预处理命令不属于 C 语句。

6. C 程序书写格式较自由

C 语句可以分写在多行上,一行也可以写多条语句。通常建议一行只写一条语句,以便使程序更清晰。

7. 程序中应多加注释

在编写程序时,应多使用注释语句对程序进行注释,以便提高程序的可读性和可理解性。

8. C 语言本身不提供输入输出语句

C 语言的输入输出操作是由库函数 scanf 和 printf 等函数来完成的。C 语言对输入输出实行“函数化”,由于输入输出操作涉及具体的计算机设备,把输入输出操作用库函数实现,就可以使 C 语言本身的规模较小,编译程序简单,很容易在各种类型的机器上实现,程序具有可移植性。

1.4 C 程序的工作原理与操作环境

1.4.1 工作原理

1.3 节看到的几个 C 语言编写的程序属于高级语言源程序,由于计算机只能识别“0”和“1”组成的指令序列,因此高级语言编写的源程序不能被计算机直接识别和执行,必须用编译程序把高级语言源程序翻译成二进制形式的目标程序,然后再将目标程序与系统的函数库以及其他目标程序链接起来,形成可执行的目标程序后,程序才可运行。

那么一个源程序是如何运行的,其过程都有哪些呢?

1. 输入和编辑源程序

通过键盘将程序代码输入到计算机中，在编辑程序过程中，可以随时发现错误并改正，最后将此源程序以文件的形式存放在指定的文件夹中，文件的扩展名为.c，如1-1.c。

2. 编译源程序

在编译程序过程中，首先用预处理程序对程序中的预处理指令进行编译预处理，然后由编译系统对源程序进行编译。

编译的作用首先是对源程序进行检查，判断是否有语法方面的错误，如果有，则给出“出错信息”，告诉编程人员进行改正。程序修改后要重新进行编译，如果还是有错，则继续给出“出错信息”，如此反复，直到编译结果显示没有错误信息为止。此时，编译程序自动把源程序转换成二进制形式的目标程序，其扩展名为.obj。

3. 链接程序

经过编译所得的二进制目标文件还不能在计算机上直接执行，还需要经过链接阶段。链接就是把程序所需要的其他程序和函数聚集到一起的过程。例如，如果程序使用了printf函数，那么链接过程会从stdio.h库中提出该函数的目标代码，并将它链接到程序中，生成一个可供计算机执行的目标程序，称为可执行程序，扩展名为.exe。该链接过程是由链接编辑程序的软件来实现的。

对于编译和链接的错误，编程环境会提供出错位置(行号)以及错误类型等出错提示信息。可以根据这些提示信息编辑出错行，改错后重新编译。

4. 运行程序，得到结果

运行可执行程序，得到结果，有些程序通过了编译、链接，能够运行，但得到的结果却与预想的结果不一样，或者不正确，则应分析错误的性质并进行错误定位，然后再重新编辑、编译、链接和执行，直到结果正确为止。

以上过程如图1.2所示，其中实线表示操作流程，虚线表示文件的输入输出。

通常，一个程序从编写到运行成功，需要经过多次反复。编写好的程序在人工检查无误后，通过编译系统进行语法检查，若语法有错误，则需要重新进行编辑，若没有语法错误，则进行链接，有时编译过程未发现错误，在链接过程中出现错误，这种错误一般不是语法方面的错误，可能是程序结构方面的错误，如同一个项目中含有多个都包含main函数的源程序文件，而C语言要求一个项目只能有一个main函数。若链接过程也没有出现错误，在执行可执行程序时出现结果不正确，一般这种错误也不是语法方面的错误，而可能是程序逻辑方面的错误，例如公式书写错误、表达式表示错误等，应返回程序检查源程序并改正。这种错误是不能通过编译系统来进行检查的，只能人工自行检查。

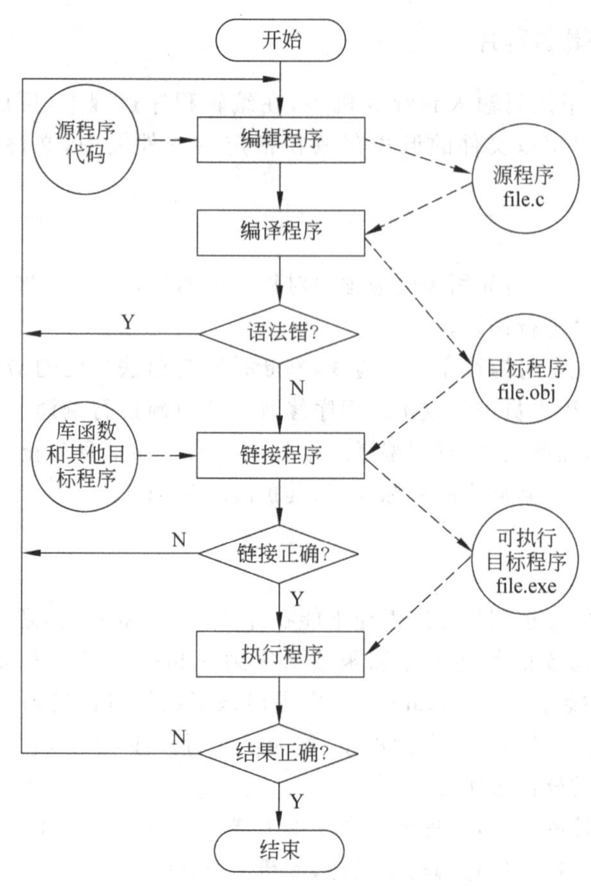

图 1.2 运行 C 程序的流程

1.4.2 操作环境

C 语言的编辑环境有多种，Visual C++ 是 Windows 平台上最流行的集成开发环境之一。它支持 C++，也兼容 C 语言。本节介绍 Microsoft Visual C++ 2010 Express(以下简称 VC 2010)的开发环境，以及开发和调试 C 源程序的过程。

1. 启动 VC 2010 环境

在 Windows 环境下，选择【开始】→【所有程序】→【Microsoft Visual Studio 2010 Express】→【Microsoft Visual C++ 2010 Express】命令，也可以直接双击桌面上 VC 2010 快捷方式图标。

2. 创建项目

与原来常用的 Visual C++ 6.0 不同，VC 2010 不能直接创建源程序文件，需要先创建项目，然后在项目中添加源程序文件。

启动 VC 2010 环境后，选择【文件】→【新建】→【项目】命令（或按 Ctrl＋Shift＋N 快捷键），打开“新建项目”对话框，如图 1.3 所示。在“新建项目”对话框中选择“Visual C++”模板中的“Win32 控制台应用程序”，在下侧的“名称”文本框中输入项目名（如 test），并在“位置”处选择路径，单击【确定】按钮，进入 Win32 应用程序向导的“欢迎使用 Win32 应用程序向导”界面，选择【下一步】按钮，进入“应用程序设置”界面，如图 1.4 所示，选中“控制台应用程序”和“空项目”，然后单击【完成】按钮，完成项目的创建，如图 1.5 所示。

图 1.3 “新建项目”对话框

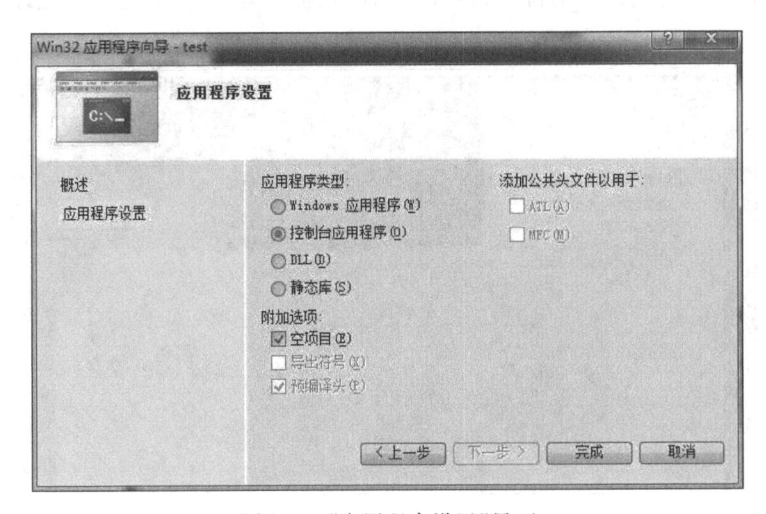

图 1.4 “应用程序设置”界面

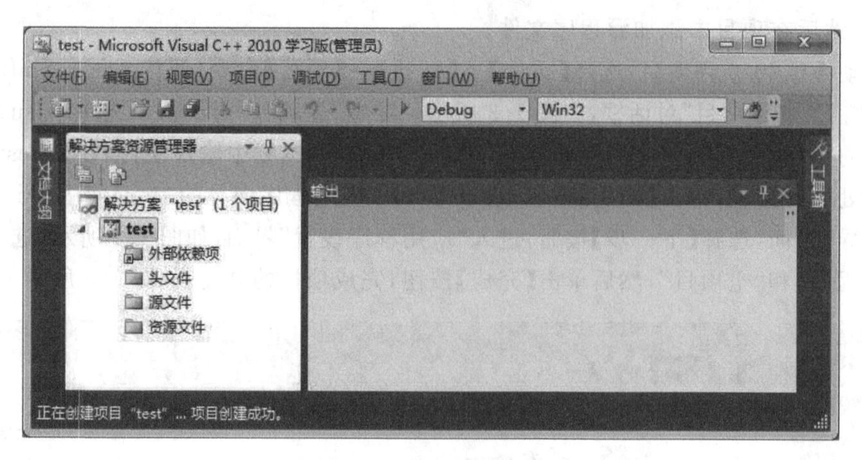

图 1.5　完成创建项目

3. 添加源文件

创建完项目后，在项目中添加源文件。源文件包括“新创建的”和“已存在的”两种，操作分别如下。

右击“解决方案资源管理器”窗口的“源文件”，在弹出的快捷菜单中选择【添加】→【新建项】，如图 1.6 所示，弹出“添加新项”窗口，如图 1.7 所示，在左侧窗口中选择“代码”，在右侧窗口中选择“C++ 文件(.cpp)”，在下侧的“名称”文本框中输入源文件的名称(如 1.c)。注意，C 文件名要以“.c”作为扩展名，否则系统将按默认扩展名为“.cpp”的 C++ 文件来保存。“位置”文本框中为源文件在项目中的默认存储路径。如果不存储在此处，也可以重新选择其他存储路径。填好信息后，选择【添加】按钮，则完成了源文件的添加。此时在左侧“源文件”的下方会看到所添加的源文件的名称。若添加后需要修改源文件的名称，则可以直接右击需要重命名的源文件，在弹出的快捷菜单中选择【重命名】即可重新对源文件进行命名。

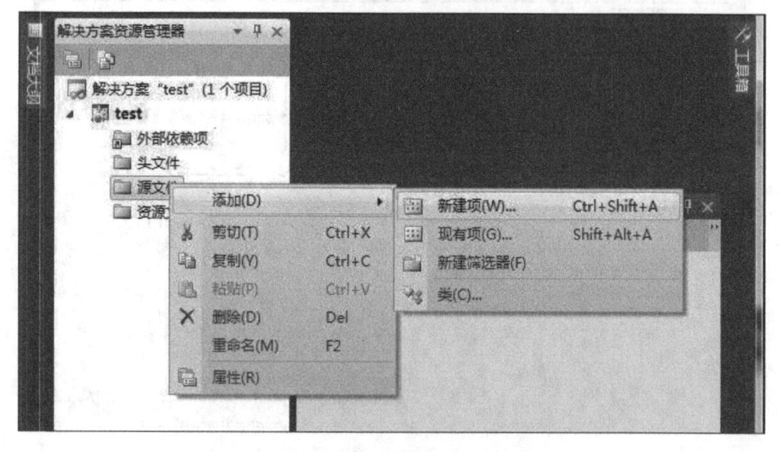

图 1.6　项目中添加源程序文件

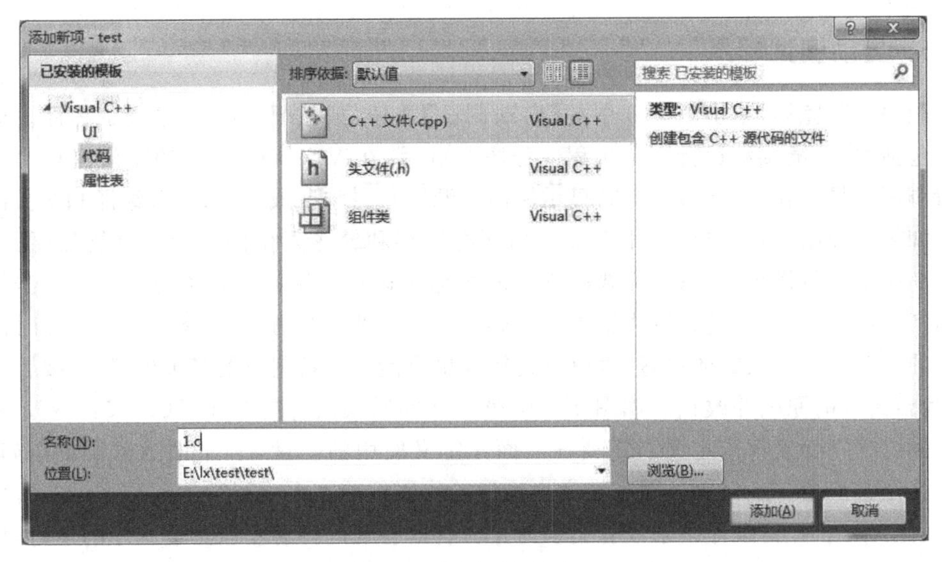

图 1.7 “添加新项”窗口

若添加的源程序文件为已存在，则右击“源文件”，从弹出的快捷菜单中选择【添加】→【现有项】，从弹出的窗口中选定所要添加的文件，单击【添加】按钮即可将已有的源程序文件添加到项目中。

4. 编辑源文件

添加完源文件后，就可以在源程序编辑区内输入程序的具体内容，VC 2010 编辑器是标准的 Windows 风格程序，基本的光标移动、插入、删除、赋值和粘贴等功能的操作方法都与普通的文本编辑程序一致，编辑界面如图 1.8 所示。

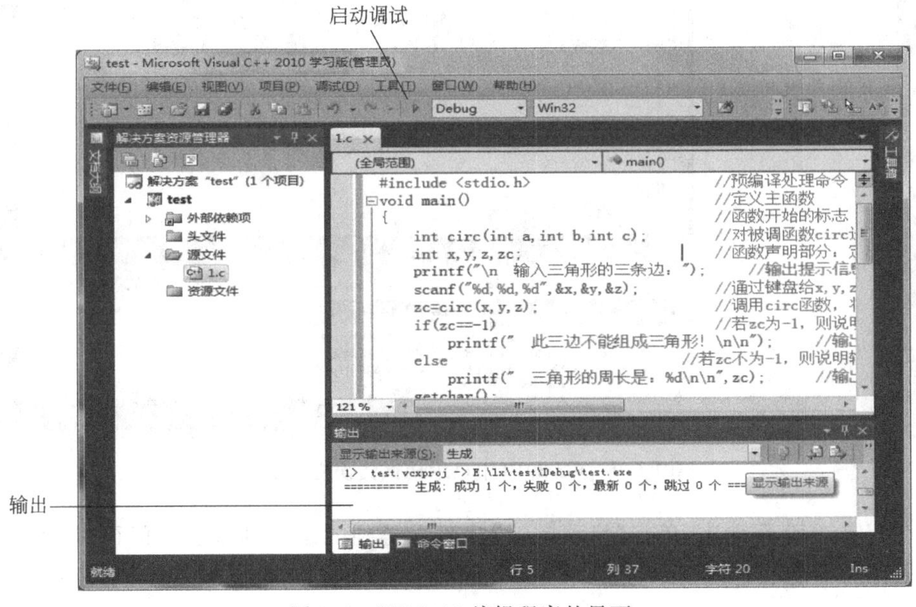

图 1.8 VC 2010 编辑程序的界面

5. 启动调试程序

程序编写完毕，单击图 1.8 中的【启动调试】按钮，或按 F5 键，开始调试程序。调试程序包括编译、链接和运行三个过程。程序调试后，在 VC 2010 底部的输出窗口中可以查看调试结果。在输出窗口中的“显示输出来源”中选择“生成”项来查看编译和链接的结果。如果编译出错，输出窗口中会显示出所有错误和警告发生的位置与可能的原因，如图 1.9 所示。编译出现错误，需要改正后才能继续运行。错误定位的方法是：双击错误提示信息，光标立刻跳转到发生错误的代码行。可以根据提示信息修改程序。此时出现错误的位置只能是大概的位置，也就是说错误也可能在此行附近的其他位置，需要自行分析，找出错误的原因并改正。如图 1.9 中第一行的错误内容是“error C2065：‘x’：未声明的标识符”（变量 x 未定义），需要在前面先定义使用的变量 x。下面的错误也是如此，需要先定义变量 y、z 和 zc。因此在发生错误的代码行前加上一行“int x, y, z, zc;”，然后重新启动调试，直到编译结果没有错误为止。有的警告的内容不会影响程序的运行，但可能会影响程序的结果，因此，尽量排查出所有的错误和警告。如果链接出错，则该错误不是程序的语法错误，通常是由于函数名书写错误、缺少包含文件或包含文件的路径错误等原因导致的。编译和链接都没有错误后，会显示如图 1.8 中输出窗口所示的提示信息。如果调试没有错误，程序将在一个新打开的控制台窗口中运行并显示结果。

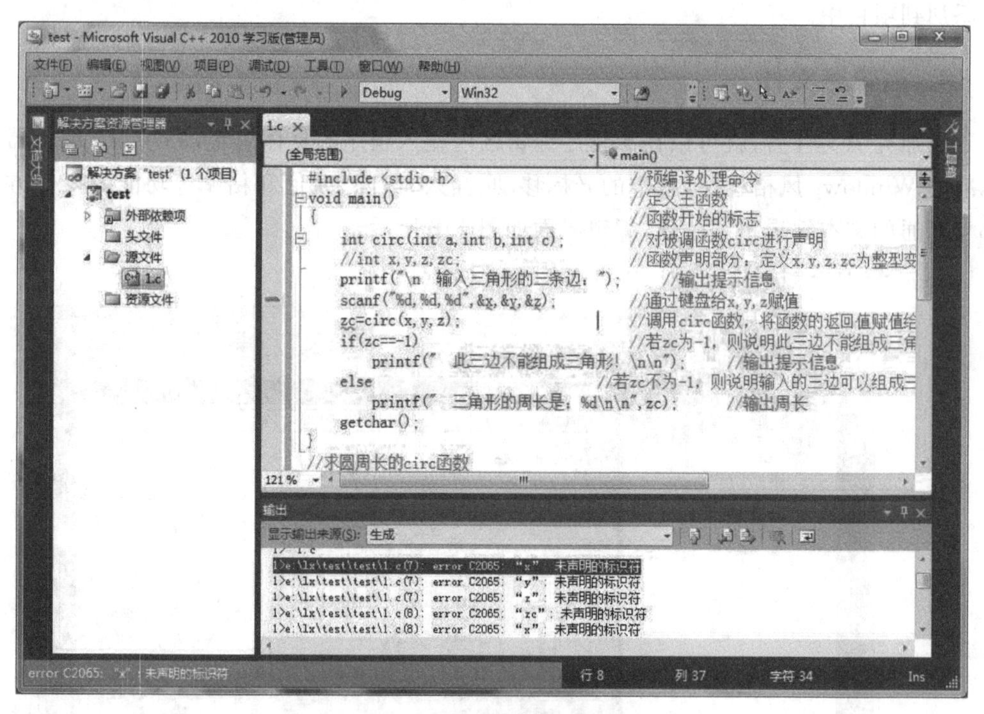

图 1.9 VC 2010 中显示调试错误提示信息

在 VC 2010 环境中，单击【启动调试】按钮后得到的运行结果会一闪而过，看不到运行结果。为了能够看到结果，可以在 main 函数的最后加上 getchar()函数让程序暂停，按回车键后才结束程序的运行，如图 1.9 中的 getchar()函数的使用；也可以通过按 Ctrl+F5 组合键来查看运行结果。Ctrl+F5 是【开始执行(不调试)】的组合键，添加该按钮的方法是右击工具栏空白处，在弹出的快捷菜单中选择【调试】，则会在添加的“调试”工具栏中看到此按钮，如图 1.10 所示。

右击工具栏空白处，在弹出的快捷菜单中选择【生成】，则会添加【生成】工具栏，如图 1.11 所示。在调试程序时，可以通过【生成】工具栏中的“生成××”或“生成解决方案”按钮来对程序进行编译、链接，编译链接无误后再查看程序运行结果。

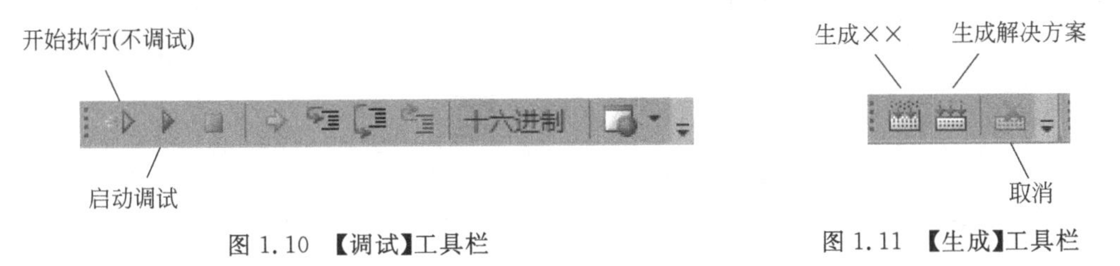

图 1.10 【调试】工具栏

图 1.11 【生成】工具栏

注意：若要创建第二个源程序，有如下三种方法。

第一种，通过【文件】→【关闭解决方案】命令关闭当前解决方案，即当前工程项目，然后再创建第二个项目；也可以关闭 VC 2010 的界面，重新打开 VC 2010 环境再创建第二个项目。

第二种，在当前项目中继续添加源文件并编辑，由于该程序与该项目其余的源程序是独立不相关的，因此在“启动调试”之前，需要将该项目的其余源文件从生成中排除出去，只生成新编写的源程序文件。排除的方法是：右击“源文件”下需要被排除的源程序文件，从快捷菜单中选择【属性】，弹出相应源程序文件的属性页窗口，如图 1.12 所示。在该窗口的左侧选择【常规】，在窗口右侧的【从生成中排除】下拉列表框中选择【是】，单击【确定】按钮，这样就可以启动调试新编写的源程序文件了。如果没有排除其他源文件，所有源程序文件都会被作为一个项目启动调试，若所有源程序文件都含有 main 函数，则会产生链接错误。

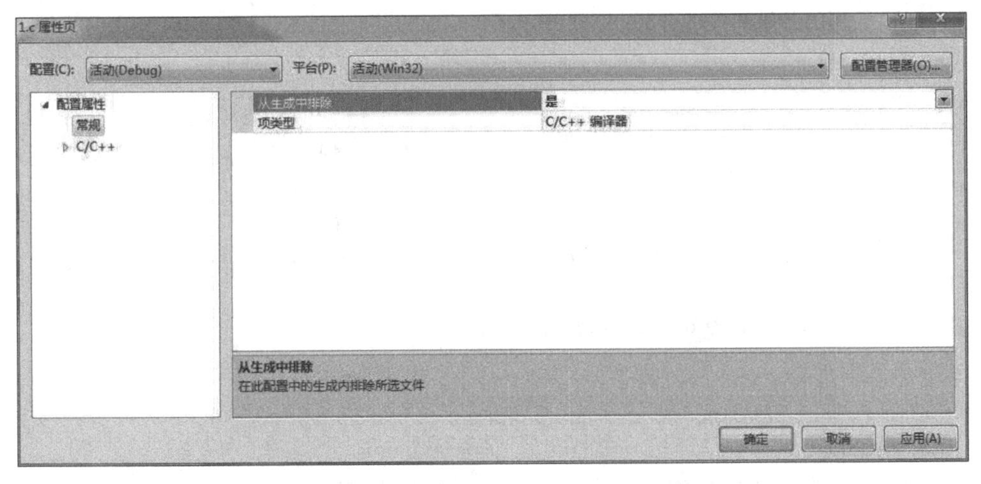

图 1.12 源程序文件的“属性页”窗口

若新添加的源程序文件与项目的其他文件是属于一个项目的源文件，则不需要排除，直接启动调试即可。

第三种，将当前项目中的源程序文件从项目中移除，然后添加新的源程序文件即可。移除的方法是，右击需要移除的源程序文件，从快捷菜单中选择【移除】。移除操作只是将该源程序文件从项目中删除，并不会从硬盘中删除。

以上是基本的调试程序的方法，稍复杂一些的调试程序的方法和步骤见与本书配套的实验指导书。

习　　题

一、选择题

1. 下列关于注释的说法正确的是(　　)。

A. 注释的使用降低了程序的运行速度

B. 只能在一行的末尾进行注释

C. 可以在字符串中使用注释

D. 在编译时注释部分不产生目标代码，注释对运行不起作用

2. 以下程序的部分代码完全正确的是(　　)。

A.

```
#include <stdio.h>
int main()
{     /*什么也不做*/     }
```

B.

```
#include <stdio.h>
void add(int x, int y)
{
    int z;
    z= x+y;
   return z;
}
```

C.

```
#include <stdio.h>
void main()
{
    scanf("%d,%d",&x,&y);
    z= x+y;
    printf("%d+%d= %d",x,y,z);
}
```

D.

```
#include <stdio.h>
void main()
{
    printf("Hello World!");
}
```

二、填空题

1. 程序设计语言主要有________、________和高级语言三大类。

2. 高级语言采用的翻译方式归纳起来有两种,即编译方式和________。

3. 含有多个函数的C程序总是先从________函数开始执行。

4. 一个函数由函数首部和其后用一对大括号括起来的________构成。

5. C程序的每条C语句的最后必须以________结束。

6. C语言中的输入函数和输出函数分别是________和________。

第2章 C数据类型

在C语言中，数据有不同的数据类型，不同类型的数据占用大小不同的存储单元。本章详细介绍整型、实型、字符型三种基本数据类型，其他数据类型在后面章节陆续介绍。

2.1 C语言的数据类型

在C语言中，数据类型可分为基本类型、构造类型、指针类型和空类型，如图2.1所示。

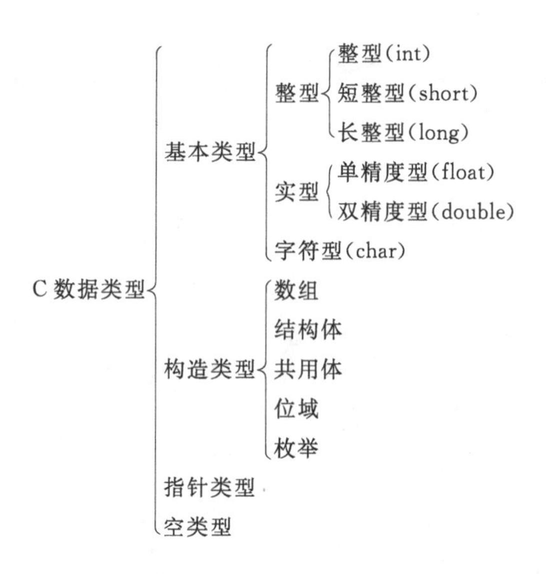

图2.1 C语言数据类型层次图

1. 基本类型

基本类型的特点是其值不可以再分解为其他类型。在C语言中，基本类型主要有整型、实型、字符型三种。

2. 构造类型

构造类型是根据已定义的一个或多个数据类型,用构造的方法来定义的。也就是说,构造类型的值可以分解成若干个“成员”或“元素”。每个“成员”或“元素”都是一个基本数据类型或是一个构造类型。在C语言中,构造类型主要有数组类型、结构体类型、共用体类型、位域、枚举类型等5种。

3. 指针类型

指针是一种特殊的数据类型。其值用来表示某个变量在内存中的地址。

4. 空类型

空类型是从语法完整性的角度给出的一种数据类型,表示该处不需要具体的数据值,因而没有数据类型。其类型说明符为void。

2.2 常量和变量

C语言中存在两种表示数据的形式:常量和变量。在程序执行过程中,其值不发生改变的量称为常量,其值可以改变的量称为变量。它们可以与数据类型结合起来进行分类。例如,可分为整型常量、整型变量、字符型常量、字符型变量等。在程序中,常量是可以不经过声明而直接使用的,而变量则必须做到先定义后使用,每个变量都是由标识符说明的。

2.2.1 标识符

1. 标识符的定义

标识符是用来标识变量名、符号常量名、函数名、数组名、类型名、文件名的有效字符序列。

2. 标识符的命名规则

- 只能由字母、数字、下画线组成,且第一个字母必须是字母或下画线。
- C语言的关键字不能用作变量名。
- C语言严格区分英文字母大小写。例如,name、Name、NAME是三个不同的变量名。

3. 标识符的命名习惯

- 变量名和函数名中的英文字母一般用小写,符号常量一般用大写。
- 尽量做到"见名知义",即通过变量名就知道变量值的含义。通常应选择能表示数据含义的英文单词(或英文缩写)作为变量名,或汉语拼音字头作为变量名。
- 不要混淆相似的英文字母和数字,如 l 和 1,o 和 0 等。

2.2.2 常量和符号常量

在 C 语言中,常量分为直接常量和符号常量。

1. 直接常量(值常量)

- 整型常量:3、5、0、−12。
- 浮点型常量:−34.56、3.1415926。
- 字符型常量:'a'、'm'。

2. 符号常量

在 C 语言中,可以用标识符来表示常量,称为符号常量。

符号常量在使用前必须先定义,其一般形式是:

```
#define  标识符   常量值
```

其中#define 是一条预处理命令(预处理命令都以"#"开头),称为宏定义命令,其功能是把该标识符定义为其后的常量值。一旦定义,其后在程序中所有出现该标识符的地方均替代为该常量值,并且在程序运行过程中,该符号常量值是固定不变的。

例如:

```
#define NUM 20
#define PI  3.1415926
```

【例 2-1】 符号常量的使用。

```
1   #include <stdio.h>
2   #define PRICE 100
3   int main()
4   {
5       int num,total;
6       num =10;
7       total =num * PRICE;            // PRICE 是符号常量,其值为 100
8       printf("total =%d\n", total);
9       return 1;
10  }
```

【运行结果】

```
total = 1000
```

注意：

- 在使用 #define 定义符号常量时，行尾不能有分号。
- define 前面的 #，表示这是一个预处理命令。
- 符号常量名一般使用大写字母来命名。
- 符号常量名最好有意义，这样可以提高程序的可读性。

使用符号常量的好处如下：

- 含义清楚。在例 2-1 中，从字面就知道 PRICE 代表价格。
- 能做到“一改全改”。如果在程序中多处使用了价格，使用符号常量表示价格，则在价格调整时，只须把“#define PRICE 100”中的 100 改为其他值即可。

2.2.3 变量

在程序运行过程中，其值可以改变的量称为变量。一个变量有一个名字；在内存中占据一定的存储单元，在存储单元中存放变量的数值。变量必须先定义后使用。

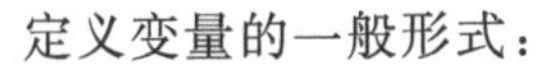

定义变量的一般形式：

```
[存储类型] 数据类型 变量名 1 [,变量名 2, 变量名 3,…, 变量名 n];
```

例如：

```
float  radius, length, area;
```

在定义变量的同时，可以对变量进行赋值，称为变量的初始化。

变量初始化的一般格式为：

```
[存储类型] 数据类型  变量名 1  [=初值 1,变量名 2 =初值 2 ,…];
```

例如：

```
float radius =3.5 , length, area;
```

变量名和变量值是两个不同的概念。关于定义一个整型变量 a 所包含的内容如图 2.2 所示。

例如已定义了变量 a，假设给变量 a 分配的内存首地址为 1000，那么变量 a 在内存中地址为 1000 的位置分配整型数据所占的内存空间 4 字节(VC++ 2010)，在该内存空间(4 字节)里存储变量 a 的值，假设是 5。在程序中，程序员根据实际问题对变量 a 进行操作，而计算机执行程序时，CPU 会根据控制指令到指定的内存进行数据的存储或读取操作。

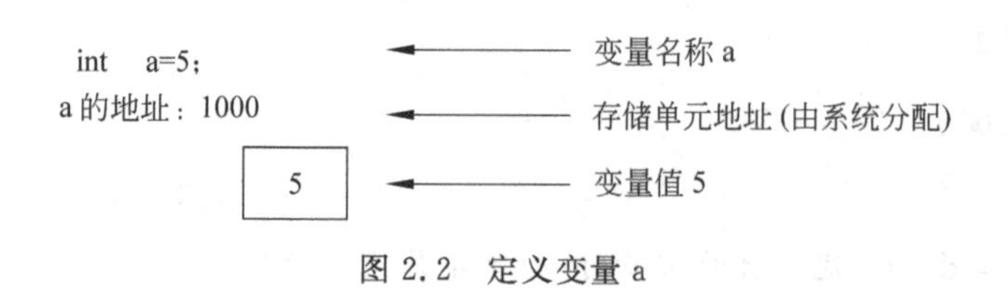

图 2.2 定义变量 a

2.3 整型数据

2.3.1 整型常量

整型常量即整常数。在 C 语言中，使用的整型常量有三种表示形式：十进制、八进制和十六进制。

1. 十进制整型常量

由数字 0～9 和正负号表示。以下各数是合法的十进制整常数：123、−345、65 535、1523；以下各数是不合法的十进制整常数：034(不能有前导 0)、34E(含有非十进制数码)。

2. 八进制整型常量

由数字 0 开头，后面跟数字 0～7 来表示。以下各数是合法的八进制整常数：012(十进制为 10)、0105(十进制为 69)、−012(十进制为−10)；以下各数是不合法的八进制整常数：267(无前缀 0)、04A1(含有非八进制数码)、O234(前缀不能是英文字母 O)。

3. 十六进制整型常量

由 0x 或 0X 开头，后跟 0～9、a～f 或 A～F 来表示。以下各数是合法的十六进制整常数：0X2A(十进制为 42)、−0xA0(十进制为−160)、0xFFFF(十进制为 65 535)；以下各数是不合法的十六进制整常数：6A(无前缀 0x)、0x4H(含有非十六进制数码)。

有了上面的三种整数表示方法，可以如下定义整型数据的符号常量。

```
#define NUM1    30                 //十进制数
#define NUM2    030                //八进制数
#define NUM3    0x3A               //十六进制数
```

其中，NUM1 的值为 30，NUM2 的值为 24，NUM3 的值为 58。

2.3.2 整型数据在内存中的存储形式

整型数据在内存中以补码的形式进行存储。如果定义了一个整型变量 i。

```
int i;
i =10;
```

则按照 Visual C++ 6.0 编译系统，整型变量分配 4 字节的内存空间，变量 i 占 4 字节。图 2.3(a)是数据存储的示意图，图 2.3(b)是数据在内存中实际存储的二进制序列(补码)，图 2.3(c)是数据在内存中实际存储的情况。

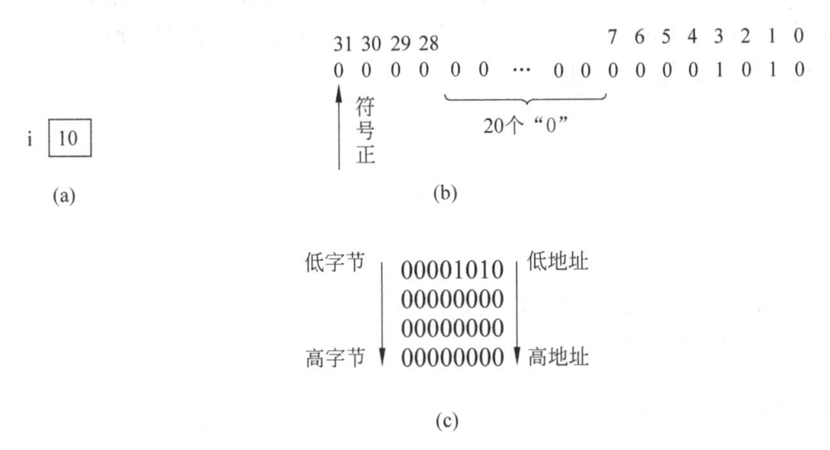

图 2.3　数值 10 在内存中的存储

数值是以补码表示的：

• 正数的补码和原码相同。

• 负数的补码：将该数的绝对值的二进制形式按位取反再加 1。

例如，求－10 的补码：

10 的原码是　0000　0000　0000　0000　0000　0000　0000　1010

按位取反　　1111　1111　1111　1111　1111　1111　1111　0101

再加 1，得到－10 的补码，即－10 在内存中如图 2.4 所示存储。

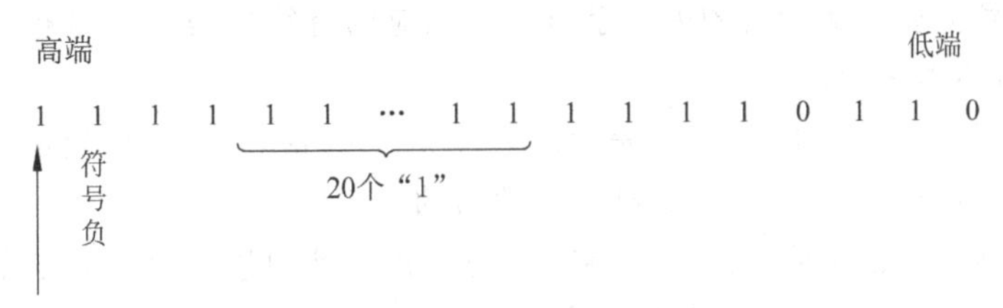

图 2.4　数值－10 在内存中的存储

由此可知，左面的第一位是表示符号的，“0”表示正数，“1”表示负数。

2.3.3　整型变量

1. 整型变量的定义

整型数据类型标识符是 int(integer 整数)，因此，定义整型变量的格式为：

```
int 变量名 [,变量名 2,…, 变量名 n];
```

格式说明如下：

- 整型类型名 int 必须小写。
- int 与变量名之间至少要用一个空格分隔开。
- int 后面可以一次定义多个变量,但变量名之间必须用逗号(,)隔开。
- 可以在变量定义时就对变量赋给初始值,具体方法是在变量名后面增加"=数值"。
- 最后必须以分号(;)结束。

例如：

```
int  a;
int  x,y,z;
int  m =2, n =-5;
```

当程序中定义了一个变量时,计算机会根据这个变量的类型分配一个内存空间,在这个内存空间中存储变量的数值。

2. 整型变量的分类

(1) 基本型：类型说明符为 int,在内存中占 4 字节。

(2) 短整型：类型说明符为 short int 或 short,在内存中占 2 字节。

(3) 长整型：类型说明符为 long int 或 long,在内存中占 4 字节。

(4) 无符号型：类型说明符为 unsigned。

无符号型又可以与上述 3 种类型匹配而构成：

- 无符号基本型：类型说明符为 unsigned int 或 unsigned,在内存中占 4 字节。
- 无符号短整型：类型说明符为 unsigned short,在内存中占 2 字节。
- 无符号长整型：类型说明符为 unsigned long,在内存中占 4 字节。

各种无符号类型变量所占的内存字节数与相应的有符号类型变量相同,但由于省去了符号位,所以不能表示负数。

有符号整型变量：最高位为"0"表示该数符号为正,最高位为"1"表示该数符号为负；无符号整型变量：最高位"1"表示最高位是数值的一部分。

根据不同整型变量所分配的内存字节数得出各类型的整型数的表示范围,默认都是有符号(signed)的,故 signed 经常省略,如表 2.1 所示。

表 2.1 Visual C++ 6.0 中各类整型数的表示范围

类型说明符	数的范围	字节数
int	−2 147 483 648～2 147 483 647,即 $-2^{31}\sim(2^{31}-1)$	4
unsigned [int]	0～4 294 967 295,即 $0\sim(2^{32}-1)$	4
short [int]	−32 768～32 767,即 $-2^{15}\sim(2^{15}-1)$	2
unsigned short [int]	0～65 535,即 $0\sim(2^{16}-1)$	2
long [int]	−2 147 483 648～2 147 483 647,即 $-2^{31}\sim(2^{31}-1)$	4
unsigned long [int]	0～4 294 967 295,即 $0\sim(2^{32}-1)$	4

3. 整型变量的初始化

初始化变量就是为变量赋给一个初始值。在C语言中，可以在定义语句中初始化变量，即在变量名后跟上复制运算符(=)和要赋给变量的值，如下所示：

```
int hight =21;
int wight =32, length =15;
```

4. 整型变量的使用

【例 2-2】 整型变量的定义和使用。

```
1     #include <stdio.h>
2     int main()
3     {
4         int a, b ,c, d;
5         unsigned u;
6         a =10;
7         b =-30;
8         u =5;
9         c =a +u;
10        d =b +u;
11        printf("a +u =%d, b +u =%d\n", c, d);
12        return 1;
13    }
```

【运行结果】

```
a + u = 15, b + u = -25
```

通过本例可以看出，不同类型(有符号、无符号)的整型变量可以进行相互运算。“%d”是输出有符号十进制整数的格式控制符。

5. 整型数据的溢出

【例 2-3】 整型数据的溢出。

```
1     #include <stdio.h>
2     int main()
3     {
4         short a, b;
5         a =32767;
6         b =a +1;
7         printf("a =%d, b =%d\n", a, b);
8         return 1;
9     }
```

【运行结果】

```
a = 32767, b = -32768
```

short[int]型变量在内存中分配 2 字节的空间,在例 2-3 中,变量 a 和 b 各占据 2 字节,其表示数的范围是−32768～32767,数值超出此范围即溢出。

32767 +1 的二进制序列的 16 位正好是−32768 的补码形式,又因数值按照补码的形式存储,所以输出为−32768,如图 2.5 所示。

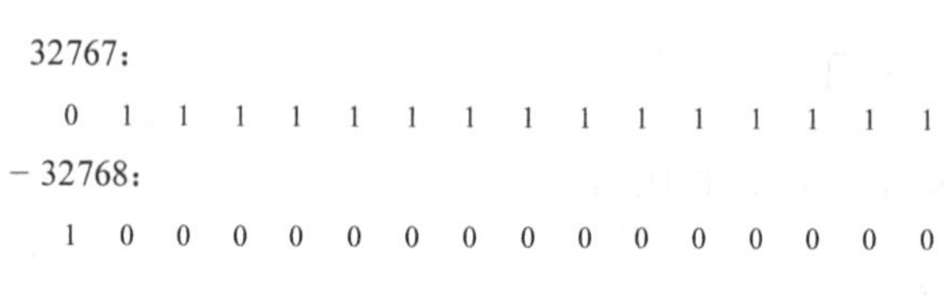

图 2.5　数据溢出

2.3.4　整型常量的类型

在 Visual C++ 6.0 中,通常根据整型常量的后缀来决定整型常量的类型。具体规定如下:

- 整型常量后加字母 l 或 L,认为是 long int 型常量,例如 123L。
- 无符号数也可用后缀表示,整型常数的无符号数的后缀为 U 或 u,例如 258U。

2.3.5　整型类型大小

表 2.2 列出了一些常见 C 环境中的整型类型大小。

表 2.2　典型系统的整型大小(位)

类型说明符	PC 的 Linux 系统	PC 的 Windows 系统	ANSI 规定的最小值
char	8	8	8
int	32	32	16
short [int]	16	16	16
long [int]	32	32	32

2.4　实 型 数 据

2.4.1　实型常量

实型也称为浮点型,实型常量也称为实数或浮点数。在 C 语言中,实数只采用十进制。它有两种形式:十进制小数形式和 e 指数形式。

1. 十进制小数形式

由数字 0～9 和小数点组成。例如：

```
0.0,25.0,0.5,0.13,310.50,- 123.450
```

等均为合法的实数。注意，必须有小数点。

2. e 指数形式

由十进制数加阶码标志“e”或“E”以及阶码(只能为整数，可以带符号)组成。其一般形式为：

```
a E n (a 为十进制数,n 为十进制数)
```

其代数式表示为 $a\times10^n$。这里 a 可以只有整数部分或只有小数部分，也可以是“整数.小数”形式。例如：

- 2E5(等于 2×10^5)。
- 3.7E−2(等于 3.7×10^{-2})。
- −2.8E−2(等于 -2.8×10^{-2})。

规范化的指数形式是：在字母 e(或 E)之前的小数部分中，小数点左边应有一位且只能有一位非零的数字。例如，123.456 的规范化指数形式为 1.23456e2。

2.4.2 实型数据在内存中的存储形式

实型数据在内存中是按指数形式存储的，一般占 4 字节(32 位)。计算机将这 32 位分成 3 部分组成：小数部分(尾数)、指数部分(阶码)和符号。最高位是符号位，剩余的 31 位分配给尾数和阶码，到底分别占用多少位取决于 C 编译器。按照 IEEE 标准，常用的浮点数格式如表 2.3 所示。下面以实数 3.14159 为例分析浮点数在内存中的存储形式。

$$3.14159 = 0.314159\times10^1$$

小数部分为：$(0.314159)_{10} = (0.01010000)_2$

阶码为：$(1)_{10} = (00000001)_2$

表 2.3 常用的浮点数格式

类型	选项			
	符号位	阶码	尾数	总位数
单精度(float)	1	8	23	32(4 字节)
双精度(double)	1	11	52	64(8 字节)
长双精度(long double)	1	15	64	80(10 字节)

其存储形式如图 2.6 所示。

0	01010000000000000000000	00000001
符号1位	尾数部分 (小数部分) 23位	阶码 (指数) 8位

图 2.6 3.14159 的存储形式

小数部分占位越多，数的有效数字越多，精度也越高。

指数部分占位越多，则能表示的数值范围越大。

2.4.3 实型变量

1. 实型变量的分类和定义

实型变量分为单精度(float 型)和双精度(double 型)。

在 Visual C++ 6.0 中，单精度型变量占 4 字节(32 位)的内存空间，其数值范围为－3.4E－38～3.4E＋38，只能提供 7 位有效数字。双精度型变量占 8 字节(64 位)的内存空间，其数值范围为－1.7E－308～1.7E＋308，可提供 16 位有效数字。

2. 实型数据的舍入误差

由于实型变量是由有限的存储单元组成的，因此，在计算机内存中能提供给一个实数的有效数字总是有限的。这样就存在舍入问题，舍去的数位越低越好，越低精度也就越高。关于舍入误差见例 2-4。

【例 2-4】 实型数据的舍入误差。

```
1    #include <stdio.h>
2    int main()
3    {
4        float a, b;
5        a =123456.789e5;
6        b =a +30;
7        printf("%f\n", a);
8        printf("%f\n", b);
9        return 1;
10   }
```

【运行结果】

```
12345678848.000000
12345678848.000000
```

究其原因是因为单精度 float 的有效数字最多只有 7 位，以后的都是无效数字，对这些无效数字进行运算结果也不是准确值。

思考：若将“float a，b”改为“double a，b”结果又如何？

【例 2-5】 浮点数的有效数字。

```
1    #include <stdio.h>
```

```
2
3    int main()
4    {
5        float a; double b;
6        a =88888.88888;
7        b =88888.888888888888;
8        printf("%f\n", a);
9        printf("%f\n", b);
10       return 1;
11   }
```

【运行结果】

```
88888.890625
88888.888889
```

从本例可以看出，由于a是单精度浮点型，有效位数只有7位，而整数已占了5位，故小数点后的两位之后都是无效数字。

b是双精度型，有效位为16位，但VC++ 2010规定小数点后最多保留6位，其余部分四舍五入。b所输出的值都是有效数字。

通过上述两个例题，应该彻底理解浮点数的精度问题。

2.4.4 实型类型大小

表2.4列出了一些常见C环境中的实型类型大小。

表2.4 典型系统的实型大小

类型说明符	PC的Linux系统	PC的Windows系统	ANSI规定的最小值
float	6位 −37～38	6位 −37～38	6位 −37～37
double	15位 −307～308	15位 −307～308	10位 −37～37
long double	18位 −4931～4932	18位 −4931～4932	10位 −37～37

对于每种类型，上一行代表有效数字位数，下一行代表指数的范围(以10为基数)。

2.5 字符型数据

整型和浮点型是数值型数据的类型，但在解决实际问题时并不是所有问题都是数值型，更多情况是处理文本信息，那么要处理这样的问题就要借助于字符型数据。字符型数据可以用来表征英文字母、各种符号、汉字。一个字符型数据只用一字节(8位)的内存单元，而一字节能表示整数的范围为0～255，这样字符和整数就可以按照附录C中的

ASCII 表进行对照。

2.5.1 字符常量

字符常量是用单引号括起来的一个字符，有以下两种表示方法。

1. 用单引号括起来的一个直接输入的字符

例如，'a'、'b'、'+'、'='、'?'都是合法字符常量，是可以通过键盘输入的字符常量。

在 C 语言中，字符常量有以下特点：

(1) 字符常量只能用单引号括起来，不能用双引号或其他括号。

(2) 字符常量只能是单个字符，不能是多个字符构成的串。

(3) 字符可以是字符集中的任意字符。但要注意区分字符和数值的关系。如'5'和 5 是不同的，'5'是字符常量，占 1 字节，而数字 5 作为基本整型(int)数据占 4 字节。

2. 使用转义字符

转义字符是一种特殊的字符常量，是无法通过键盘直接输入的字符常量。转义字符以反斜线"\"开头，后跟一个或几个字符。转义字符具有特殊的含义，不同于字符原有的意义，故称转义字符。例如，在前面的例题中，printf 函数用到的"\n"就是一个转义字符，其意义是"回车换行"。转义字符主要用来表示那些用一般字符不便于表示的控制代码。常用的转义字符及其含义见表 2.5。

表 2.5 常用的转义字符及其含义

转义字符	转义字符的意义	ASCII 值
\n	回车换行	10
\t	横向跳到下一制表位置	9
\b	退格	8
\r	回车	13
\f	走纸换页	12
\\	反斜线符"\"	92
\'	单引号符	39
\"	双引号符	34
\a	鸣铃	7
\ddd	用 1～3 位八进制数表示的 ASCII 值所对应的字符	
\xhh	用 1～2 位十六进制数表示的 ASCII 值所对应的字符	

广义地讲，C 语言字符集中的任何一个字符均可用转义字符来表示。表 2.5 中的\ddd 和\xhh 正是为此而提出的。ddd 和 hh 分别为八进制和十六进制的 ASCII 代码。如\101 表示字母'A'，\102 表示字母'B'，\134 表示反斜线，\x0A 表示换行等。

【例 2-6】 转义字符的使用。

```
1    #include <stdio.h>
2    int main()
3    {
4        printf("\101  \x36 c\n");
5        printf("  ab  c\tde\rf\n");
6        printf("hijk\tL\bM\n");
7        return 1;
8    }
```

【运行结果】

```
A 6 c
f ab  c de
hijk    M
```

程序中的'\101'作为转义字符转换为 ASCII 码值 65,查询 ASCII 表得出相对应的字母是'A','\x36'相对应的字母是数字字符'6',空格原样输出,因此输出上述第一行结果。

程序中第 5 行,开始输出"ab c",遇到'\t',它的作用是"跳格",即跳到下一个制表位置,一个制表区占 8 列,下一个制表位置从第 9 列开始,故在第 9～10 列上输出 de,即现在的输出结果为"ab c de"。接下来,又遇到'\r',它的作用是"回车(不换行)",即光标返回到本行最左端(第 1 列),输出字符 f,即现在的输出结果为"f ab c de"。遇到'\n',作用是"使当前位置移到下一行的开头",即最后的输出结果为"f ab c de",且光标在下一行。"\n"在程序中经常使用,用于控制输出格式。

程序中第 6 行,开始输出 hijk,遇到'\t',光标位置移动第 9 列,且在第 9 列上输出 L,即现在的输出结果为"hijk   L"。接下来,遇到'\b',作用是"退一格"。在刚才输出 L 后光标当前移到第 10 列,遇到'\b',光标又退回到第 9 列。接着输出的 M 覆盖了刚才的 L,因此最后输出结果为"hijk   M"。

2.5.2 字符变量

字符变量用来存储字符常量,字符变量的类型说明符是 char。字符变量类型定义的格式和书写规则都与整型变量相同。例如:

```
char ch1,ch2;
```

2.5.3 字符数据在内存中的存储形式及使用方法

每个字符变量被分配一个字节的内存空间。字符值是以其 ASCII 值的形式再转换为补码的形式存放在变量的内存单元中。

例如,x 的十进制 ASCII 值是 120,y 的十进制 ASCII 值是 121。对字符变量 ch1、ch2 分别赋给'x'和'y'值:

```
ch1 = 'x';
ch2 = 'y';
```

实际上是在ch1、ch2两个单元中存放120和121的二进制代码，如图2.7所示。

ch1:

0 1 1 1 1 0 0 0

ch2:

0 1 1 1 1 0 0 1

图2.7 x和y的存储形式

所以也可以把它们看成是整型量。C语言允许对整型变量赋以字符值，也允许对字符变量赋以整型值。在输出时，允许把字符值变量按整型量输出，也允许把整型量按字符量输出。

整型量为4个字节量，字符量为单字节量，当整型量按字符量处理时，只有低8位参与处理。

【例2-7】 向字符变量赋给整数值。

```
1    #include <stdio.h>
2    int main()
3    {
4        char ch1, ch2;
5        ch1 =120;  ch2 =121;
6        printf("%c, %c\n", ch1, ch2);
7        printf("%d, %d\n", ch1, ch2);
8        return 1;
9    }
```

【运行结果】

```
x, y
120, 121
```

本程序中定义ch1、ch2为字符型，但在赋值语句中赋给整型值。从结果看，ch1、ch2值的输出形式取决于printf函数格式串的格式符，当格式控制符为“%c”时，输出的是变量值对应的字符，当格式控制符为“%d”时，输出的是变量值对应的整数。

【例2-8】 字符变量与整数进行算术运算。

```
1    #include <stdio.h>
2    int main()
3    {
4        char ch1, ch2;
5        ch1 = 'a';
6        ch2 = 'b';
7        ch1 =ch1 - 32;
8        ch2 =ch2 - 32;
9        printf("%c, %c\n", ch1, ch2);
10       printf("%d, %d\n", ch1, ch2);
11       return 1;
12   }
```

【运行结果】

```
A, B
65, 66
```

本例中，ch1、ch2 声明为字符变量并赋给字符值，C 语言允许字符变量参与数值运算，即用字符的对应 ASCII 码值参与数值运算。由于大小写字母的 ASCII 码值相差 32，因此运算后可以把小写字母转换成大写字母，然后分别以字符型和整型格式输出。

在字符变量与数值进行，实际上是字符变量的 ASCII 码值的二进制形式与数值的十进制补码的低 8 位进行运算。

例 2-8 的运算过程如图 2.8 所示：ch1 被赋给值'a'，其对应的 ASCII 码值是十进制 97，97 的补码是 01100001。32 的补码是 00000000　00000000　00000000　00100000。

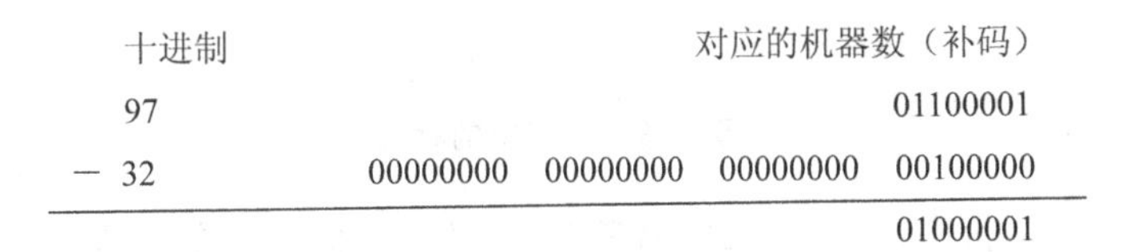

图 2.8　字符与整数进行运算

结果中的 01000001 转换为十进制是 65，正是 A 的 ASCII 码值。

【例 2-9】 字符变量的符号。

```
1    #include <stdio.h>
2    int main()
3    {
4        char ch;
5        int x;
6        ch =80 +50;
7        x =80 +50;
8        printf("ch =%d\n", ch);
9        printf("x =%d\n", x);
10       return 1;
11   }
```

【运行结果】

```
ch =-126
x = 130
```

结果分析：ch ＝ $(130)_{10}$ ＝ $(100000010)_2$，按照第 8 行要求输出有符号的十进制数，则最高位“1”为符号位，恰是－126 的补码，因此输出－126。

2.5.4　字符串常量

字符串常量是由一对双引号括起来的字符序列。例如"CHINA"、"C program"、"＄12.7"等都是合法的字符串常量。

字符串常量和字符常量是不同的量，它们之间主要有以下区别：

- 字符常量由单引号括起来，字符串常量是由双引号括起来。

- 字符常量只能是单个字符,字符串常量则可以含一个或多个字符。
- 可以把一个字符常量赋予一个字符变量,但不能把一个字符串常量赋予一个字符变量。在C语言中没有字符串变量。但是可以用一个字符数组来存放一个字符串常量。
- 字符常量占一字节的内存空间。字符串常量占的内存字节数等于字符串中的字节数加1。增加的一字节中存放字符串结束的标志——字符'\0'(ASCII码值为0)。

例如,字符串"C program"在内存中所占的字节数为10,存储如图2.9所示。

C		p	r	o	g	r	a	m	\0

图2.9 字符串的存储

字符常量'a'和字符串常量"a"虽然都只有一个字符,但在内存中的情况是不同的。

'a'在内存中占一字节,可表示为:

a

"a"在内存中占两字节,可表示为:

a	\0

习　题

一、填空题

1. 在C语言中,基本数据类型主要有________、________、________三种。

2. 根据C语言标识符的命名规则,标识符只能由________、________、________组成,而且第一个字符必须是________或________。

3. C语言中的常量分为________常量和________常量两种。定义________常量需要使用预处理命令#define。

4. 在C语言中,八进制整型常量以________作为前缀,十六进制整型常量以________作为前缀。

5. 在C语言中(以VC++ 2010作为编译器),一个char型数据在内存中所占的字节数为________;一个int型数据在内存中所占的字节数为________。

6. 在C语言中(以VC++ 2010作为编译器),一个float型数据在内存中所占的字节数为________;一个double型数据在内存中所占的字节数为________。

7. 在C语言中,设一个int型数据在内存中所占2字节,则int型数据的取值范围为________。

二、选择题

1. 在C语言中,假设int型数据占4字节,则double、long、unsigned int、char类型数据所占字节数分别为(　　)。

A. 8、2、4、1　　B. 2、8、4、1　　C. 4、2、8、1　　D. 8、4、4、1

2. 下面四个选项中，均为不合法用户标识符的选项是(　　)。

A. P_0　do　　B. float la0 _A

C. b-a sizeof int　　D. _123 temp int

3. 下面四个选项中，均为合法整型常量的选项是(　　)。

A. 160　－0xfff　011　　B. －0xcdf 01a 0xe

C. －01 986　012　0668　　D. －0x48a 2e5 0x

4. 下面四个选项中，均为不合法浮点数的选项是(　　)。

A. 160　0.12　e3　　B. 123　2e4.2　.e5

C. －.18　123e4　0.0　　D. －e3　.234　1e3

5. 下面四个选项中，均为不合法转义字符的选项是(　　)。

A. '\"'　'\\'　'\xf'　　B. '\1011'　'\'　'\ab'

C. '\011'　'\f '　'\}'　　D. '\abc'　'\101'　'xlf '

6. 若有声明语句 char c = '\72';则变量 c(　　)。

A. 包含 1 个字符　　B. 包含 2 个字符

C. 包含 3 个字符　　D. 说明不合法，c 的值不确定

三、编程练习

1. 编写一个程序，要求输入一个 ASCII 码值(如 66)，然后输出相应的字符。

2. 编写一个程序，读入一个浮点数，并分别以小数形式和指数形式输出。

3. 一年约有 3.156×10^7 秒，编写程序，要求输入一个人的年龄，然后输出显示该人年龄是多少秒。

4. 1 英寸等于 2.54 厘米，编写程序，要求输入一个人的身高(以英寸为单位)，然后输出显示该人身高值等于多少厘米。也可以输入身高值为厘米，然后以英寸为单位输出显示身高值。

四、改正下面程序

```
void main()
{
    w, l, integer;
    printf("请输入 w 的值\n");
    scanf("%c", w);
    l =w/4;
    printf("结果的值是: %f \n", l);
}
```

第3章 顺序结构程序设计

前两章介绍了简单的C程序，其中在第2章中介绍了程序常用的一些基本要素（常量、变量、数据类型等），在本章中继续介绍运算符和表达式，以及C语言输入输出语句的使用。

变量用来存放数据，运算符则用来处理数据。用运算符将变量和常量连接起来的符合C语言语法规则的式子称为表达式。每个表达式都有值。

根据运算符所带的操作数的数量进行划分，C语言的运算符有三种类别：

(1) 单目运算符：只带一个操作数的运算符，如＋＋、－－运算符。

(2) 双目运算符：带两个操作数的运算符，如＋、－运算符。

(3) 三目运算符：带三个操作数的运算符，如?:运算符。

C语言中运算符和表达式之多，在高级语言中是少见的。正是具有丰富的运算符和表达式，使得C语言功能十分完善。这也是C语言的主要特点之一。所以要学好和用好C语言，务必要熟练掌握其运算符的功能、特点及应用。

具体学习过程中应掌握如下几个方面。

- 运算符的功能：该运算符主要用于什么运算。
- 与操作数关系：要求操作数的个数及操作数的类型。
- 运算符的优先级：表达式中包含多个不同运算符时运算符运算的先后次序。
- 运算符的结合性：同级别运算符的运算顺序（指左结合性还是右结合性）。
- 运算结果的类型：表达式运算后最终所得到的值的类型。

3.1 赋值运算符与赋值表达式

3.1.1 赋值运算符

赋值符号"＝"就是赋值运算符，其作用是将一个值（常量、变量、表达式）赋给一个变量，实际上是将特定的值写到变量所对应的内存单元中。赋值运算符是双目运算符，因为"＝"两边都要有操作数。"＝"左边是待赋值的变量，"＝"右边是要赋给的值。

在定义变量的同时给变量赋初值称为变量的初始化。在变量定义中赋初值的一般形式为：

类型说明符 变量 1 =值 1,变量 2 =值 2,…

例如：

```
int a =5;
int b , c =6;
float x =3.6, y =4f, z =0.67;
char ch1 ='A', ch2 ='m';
```

应注意,在定义中不允许连续赋值,如 int a = b = c =6 是不合法的。

3.1.2 赋值表达式

由赋值运算符或复合赋值运算符(后面即将介绍)将一个变量和一个表达式连接起来的表达式,称为赋值表达式。

赋值表达式的一般格式为：

变量 (复合)赋值运算符 表达式

被赋值表达式的值,就是该表达式的值。例如,a = 5,变量 a 的值 5 就是该赋值表达式的值。

3.1.3 赋值语句

按照 C 语言规定,任何表达式在其末尾上加上分号";"就构成语句。赋值表达式在其后加上分号";"就构成了赋值语句。

其一般形式为：

变量 =表达式 ;

例如,

```
x =8;a =b =c =5;
```

注意：变量可以连续赋值但不可以连续初始化。

【例 3-1】 变量赋值。

```
1    #include <stdio.h>
2    int main()
3    {
4        int a =3, b, c =7;
5        b =a +c;
6        printf("a =%d, b =%d, c =%d\n", a, b, c);
7        return 1;
8    }
```

【运行结果】

```
a = 3, b = 10, c = 7
```

3.1.4 左值和右值

因为不是所有对象都可以更改值的,C 语言使用术语"可修改的左值"来表示那些值是可以被更改的,所以,赋值运算符的左边应该是一个可以修改的左值。

术语"右值"指的是能赋给可修改的左值的量。例如,下面的语句:

```
cow =1235;
```

这里 cow 是一个可修改的左值,1235 是一个右值。

3.1.5 不同数据类型间的赋值规则

C 语言变量的数据类型是可以相互转换的。转换的方法有两种,一种是自动转换,另一种是强制转换。

1. 自动转换

以赋值符号"="左边变量的数据类型为准,对其右边的数据进行处理。

(1) 短长度的数据类型转换为长长度的数据类型,包括以下几种形式。

① 无符号短长度的数据类型转换为无符号或有符号长长度的数据类型。直接将无符号短长度的数据类型的数据作为长长度的数据类型数据的低位部分,长长度的数据类型数据的高位部分补"0",不损失精度,如图 3.1 所示。

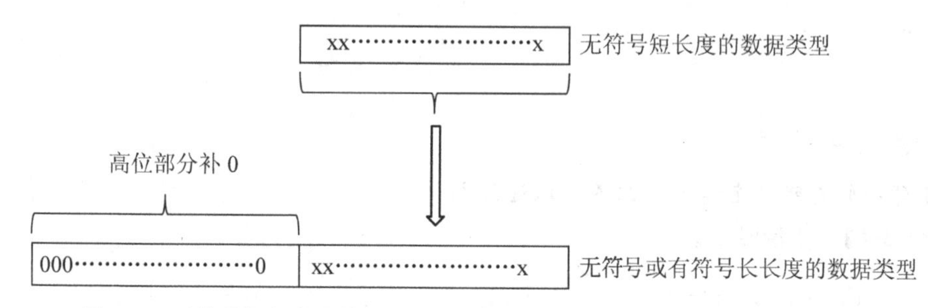

图 3.1 无符号短长度的数据类型转换为无符号或有符号长长度的数据类型

例如:

```
unsigned char ch =0xfc;
unsigned short a =0xff00;
int b;
unsigned long u;
```

```
b =ch;              /* b的值将是 0x000000fx */
b =a;               /* b的值将是 0x0000ff00 */
```

② 有符号短长度的数据类型转换为无符号或有符号长长度的数据类型。直接将有符号短长度的数据类型的数据作为长长度的数据类型数据的低位部分，然后将低位部分的最高位（即符号位）向长长度的数据类型数据的高位扩展，不损失精度，如图 3.2 所示。

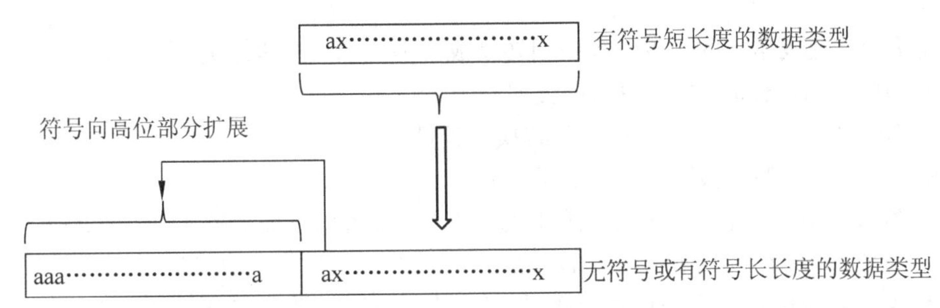

图 3.2　有符号短长度的数据类型转换为无符号或有符号长长度的数据类型

例如：

```
char ch =2;
short a =-2;
int b;
unsigned long u;
b =ch;              /* b的值将是 2 */
u =a;               /* u的值将是 0xfffffffe,前 4 个 f 是符号扩展的结果 */
```

(2) 长长度的数据类型转换为短长度的数据类型（隐式强制转换）。直接截取长长度的数据类型数据的低位部分（长度为短长度数据类型的长度）作为短长度数据类型的数据，损失精度，如图 3.3 所示。

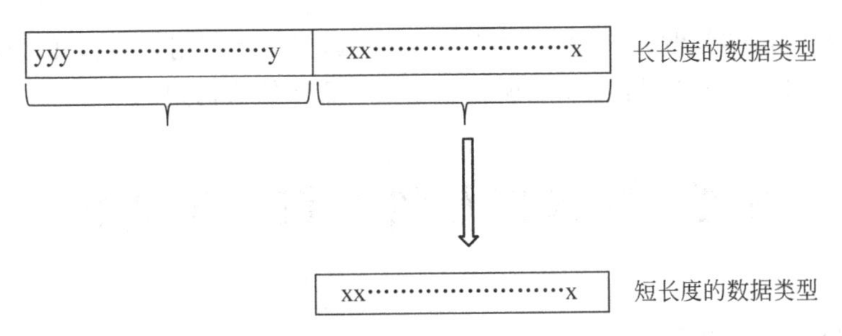

图 3.3　长长度的数据类型转换为短长度的数据类型

例如：

```
int a =-32768;
int b =0xffffaa00;
char ch;
short int c;
```

```
ch =a;              /* ch 的值将是 0          */
c =b;               /* c 的值将是 0xaa00    */
```

2. 显式强制转换

显式强制类型转换是通过类型运算来实现的。其一般形式为：

(类型说明符)　(表达式)

其功能是把表达式的运算结果强制转换成类型说明符所表示的类型。例如：

- (float) a：把 a 转换为单精度类型。
- (int) (x+y)：把 x+y 的结果转换为整型。

在使用显式强制转换时应注意以下问题：

- 类型说明符和表达式都必须加括号(单个变量可以不加括号)。如把(int) (x+y)写成(int) x+y 则成了把 x 转换成 int 类型之后再与 y 相加了。
- 无论是强制转换或是自动转换，都只是为了本次运算的需要而对变量的数据长度进行临时转换，不是改变数据声明时对该变量所定义的类型。

【例 3-2】 强制类型转换应用。

```
1    #include <stdio.h>
2    int main()
3    {
4        float f =5.76;
5        printf("(int)f =%d, f =%f\n", (int)f, f);
6        return 1;
7    }
```

【运行结果】

```
(int)f = 5, f = 5.760000
```

本例表明，f 虽然强制转换为 int 类型，但只在运算中起作用，是临时的，而 f 本身的类型并不改变。因此，(int)f 的值为 5(删去了小数)，而 f 的值仍为 5.76。

3.2　算术运算符与算术表达式

3.2.1　算术运算符

C 语言提供的算术运算符包括 5 种：加(+)、减(-)、乘(*)、除(/)和取余(%)。它们均是双目运算符。+、-、*、/ 运算既可以用于整型数据的算术运算，又可以用于实型数据的算术运算，而%只能用于整数的运算。

注意：

(1) C 语言规定：两个整数相除，其商为整数，小数部分被舍弃。例如，7/2 的值是 3，不是 3.5。要得到 3.5，则应写成 7.0/2 或 7/2.0。

(2) %不能用于浮点型数据，否则会出错。例如，5.4%2 是非法的，因为%只能用于整型数据的运算。

3.2.2 算术表达式

用算术运算符将操作对象连接起来的表达式称为算术表达式。例如，3＋6 * 9，(x ＋ y) * 8/2 等都是算术表达式。

【例 3-3】 算术运算符“%”和“/”的使用。

```
1    #include <stdio.h>
2    int main()
3    {
4        printf("%d, %d, %d, %d\n", 20/7, 20%7, -20/7, 20/(-7));
5        printf("%f, %f,%f\n", 20.0/7, -20.0/7, 20.0/(-7));
6        return 1;
7    }
```

【运行结果】

```
2, 6, -2, -2
2.857143, -2.857143,-2.857143
```

本例中，20/7、−20/7 的结果均为整型，小数部分全部舍去了。而 20.0/7 和−20.0/7 由于有实数参与运算，因此结果也为实型。

3.2.3 运算符的优先级和结合性

当一个表达式中存在有多个算术运算符时，计算顺序取决于运算符的优先级和结合性。

1. 运算符的优先级

在 C 语言中，运算符的优先级共分为 15 级，1 级最高，15 级最低。在表达式中，优先级较高的先于优先级较低的进行运算。而在一个操作数两侧的运算符优先级相同时，则按运算符的结合性所规定的结合方向处理。

例如，图 3.4 详细地表示了表达式 10 ＋ 5 * 4−7/3 的求解过程，图中的①～④表示求解过程的先后。

算术运算符、赋值运算符和类型强制转换运算符的优先级的关系如下：

```
类型强制转换运算符 >算术运算符 >赋值运算符
```

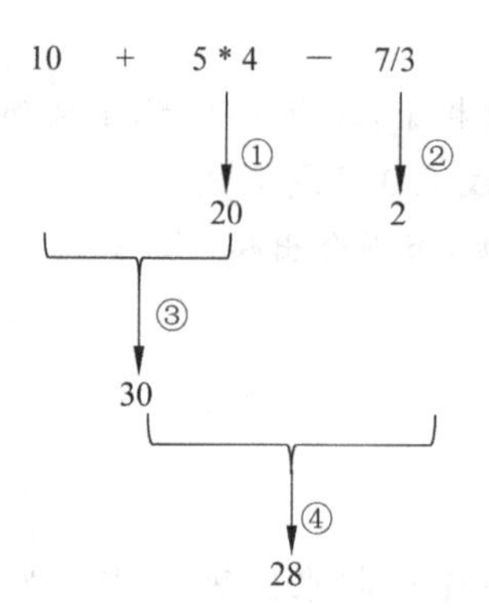

图 3.4　表达式 10+5*4−7/3 的求解过程

因此，执行下面的语句后，a 的值是 13。

```
int a;
a = (int)2.5 * 4+5;
```

2. 运算符的结合性

C 语言中各运算符的结合性分为两种，即左结合性（自左至右）和右结合性（自右至左）。例如，算术运算符的结合性是自左至右，即先左后右。如有表达式 x−y+z，则 y 应先与“−”结合，执行 x−y 运算，然后再执行+z 的运算。这种自左至右的结合方向就称为“左结合性”。而自右至左的结合方向称为“右结合性”。最典型的右结合性运算符是赋值运算符。如 x = y = z，由于“=”的右结合性，应先执行 y = z 再执行 x = (y = z)运算。C 语言运算符中有不少为右结合性，应注意区别，以避免理解错误。

3.2.4　自增自减运算符

在 C 语言中，减号(−)既是一个运算符，又是一个负号运算符。负号运算符是单目运算符。例如，a=2，那么 −a 的值就是 −2。负号运算符的优先级比较高，与强制类型转换符是同一级别。

C 语言还提供了另外两个用于算术运算的单目运算符：自增(++)和自减(−−)。

自增运算(++)使单个变量的值增 1，自减运算(−−)则使单个变量的值减 1。

自增、自减运算都有以下两种用法。

- 前置运算：运算符放在变量的前面，如++i、−−i，表示先使变量 i 的值增(或减)1，然后再以变化后的值参与其他运算，即先增减后运算。
- 后置运算：运算符放在变量的后面，即 i++、i−−，表示变量 i 先参与其他运算，然后再使其值增(或减)1，即先运算后增减。

【例 3-4】　自增自减运算符的使用。

```
1    #include <stdio.h>
```

```
2    int main()
3    {
4        int a =2, b =4;
5        int c, d;
6        c =a++;              /* 等价于 c =a ;和 a =a +1;两条语句 */
7        d =--b;              /* 等价于 b =b -1 ;和 d =b;两条语句 */
8        printf(" a =%d, b =%d\n", a, b);
9        printf(" c =%d, d =%d\n", c, d);
10       return 1;
11   }
```

【运行结果】

```
a = 3, b = 3
c = 2, d = 3
```

注意：

- ++和--运算符只能用于变量，不能用于常量和表达式，因为++和--蕴含着赋值操作。如5++、--(a+b)都是非法的表达式。
- 负号运算符、++、--和强制类型转换运算符的优先级相同，当这些运算符连用时，按照从右向左的顺序计算，即具有右结合性。
- 两个+和-符号之间不能有空格。
- 在表达式中，连续使用同一变量进行自增或自减运算时，很容易出错，所以最好避免这种用法。如++i++是非法的。
- 自增、自减运算，常用于循环语句中，使循环控制变量加(或减)1，以及指针变量中，使指针指向下(或上)一个地址。

假设有 int p,i = 2,j = 3。现分几种情况来讨论++和--的使用方法。

- 情况一：p = -i++，相当于 p = -(i++)，即先把-i 的值赋值给 p，然后 i 增1。执行后 p 的值为-2，i 的值为 3。
- 情况二：p = i+++j，相当于 p = (i++) +j，即先将 i+j 的值赋值给 p，然后 i 增 1。执行后 p 的值为 5，i 的值为 3，j 的值不变。
- 情况三：p = i+--j，相当于 p = i+(--j)，即先将 j 减 1，然后把 i+j 的值赋值给 p。执行后 p 的值为 4，i 的值不变，j 的值为 2。
- 情况四：p = i+++--j，相当于 p = (i++) +(--j)，即先将 j 减 1，然后把 i+j 的值赋值给 p，再把 i 的值增 1。执行后 p 的值为 4，i 的值为 3，j 的值为 2。
- 情况五：p = i+++i++，相当于 p = (i++) +(i++)，即先将 i+i 的值赋值给 p，再把 i 的值增 1 两次。执行后 p 的值为 4，i 的值为 4。
- 情况六：p = ++i+(++i)，相当于 p = (++i) +(++i)，即先将 i 的值增 1 两次，再把 i+i 的值赋值给 p。执行后 p 的值为 8，i 的值为 4。注意，该式不能写成：p = ++i+++i。

3.2.5 算术运算中数据类型转换规则

在C语言中,整型、实型和字符型数据间可以混合运算。如果一个运算符两侧的操作数的数据类型不同,则系统按“先转换后运算”的原则,首先将数据自动转换成同一类型,然后在同一类型数据间进行运算。转换规则如图3.5所示。

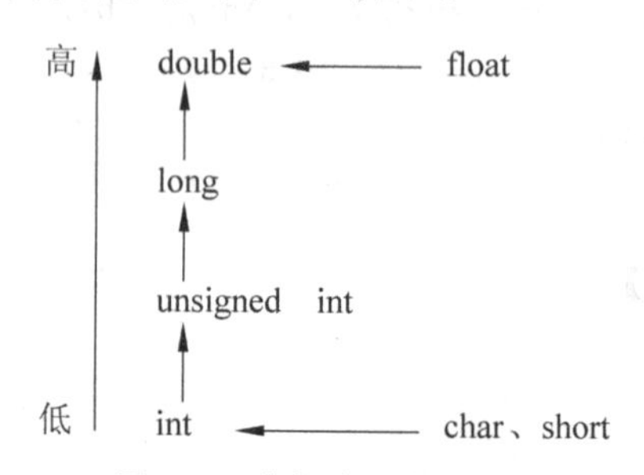

图3.5 数据类型转换规则

图3.5中横向向左的箭头,表示必需的转换。char和short类型必须转换成int类型,float类型必须转换成double类型。

图3.5中纵向向上的箭头,表示不同类型的转换方向。例如,int类型与double类型数据进行混合运算,则先将int类型数据转换成double类型数据,然后在两个同类型的数据间进行运算,结果为double类型。

注意:图3.5中箭头方向只表示数据类型的由低到高转换,不要理解为:int类型先转换成unsigned类型,再转换成long类型,最后转换成double类型。

下面以一个实例来看看算术表达式中不同数据类型间的转换。

假设变量的定义为:

```
char  ch;
int  i;
float  f;
double  d;
```

现计算 ch/i + f * d-(f+i)的值,其类型转换如图3.6所示。

【例3-5】 不同数据类型数据的算术运算。

```
1    #include <stdio.h>
2    int main()
3    {
4        float a, b, c;
5        a =7 / 2;            /* 计算 7/2 得 int 型值 3,因此 a 的值为 3.0 */
6        b =7 / 2 * 10;       /*计算 7/2 得 int 型值 3,再与 10 相乘,因此 b 的值为 30.0*/
7        c =1.0 * 7 / 2;      /* 先计算 1.0*7 得 double 型的结果 7.0,再计算 7.0/2,
                                 因此 c 的值是 3.5 */
8        printf(" a =%f, b =%f, c =%f\n", a, b, c);
```

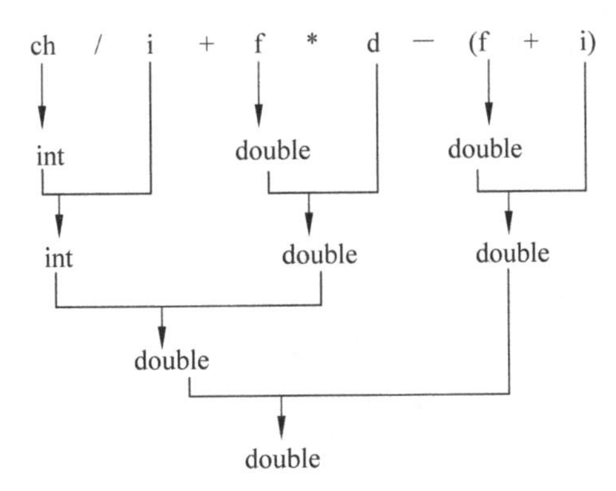

图 3.6　计算表达式 ch/i + f * d－(f+i)的数据类型转换示意图

```
9       return 1;
10   }
```

【运行结果】

```
a = 3.000000,  b = 30.000000,  c =3.500000
```

3.2.6　sizeof 运算符、复合赋值运算符

1. sizeof 运算符

C 语言中提供了一个能获取变量和数据类型所占内存大小(字节数)的运算符——sizeof。其使用格式是：

```
sizeof  表达式
sizeof  (数据类型名或表达式)
```

比如，sizeof(int)的值在 VC++ 2010 中是 4，sizeof(long)的值是 4，sizeof(10L)的值也是 4。

sizeof 运算符的优先级比较高，与++、--是同一个优先级。

2. 取模运算符%

取模运算符用于整数运算。该运算符计算出它左边的整数去除以它右边的整数得到的余数。例如，13 % 5 的结果为 3。

3. 复合赋值运算符

C 语言除了提供赋值运算符"="以外，还提供了各种复合赋值运算符。将算术运算符与赋值运算符组合在一起就构成了复合赋值运算符。复合赋值运算符既包括了算术运算，又包含了赋值操作。复合赋值运算符具体有+=、-=、*=、/=、%=等几种。

其含义为：

```
exp1 op=exp2
```

等价于

```
exp1 =exp1 op exp2
```

例如：

```
a +=3
```

等价于

```
a =a +3
```

又如：

```
x *=y +8
```

等价于

```
x =x * (y +8)
```

复合赋值运算符与赋值运算符是同一个优先级，具有右结合性。

3.3 数据的格式化输出

在C语言中，用于输出数据的主要函数是printf函数。在前面的章节中，已简单介绍了利用printf函数输出单个变量的值，在本节中将重点介绍printf函数的用法。实际上，printf函数的功能绝非只是输出变量的值，它还可以输出表达式的值，并且可以同时输出多个表达式和变量的值。printf函数称为格式化输出函数，其函数名最末一个字母f即为“格式(format)”之意。也就是说，它可以按照某种输出格式在屏幕上输出相应的数据信息。

它的函数原型在头文件stdio.h中，所以使用printf函数时，在程序最开始处应有如下的语句：

```
#include <stdio.h>
```

printf函数的一般形式为：

```
printf("格式控制字符串",表达式1, 表达式2,…,表达式n);
```

其功能就是按照“格式控制字符串”的要求，将表达式1，表达式2，…，表达式n的值显示在计算机屏幕上。

格式控制字符串用于指定输出格式。它包含如下所示的两类字符。

- 常规字符：包括可显示字符和用转义字符表示的字符。

• 格式控制符：以%开头的一个或多个字符，以说明输出数据的类型、形式、长度、小数位数等。比如前面介绍的%d、%f 等。其中，%后面的 d 和 f 称为格式转换字符。

例如，在格式控制字符串“the value is %d\n”中，除了%d 是格式控制符(表示以十进制形式输出整型数据)外，其他的字符均是常规字符。

使用 printf 函数要注意以下几点：

(1) 格式控制字符串可以不包含任何格式控制符。在这种情况下，使用 printf 函数时，其参数一般只有一个字符串即可。例如：

```
printf ("how are you?\n "); /* 只有一个字符串参数,输出"how are you?" */
```

(2) 当格式控制字符串中既包含有常规字符，又包含有格式控制符时，则表达式的个数应与格式控制符的个数一致。此时常规字符原样输出，而在格式控制符的位置上输出对应的表达式的值，其对应的顺序是：从左到右的格式控制符对应从左到右的表达式。这种对应关系如图 3.7 所示。

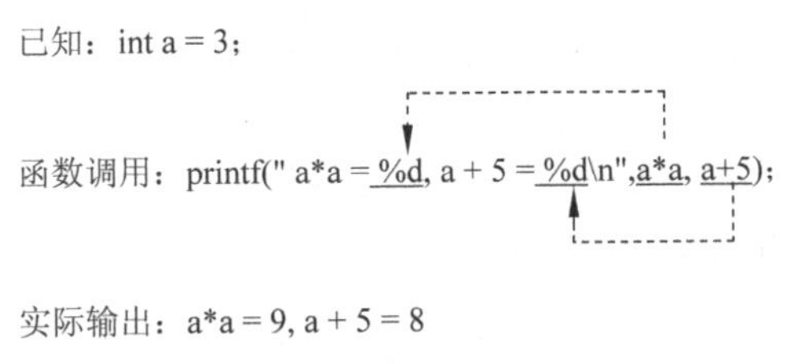

已知：int a = 3;
函数调用：printf(" a*a = %d, a + 5 = %d\n",a*a, a+5);
实际输出：a*a = 9, a + 5 = 8

图 3.7 格式控制符与 printf 的后续参数的对应关系

(3) 如果格式控制符字符串中格式控制符的个数多于表达式的个数，则余下的格式控制符的值将是不确定的，所以这一点编程时要注意。当然，如果格式控制符字符串中格式控制符的个数少于表达式的个数，则不影响输出。例如：

```
printf("5+3 =%d, 5-3 =%d, 5 * 3 =%d", 5+3, 5-3);
```

输出结果是：

```
5+3 =8,5-3 =2, 5 * 3 =-28710
```

这里输出 5 * 3 = −28710，就是因为第三个格式控制符没有对应的表达式所造成的，所以其输出的值是随机值。

(4) 不同类型的表达式要使用不同的格式转换符，比如输出 int 型表达式要使用%d，输出字符要使用%c，而输出实型表达式则要使用%f。同一表达式如果按照不同的格式转换符来输出，其结果可能是不一样的。例如：

```
char ch ='A';
printf("ch =%c", ch);        /* 输出结果: ch =A (以字符形式输出) */
printf("ch =%d", ch);        /* 输出结果: ch =65(以字符的 ASCII 码形式输出) */
```

“格式控制符字符串”中的格式转换符，必须与所对应的表达式的数据类型一致，否则会引起输出错误。

各种数据类型对应的格式转换符如表 3.1 所示。

表 3.1　printf 函数中的格式转换符及其含义

格式转换符	含　义	对应的表达式数据类型
%d 或 %i	以十进制形式输出一个整型数据。例如： int a =20; printf("%d", a);　　/* 输出 20 */	有符号整型
%x、%X	以十六进制形式输出一个无符号整型数据。例如： int a =164; printf("%x", a);　　/* 输出 a4 */ printf("%X", a);　　/* 输出 A4 */	无符号整型
%o（字母o）	以八进制形式输出一个无符号整型数据。例如： int a =164; printf("%o", a);　　/* 输出 244 */	无符号整型
%u	以十进制形式输出一个无符号整型数据。例如： int a =-1; printf("%u", a); /* VC++ 2010 下输出 4294967295 */	无符号整型
%c	输出一个字符型数据。例如： char ch ='A'; printf("%c", ch);　　/* 输出 A */	字符型
%s	输出一个字符串。例如： printf("%s", "china");　　/* 输出 china */	字符型
%f	以十进制小数形式输出一个浮点型数据。例如： float f =-12.3; printf("%f", f);　　/* 输出-12.300000 */	浮点型
%e、%E	以指数形式输出一个浮点型数据。例如： float f =1234.8998; printf("%e", f); /* VC++ 2010 下输出 1.234900e+003 */ printf("%E", f); /* VC++ 2010 下输出 1.234900E+003 */	浮点型
%g、%G	按照%f 或%e 中输出宽度比较短的一种格式输出	浮点型
%p	以主机的格式显示指针，即变量的地址。例如： int a =3; printf("%p", &a);　　/* VC++ 2010 下输出 0018FF44 */	指针类型

另外，可以在格式转换字符和%之间插入一些辅助的格式控制字符。因此，格式控制字符的一般形式为：

```
%[ flag ][ width ][ .precision ][ size ] Type
```

其中，[ ]表示其中的内容是可以缺省的，没有用[ ]括起来的是不能缺省的。width 和

precision 都必须是无符号的整数，注意，precision 前面的句点(.)不能省略。Type 就是表 3.1 中列出的格式转换符。

3.3.1 整数的输出

1. 有符号整数的输出

输出有符号整数的格式控制符的一般形式为：

```
%[ -][ +][ 0 ][ width ][ .precision ][ l ][ h ] d
```

其中各控制符的说明如下：

- [ ]：表示可选项，可以缺省。
- 一：表示输出的数据左对齐，默认是右对齐。
- ＋：输出正数时，在数据的前面加上"＋"号。
- 数字 0：右对齐时，如果实际宽度小于 width，则在左边的空位补 0。
- width：无符号整数，表示输出整数的最小域宽(即占屏幕的多少格)。若实际宽度超过了 width，则按照实际宽度输出。
- . precision：无符号整数，表示至少要输出 precision 位。若整数的位数大于 precision，则按照实际位数输出，否则在左边的空位上补 0。
- 字母 l：如果在 d 的前面有字母 l(long)，表示要输出长整型数据。
- 字母 h：如果在 d 的前面有字母 h(short)，表示输出短整型数据。

例 3-6 说明了常用的使用方法。

【例 3-6】 有符号整数的常用方法。

```
1    #include <stdio.h>
2    int main()
3    {
4        int a =123;
5
6        printf("    12345678901234567890\n");
7        printf("a =%d----------(a=%%d)\n", a);
8        return 1;
9    }
```

【运行结果】

```
    12345678901234567890
a = 123----------(a=%d)
```

例 3-7 说明了上述格式控制符的作用。

【例 3-7】 有符号整数的格式化输出。

```
1    #include <stdio.h>
2    int main()
```

```
3    {
4        int a =123;
5        long L =65537;
6
7        printf("    12345678901234567890\n");
8        printf("a =%d---------(a=%%d)\n", a);
9        printf("a =%6d-------(a=%%6d)\n", a);
10       printf("a =%+6d-------(a=%%+6d)\n", a);
11       printf("a =%-6d-------(a=%%-6d)\n", a);
12       printf("a =%-06d-------(a=%%-06d)\n", a);
13       printf("a =%+06d-------(a=%%+06d)\n", a);
14       printf("a =%+6.6d-------(a=%%+6.6d)\n", a);
15       printf("a =%6.6d-------(a=%%6.6d)\n", a);
16       printf("a =%-6.5d-------(a=%%-6.56d)\n", a);
17       printf("a =%6.4d-------(a=%%6.4d)\n", a);
18       printf("L =%ld----------(L=%%ld)\n", L);
19       printf("L =%hd----------(L=%%hd)\n", L);
20       return 1;
21   }
```

【运行结果】

```
    12345678901234567890
a =123---------(a=%d)
a =   123-------(a=%6d)
a =  +123-------(a=%+6d)
a =123   -------(a=%-6d)
a =123   -------(a=%-06d)
a =+00123-------(a=%+06d)
a =+000123-------(a=%+6.6d)
a =000123-------(a=%6.6d)
a =00123 -------(a=%-6.56d)
a =  0123-------(a=%6.4d)
L =65537----------(L=%ld)
L =1----------(L=%hd)
```

【程序分析】

- 第 9 行要求输出 123 时占 6 格宽，右对齐。默认情况下，左边多出来的空位用空格填充，即在左边填补 3 个空格。
- 第 10 行同第 9 行一样，因为格式控制符中有“＋”号，且 a 为正数，输出时要输出“＋”号，“＋”占一个空位，所以在左边还多出来 2 个空位，用空格填补。
- 第 11 行要求输出 123 时占据 6 格宽，左对齐，右边多出来的 3 个空位用空格填补。
- 第 12 行等同于 11 行。格式控制符中的“0”，其作用是在左边填补 0，但因为是左对齐，所以不可能再在左边填补 0。
- 第 13 行要求输出 123 时占 6 格宽，右对齐。因为要输出“＋”号，所以左边还需填补 2 个 0(格式控制符中“0”的作用)。
- 第 14 行要求输出 123 时占 6 格宽，右对齐，并且至少输出 6 为数字，因此在左边要填补 3 个 0("+"号除外)。

- 第 15 行要求输出 123 时占 6 格宽,右对齐,并且至少输出 6 为数字,因此在左边要填补 3 个 0。
- 第 16 行要求输出 123 时占 6 格宽,左对齐,并且至少输出 5 为数字,因此在左边要填补 2 个 0,右边留有一个空格。
- 第 17 行要求输出 123 时占 6 格宽,右对齐,并且至少输出 4 为数字,因此在左边要填补 2 个空格和 1 个 0。
- 第 19 行是输出一个有符号的短整型数,因为 L 是一个长整型数 65537,其值为十进制的 0X0001**0001**,所以要将其转换成短整型,即取低 16 位 0X0001,将其输出,故输出为 1。

2. 无符号整数的输出

输出无符号整数的格式控制符的一般形式为:

```
%[-][#][0][width][.precision][l][h]u|o|x|X
```

其中各控制符的说明如下:

- [ ]:表示可选项,可以缺省。
- | :表示互斥关系。
- #:表示当以八进制形式输出数据(%o)时,在数字前输出 0;当以十六进制形式输出数据(%x 或%X)时,在数字前输出 0x 或 0X。
- .precision:其含义与前面介绍的相同。注意:在 VC++ 2010 下,不包含 0x 或 0X 所占的位数。
- 其他字段的含义与前面介绍相同。

例 3-8 说明了上述格式控制符的作用。

【例 3-8】 无符号整数的格式化输出。

```
1    #include <stdio.h>
2
3    int main()
4    {
5        int a =-1;
6        unsigned u =32767;
7        unsigned long L =-32768;
8
9        printf("a =%d, a =%u --- (a=%%d, a=%%u)\n", a, a);
10       printf("a =%hx, a =%X --- (a=%%hx, a=%%X)\n", a, a);
11       printf("u =%o, a =%X ------ (a=%%o, a=%%X)\n", u, u);
12       printf("u =%#010X ----------- (a=%%#010X)\n", u);
13       printf("u =%#10.10X --------- (a=%%#10.10X)\n", u);
14       printf("L =%lX ------------- (L=%%lX)\n", L);
15       printf("L =%-#14.10X ------- (L=%%-#14.10X)\n", L);
```

```
16        return 1;
17    }
```

【运行结果】

```
a = -1, a = 4294967295 ---(a=%d, a=%u)
a = ffff, a = FFFFFFFF ---(a=%hx, a=%X)
u = 77777, a = 7FFF ------(a=%o, a=%X)
u = 0X00007FFF -----------(a=%#010X)
u = 0X0000007FFF ---------(a=%#10.10X)
L = FFFF8000 -------------(L=%lX)
L = 0X00FFFF8000   -------(L=%-#14.10X)
```

【程序分析】

- 第 9 行是将 a 的值以十进制整数有符号(%d)和无符号(%u)的形式输出。在 VC++ 2010 下,因为一个整数变量占 4 字节的存储单元,所以变量 a 在内存中的实际存放值为 0XFFFFFFFF(无符号数为 4 294 967 295)。
- 第 10 行是将 a 的值以十六进制无符号短整型数(%hx)和整型(%X)的形式输出。在 VC++ 2010 下短整型和整型所占内存单元的大小是不同的,短整型是占 2 字节,所以在输出时,存在数据类型的转换问题,即将整型转换为短整型,则取变量 a 的值(其值为 0XFFFFFFFF)低 16 位(0XFFFF)输出;整型占 4 字节,所以将 a 的值(0XFFFFFFFF)以无符号十六进制形式输出。
- 第 11 行是将 u 的值分别以无符号的八进制(%o)和十六进制(%X)形式输出。因为 u 的值是 32 767,其八进制为 77 777,十六进制为 7FFF。
- 第 12 行是将 u 的值分别以无符号的十六进制形式(%#010X)输出,右对齐,输出占 10 位(包括 0X),因为格式控制符中有“0”,所以在输出的 7FFF 前面补 4 个 0。
- 第 13 行要求输出 u 的值(十六进制形式)必须是 10 个数码,在 VC++ 2010 下,10 位不包含 0X 两位,所以在 7FFF 前补 6 个 0。
- 第 14 行要求以长整型十六进制无符号的形式(%lX)输出 L 的值。L 在内存中的表示为 0XFFFF8000(十进制−32 768 的补码)。
- 第 15 行要求以整型十六进制无符号(%−#14.10X)的形式输出 L 的值,其中输出占 14 位,必须输出数据 10 位,左对齐,并显示 0X。L 的值在内存中是 0XFFFF8000,在 VC++ 2010 下,整型占 4 字节,将 L 中的值全部显示(FFFF8000),不够 10 位,在其左边填补 2 个 0(0X 不包括在 10 个必显示的字符之列),但总的输出要占 14 位,所以还必须在输出的右边填补 2 个空格。

3.3.2 实数的输出

输出实数的格式控制符的一般形式为:

```
%[-][+][#][0][width][.precision][l]f|e|E|g|G
```

其中各控制符的说明如下:

- [ ]: 表示可选项,可以缺省。

- |：表示互斥关系。
- #：表示必须输出小数点。
- .precision：规定输出实数时，小数部分的位数。
- l：输出 double 型数据。
- 其他字段的含义与前面介绍相同。

例 3-9 说明了上述控制符的作用。

【例 3-9】 实数的格式化输出。

```
1    #include <stdio.h>
2
3    int main()
4    {
5        double f =2.5e5;
6
7        printf("    12345678901234567890\n");
8        printf("f =%15f---------(f=%%15f)\n", f);
9        printf("f =%015f-------(f=%%015f)\n", f);
10       printf("f =%-15.0f-------(f=%%-15.0f)\n", f);
11       printf("f =%#15.0f-------(f=%%#15.0f)\n", f);
12       printf("f =%+15.4f-------(f=%%+15.4f)\n", f);
13       printf("f =%15.4E-------(f=%%15.4E)\n", f);
14       return 1;
15   }
```

【运行结果】

```
    12345678901234567890
f =   250000.000000---------(f=%15f)
f =00250000.000000-------(f=%015f)
f =250000         -------(f=%-15.0f)
f =         250000.-------(f=%#15.0f)
f =    +250000.0000-------(f=%+15.4f)
f =     2.5000E+005-------(f=%15.4E)
```

【程序分析】

- 第 8 行利用%15f 使变量 f 的输出占 15 位，由于没有规定输出小数的位数，默认输出 6 位小数，并且是右对齐，因此输出数据的左边要填补两个空格。
- 第 9 行同第 8 行一样，输出也是占 15 位，右对齐，但因有%0，所以输出数据的左边要填补两个 0，而不是空格。
- 第 10 行利用%－15.0f 使变量 f 的输出占 15 位，但要左对齐，并且不输出小数部分。
- 第 11 行同样要求不输出小数部分，但#要求输出小数点，右对齐。
- 第 12 行格式控制符中有“＋”，因此输出了加号。输出总共占 15 位，其中小数部分占 4 位，右对齐。
- 第 13 行要求以指数形式输出，并且规定整个输出占 15 位，其中小数部分占 4 位。

3.3.3 字符和字符串的输出

输出字符和字符串的格式控制符的一般形式为：

输出字符：%[-][0][width]c
输出字符串：%[-][0][width][.precision]s

其中各控制符的说明如下：

- [ ]：表示可选项，可以缺省。
- .precision：表示输出字符串的前 precision 个字符。
- 其他字段的含义与前面介绍相同。

例 3-10 说明了上述格式控制符的作用。

【例 3-10】 字符和字符串的格式化输出。

```
1    #include <stdio.h>
2
3    int main()
4    {
5        char ch ='A';
6
7        printf("    12345678901234567890\n");
8        printf("ch =%c----------(ch=%%c)\n", ch);
9        printf("ch =%4c--------(ch=%%4c)\n", ch);
10       printf("ch =%-4c--------(ch=%%-4c)\n", ch);
11       printf("ch =%04c--------(ch=%%04c)\n", ch);
12       printf("st =%s--------(st=%%s)\n", "CHINA");
13       printf("st =%6s--------(st=%%6s)\n", "CHINA");
14       printf("st =%06.3s--------(st=%%06.3s)\n", "CHINA");
15       return 1;
16   }
```

【运行结果】

```
    12345678901234567890
ch =A----------(ch=%c)
ch =   A--------(ch=%4c)
ch =A   --------(ch=%-4c)
ch =000A--------(ch=%04c)
st =CHINA--------(st=%s)
st = CHINA--------(st=%6s)
st =000CHI--------(st=%06.3s)
```

【程序分析】

- 第 9 行利用%4c 输出变量 ch(字符'A')，占 4 位，右对齐，所以左边填补 3 个空格。
- 第 10 行利用%－4c 输出 ch(字符'A')，占 4 位，左对齐，所以右边填补 3 个空格。
- 第 11 行利用%04c 输出变量 ch(字符'A')，占 4 位，右对齐，因为格式控制符中有

0,所以左边填补 3 个 0。

- 第 13 行利用%6s 输出字符串“CHINA”,占 6 位,右对齐,所以左边填补 1 个空格。
- 第 14 行利用%06.3s 输出字符串“CHINA”中的前 3 个字符,占 6 位,右对齐,因为格式控制符中有 0,所以左边填补 3 个 0。

3.3.4 格式化输出总结

在前面通过整型数(有符号、无符号)、实型数、字符和字符串的格式化输出的详细讨论,读者可能感到 printf 函数使用起来还是相当复杂的,要真正熟练掌握和正确应用似乎难度很大,其实,printf 函数使用时的复杂之处就在“格式控制符”上,其中“格式转换字符”(如 d、u、o、x、c、s、f、e 等)相对来讲比较容易把握,最为烦琐的就是在%和“格式转换字符”之间插入的一些“辅助格式控制符”了,为了让读者深刻理解和记忆 printf 函数的格式化输出的功能,将前面介绍过的“辅助格式控制符”以表 3.2 的形式汇集在一起,希望读者能够对照所介绍的相关内容,正确领会和把握它们的应用。

表 3.2 printf 函数中的辅助格式控制字符(修饰符)及其含义

修饰符	功　　能	例　　子
width	输出数据域宽,当数据长度＜width 时,填补空格;当数据长度＞width 时,按实际数位输出	%4d 表示输出至少占 4 列
. precision	对于整数,表示至少要输出 precision 位,当数据长度小于 precision,左边填补 0	%6. 4d 表示至少要输出 4 位数
	对于实数,指定小数点后的位数(四舍五入)	%6.2 表示输出 2 位小数
	对于字符串,表示只输出字符串的前 precision 个字符	%.3s 表示输出字符串前 3 个字符
—	输出数据在域内左对齐(默认是右对齐)	%—8d 表示输出数据左对齐
+	输出有符号数时,在其前面显示正负号	%+d 表示输出整数的正负号
0	输出数值时指定左边不使用的空格自动补 0	%08X 表示输出十六进制无符号整数,不足 8 位时左补 0
#	对于无符号数,在八进制和十六进制数前显示 0、0x 或 0X	%#X 表示输出的十六进制前显示前导 0X
	对于实数,必须输出小数点	%#100f 表示输出的浮点数必须输出小数点.
h	在 d、o、x、u 前,指定输出为短整型数	%hd 表示输出短整型数
l	在 d、o、x、u 前,指定输出为长整型数	%ld 表示输出长整型数
	在 e、f、g 前,指定输出精度为 double 型	%lf 表示输出 double 型数

此外,使用 printf 函数还要注意以下几点:

(1) 格式控制字符后面表达式的个数一般要与格式控制字符的个数相等。

(2) 输出时表达式值的计算顺序是从右到左。例如：

```
int i =1;
printf("%d, %d, %d", i, i+1, i =3);
```

输出的结果是 3,4,3,而不是 1,2,3。

(3) 格式转换符中,除了 X、E、G 以外,其他均小写。

(4) 表达式的实际数据类型要与格式转换符所表示的类型相符,printf 函数不会进行不同数据类型之间的自动转换。像整型数据不可能自动转换成浮点数,浮点数也不会自动转换为整型数。例 3-11 中的程序的输出结果就不是预期的结果。

【例 3-11】 错误的格式化输出。

```
1   #include <stdio.h>
2
3   int main()
4   {
5       int a =10, b =100;
6       float f =2;
7
8       printf("a =%d, b =%d\n", f, b);
9       printf("a =%f, b =%d\n", a, b);
10      printf("a =%ld, b =%d\n", 120, b);
11      return 1;
12  }
```

【预期的运行结果】

```
a =2.000000, b =100
a =10.000000, b =100
a =120, b =100
```

【实际的运行结果】

```
a =0, b =1073741824
a =0.000000, b =0
a =120, b =100
```

【程序分析】

- 第 8 行输出 float 型数据 f,却使用了%d,因此,不会正常输出 2.000000,在这里也不会将浮点数自动转换为整型数据然后输出 2,并且 a 的不正常输出会影响到下一个表达式的正常输出。
- 第 9 行输出 int 型数据 a,却使用了%f,因为在这里整型数据自动转换成浮点型,所以不会正常输出 10.000000,同时也会影响到下一个表达式的正常输出。
- 第 10 行输出 int 型数据 120,却使用了%ld,在 VC++ 2010 下,因为整型和长整型在内存中所占内存单元都是 4 字节,且都是整型数据,所以输出结果正确。
- 修改方法：将第 8 行中的%d 修改为%f;将第 9 行中的 a 修改为(float) a;将第 10

行的 120 修改为 120L，或将 a = %ld 修改为 a = %d。

3.4 数据的格式化输入

C语言中具有基本数据输入功能的函数是 scanf 函数。scanf 函数称为格式化输入函数，其函数名最末的一个字符 f 即为格式(format)之意。也就是说，它可以按照某种输入格式通过键盘将数据输入到计算机中。它的函数原型在头文件 stdio.h 中。

scanf 函数使用的一般格式为：

```
scanf("格式控制字符串",变量 1 的地址,变量 2 的地址,…,变量 n 的地址);
```

其功能就是在第一个参数格式控制字符串的控制下，接收用户的键盘输入，并将输入的数据依次存放在变量 1，变量 2，…，变量 n 中。例如：

```
int a;
scanf("%d", &a);
```

就是接收用户通过键盘输入的整数，并将数据存放在 int 型变量 a 中。其中，& 符号的功能是取变量的地址。在 C 语言中，变量一经定义，程序运行时系统就会给变量分配相应大小的内存单元，每个内存单元都有与之相对应的内存地址，即变量的地址，变量名通常用来表示该变量在其内存单元的值，要获得变量的地址(变量所在内存单元的地址)，需要在变量名前加上 & 符号。因此，& 又称为取地址符号。

scanf 函数的第一个参数格式控制字符串的含义与 printf 函数的第一个参数完全相同，都包括两类字符：常规字符和格式控制字符。但这两类字符对于 scanf 函数和 printf 函数处理的意义不完全相同，它们之间的差异如表 3.3 所示。

表 3.3 scanf 函数和 printf 函数对常规字符、格式控制字符的处理差异

字符类型	scanf 函数	printf 函数

常规字符	要求用户原样输入，例如：
	`int a;`
	`scanf("a=%d", &a);  /* 输入 a=20 */`
		原样输出，例如：
		`printf("a=%d", 30);`
		`/* 输出 a=20 */`

格式控制字符	用来控制用户输入的数据，例如：
	`int a;float f;`
	`scanf("%d%f",&a,&f)`
	`/* 输入 10 2.5 */`
	`/* 输入后 a=10,f=2.5 */`
		用来控制相对应的表达式数据的输出，例如：
		`printf("a=%d,f=%f",10,2.5);`
		`/* 输出 a=10,f=2.500000 */`

scanf 函数中使用不同格式控制符对输入的要求如表 3.4 所示。

表 3.4 scanf 函数中的格式控制字符

格式控制符	含 义
%d 或%i	输入的数据应为一个十进制有符号整数
%x、%X	输入的数据应为一个十六进制无符号整数
%o	输入的数据应为一个八进制无符号整数
%u	输入的数据应为一个十进制无符号整数
%c	输入的数据应为一个字符
%s	输入的数据应为一个字符串
%f	输入的数据应为一个实数
%e、%E	输入的数据应为一个指数形式的实数
%g、%G	输入的数据应为一个等价于%f 或%e 或%E

scanf 函数的格式控制符的一般形式为：

```
%[ * ][ width ][ l | h ] Type
```

其中各控制符的说明如下：

- [ ]：表示可选项，可以缺省。
- |：表示互斥关系。
- *：抑制符，输入的数据不会赋值给相应的变量。
- width：指定输入数据的域宽，遇到空格或不可转换字符则结束。
- 字母 l：用于 d、u、o、x|X 前，指定输入为 long 型整数；用于 e|E、f 前，指定输入为 double 型数据。
- 字母 h：用于 d、u、o、x|X 前，指定输入数据为短整型数据。
- Type：表 3.4 列出的各种格式转换符。

使用 scanf 函数进行数据的输入应注意以下几点(□表示空格，↙表示回车)：

(1) 如果相邻两个格式控制符之间，不指定数据分隔符(如逗号、冒号等)，则相应的两个输入数据之间，至少用一个空格分隔，或者用 Tab 键分隔，或者输入一个数据后，按回车键，然后再输入下一个数据。例如：

```
scanf("%d%d", &a, &b);
```

假设给 a 输入 12，给 b 输入 23，则正确的输入操作为：

```
12□23↙
```

或者

```
12↙
23↙
```

(2) 格式控制字符串中出现的常规字符(包括转义字符)，必须原样输入。例如：

```
scanf("%d: %d: %d", &a, &b,&c);
```

假设给 a 输入 56，给 b 输入 34，给 c 输入 100，正确的输入操作为：

```
56:34:100↙
```

另外，scanf函数中，格式控制字符串中的转义字符(如'\n')，系统并不把它当转义字符来解释，从而产生一个控制操作，而是将其视为普通字符，所以也要原样输入。例如：

```
scanf("a=%d,b=%d\n", &a, &b);
```

假设给a输入100，给b输入23，正确的输入操作为：

```
a=100,b=23\n↙
```

(3) 为改善人机交互，同时简化输入操作，在设计输入操作时，一般先用printf函数输出一个提示信息，再用scanf函数进行输入操作。

例如：

```
scanf("a=%d,b=%d\n", &a, &b);
```

修改为：

```
printf("a=");
scanf("%d", &a);
printf("b=");
scanf("%d", &b);
```

(4) 当格式控制字符串中指定了输入数据的域宽width时，将读取输入数据中相应的width位，按需要的位数赋给相应的变量，多余的部分被舍弃。例如：

```
scanf("%4c%4c", &c1, &c2);
```

假设输入"abcdefghi↙"，则系统将读取"abcd"中的'a'赋给变量c1；将读取"efgh"中的'e'赋给变量c2。

(5) 当格式控制字符串中含有抑制符"*"时，表示本输入项对应的数据读入后，不赋给相应的变量(该变量由下一个格式控制符对应输入)。例如：

```
scanf("%2d%*2d%3d", &a,&b);
printf("a=%d, b=%d\n",a, b);
```

假设输入"123456789↙"，则系统将读取12并赋给变量a；读取34但舍弃掉；读取567并赋给变量b。所以，printf函数的输出结果为：a=12，b=567。

(6) 使用格式控制字符%c输入单个字符时，空格字符可作为有效字符可被输入。例如：

```
scanf("%c%c%c", &c1, &c2,&c3);
```

假设输入"A□B□C↙"，则系统将字母'A'赋给变量c1；空格□赋给变量c2；字母'B'赋给变量c3。

(7) 输入数据时，如果遇到以下情况，系统认为数据输入结束：

- 遇到空格，或者回车键，或者Tab键。

• 遇到输入域宽度结束。例如“%4d”,只取 4 列。

• 遇到非法输入。例如,在输入数值数据时,遇到字母等非数值符号。

(8) 当一次 scanf 使用遇到输入多个数据项时,如果前面数据的输入遇到非法字符,并且输入的非法字符不是格式控制字符串中的常规字符,那么,这种非法输入将影响后面数据的输入,导致数据输入失败。例如:

```
scanf("%d,%d", &a, &b);
```

如果输入"12a34↙",那么 a 的值将是 12,b 的值将无法预测。正确的输入为:

```
12,34↙
```

例 3-12 中的程序说明了如何输入各种类型的数据。

【例 3-12】 数据的格式化输入。

输入一个学生的学号(8 为数字),生日(年-月-日)、性别(M: 男,F: 女)及三门课程(高数、英语、计算机)的成绩,现要求计算该学生的总分和平均分,并将该学生的全部信息输出。

```
1   #include <stdio.h>
2
3   int main()
4   {
5       unsigned long num;
6       unsigned int year, month, day;
7       unsigned char sex;
8       unsigned int math, english, computer, total;
9       float average;
10
11      printf("请输入该学生的学号: ");
12      scanf("%8ld", &num);
13      printf("请输入该学生的生日 yyyy-mm-dd: ");
14      scanf("%4d-%2d-%2d", &year, &month, &day);
15      fflush(stdin);     /* 清除键盘缓冲区 */
16      printf("请输入该学生的性别: ");
17      scanf("%c", &sex);
18      printf("请输入学生的成绩 高数,英语,计算机: ");
19      scanf("%d,%d,%d", &math, &english, &computer);
20      total =math +english +computer;
21      average = (float)total / 3;
22      printf("\n—-学号—--生日—---性别—高数—英语—计算机—总分—平均分 \n");
23      printf("%08ld %4d-%02d-%02d %c %d %d %d %d %-5.1f\n",
          num,year,month,day,sex,math, english, computer, total, average);
24      return 1;
25  }
```

【运行结果】

```
请输入该学生的学号：20150101
请输入该学生的生日yyyy -mm-dd：1997-6-1
请输入该学生的性别：M
请输入学生的成绩 高数，英语，计算机：90,80,90

---学号-----生日-----性别-高数-英语-计算机-总分-平均分
20150101  1997-06-01   M   90   80   90   260   86.7
```

【程序分析】

- 第5～9行是对变量的定义。因为学号是不超过8位的数据，因此定义为无符号长整型；生日包括年、月、日，均不超过4位数，因此定义为无符号整型；性别用一位字符表示，M表示男，F表示女；三门课程的成绩和总成绩用无符号整型表示，平均分带有小数，用浮点型数据表示。
- 第11行、13行、16行、18行给出了输入信息的提示信息。
- 第12行中的scanf函数的格式控制符是“%8ld”，表示输入长整型数据且不超过8个数字位。
- 第15行是通过使用fflush函数，清除键盘缓冲区中的输入数据。因为scanf函数首先将用户输入的数据存放在内部的一个缓冲区中，这个缓冲区即是键盘缓冲区。所以当第14行输入完学生的生日并按回车键后，学生的出生年月日将分别赋给变量，但回车符还在键盘缓冲区中，如果没有第15行中的fflush函数，第17行的scanf函数读取的一个字符，将是留在键盘缓冲区中的回车符（也就是说sex变量将被赋值为回车符），从而导致sex变量的输入错误。
- 第18行，因为格式控制符是“%d,%d,%d”，键盘输入时中间必须以逗号“,”分隔。

3.5 单个字符的输入和输出

3.5.1 单个字符输出函数putchar

putchar函数是字符输出函数，其功能是在显示器上输出一个字符。其一般形式为：

```
putchar(字符变量);
```

例如：

```
putchar('A');              /* 输出大写字母A */
putchar(x);                /* 输出字符变量x */
putchar('\101');           /* 输出字符A     */
putchar('\n');             /* 换行   */
```

对控制字符则执行控制功能。

使用 putchar 函数前必须要用文件包含命令：

```
#include <stdio.h>
```

或

```
#include " stdio.h"
```

【例 3-13】 输出单个字符。

```
1    #include <stdio.h>
2
3    int main()
4    {
5        char a ='G';     char b ='o';
6        char c ='o';     char d ='d';
7        putchar(a);      putchar(b);
8        putchar(c);      putchar(d);
9        putchar('\n');
10       return 1;
11   }
```

【运行结果】

```
Good
```

3.5.2 单个字符输入函数 getchar

getchar 函数的功能是从键盘上输入一个字符。其一般形式为：

```
getchar();
```

通常把输入的字符赋给一个字符变量，构成赋值语句，例如：

```
char  c;
c =getchar();
```

【例 3-14】 输入单个字符。

```
1    #include <stdio.h>
2
3    int main()
4    {
5        char c ;
6        printf("input a character\n");
7        c =getchar();
8        putchar(c);
```

```
9        putchar('\n');
10       return 1;
11   }
```

使用 getchar 函数时应注意以下问题：

(1) getchar 函数只能接收单个字符，输入数字也按字符处理。输入多个字符时，只接收第一个字符。

(2) 使用 getchar 函数前必须包含文件 stdio. h。

3.6 宏定义与宏替换

在C语言程序中允许用一个标识符来表示一个字符串，称为宏。被定义的宏的标识符称为宏名。在编译器进行编译之前的预处理阶段时，对程序中所有出现的宏名，都由宏定义中的字符串去代替，这称为宏替换或宏展开。

宏定义是由程序中的宏定义命令完成的。宏替换是在预处理阶段系统自动完成的。

在C语言中，宏分为无参和有参两种。下面分别讨论这两种宏的定义和调用。

3.6.1 无参宏定义

无参宏的宏名后不带参数，其定义的一般形式为：

```
#define  标识符  字符串
```

其中的“#”表示这是一条预处理命令。凡是以“#”开头的均为预处理命令。define为宏定义命令。标识符为所定义的宏名。字符串可以是常数、表达式、格式串等。

在前面介绍过的符号常量的定义就是一种无参宏定义。此外，经常对程序中反复使用的表达式进行宏定义。

例如：

```
#define  M(y * y+3 * y)
```

它的作用是指定标识符 M 来代替表达式(y * y + 3 * y)。在编写程序时，所有的(y * y + 3 * y)都可由 M 代替，而对程序编译时，将先由预处理程序进行宏替换，即用(y * y + 3 * y)表达式去置换所有的宏名 M，然后再进行编译。

【例 3-15】 不带参数宏的使用。

程序员输入的源程序如下：

```
1    #include <stdio.h>
2    #define PI 3.1415926
```

```
3
4     int main()
5     {
6         float circle, area, r, vol;
7
8         printf("input radius:");
9         scanf("%f", &r);
10        circle =2.0 * PI * r;
11        area =PI * r * r;
12        vol =4.0 / 3 * PI * r * r * r;
13        printf("circle =%10.4f\n", circle);
14        printf("area =%10.4f\n", area);
15        printf("vol =%10.4f\n", vol);
16        return 1;
17    }
```

预处理(宏替换)后的程序如下：

```
1     #include <stdio.h>
2
3     int main()
4     {
5         float circle, area, r, vol;
6
7         printf("input radius:");
8         scanf("%f", &r);
9         circle =2.0 * 3.1415926 * r;
10        area =3.1415926 * r * r;
11        vol =4.0 / 3 * 3.1415926 * r * r * r;
12        printf("circle =%10.4f\n", circle);
13        printf("area =%10.4f\n", area);
14        printf("vol =%10.4f\n", vol);
15        return 1;
16    }
```

【运行结果】

```
input radius:5
circle =     31.4159
area =     78.5398
vol =    523.5988
```

【程序分析】

例 3-15 中在第 2 行定义了宏定义，定义 PI 来代替 3.1415926，因为对于圆及球来说，圆周率是经常使用的一个常量，而且数值比较长，因此进行宏定义可使编程编辑变得方便。在 circle、area、vol 中做了宏调用。

对于宏定义还要说明以下几点：

• 通常情况下,宏名用大写字母来定义,以便与变量名相区别。程序员遵循一些常用的约定,可以大大增强程序的可读性。
• 宏定义是用宏名来表示的一个字符串,在宏展开时又以该字符串取代宏名,这只是一种简单的替换,字符串中可以包含任何字符,可以是常数,也可以是表达式,预处理程序对它不做任何检查。如有错误,只能在对宏替换后的源程序编译序时才能发现。
• 宏定义不是说明或语句,在行末不必加分号,如果加上分号则连分号一起宏替换。
• 宏定义允许嵌套,在宏定义的字符串中可以使用已经定义的宏名。在宏展开时由预处理程序层层代换。

例如:

```
#define PI 3.1415926
#define S PI * y * y
```

对语句:

```
printf(" %f ", S);
```

在宏替换后变为:

```
printf(" %f ", 3.1415926* y * y);
```

对输出格式做宏定义,可以减少书写麻烦。

【例 3-16】 输出格式的宏定义。

```
1    #include <stdio.h>
2    #define P printf
3    #define D " %d\n"
4    #define F " %f\n"
5
6    int main()
7    {
8        int a =5, c =8, e =11;
9        float b =3.8, d =9.7, f =21.08;
10       P(D F, a, b);
11       P(D F, c, d);
12       P(D F, e, f);
13       return 1;
14   }
```

【运行结果】

```
5
3.800000
8
9.700000
11
21.080000
```

3.6.2 带参宏定义

C语言允许宏带有参数。在宏定义中的参数称为形式参数,简称为形参,在宏调用中的参数称为实际参数,简称为实参。

对带参数的宏,有时也称为类函数宏。在调用中,不仅要宏展开,而且要用实参去替换形参。

带参宏定义的一般形式为:

```
#define  宏名(形参表)  字符串
```

其中:

- 宏名一般用大写字母。
- 形参表由一个或多个参数构成。
- 在替换字符串中通常含有各个形参。

带参宏调用的一般形式为:

```
宏名(实参表);
```

例如:

```
#define M(y) y * y+3 * y                /* 宏定义 */
…
k=M(5);                                 /* 宏调用 */
…
```

在宏调用时,用实参5去代替形参y,经预处理宏展开后的语句为:

```
k=5 * 5+3 * 5;
```

【例3-17】 带参的宏替换。

```
1      #include <stdio.h>
2      #define ADD(a, b) (a+b)
3
4      int main()
5      {
6          int m1=5, m2=8, m;
7          m=ADD(m1, m2);
8          printf(" m=%d\n", m);
9          return 1;
10     }
```

【运行结果】

```
m = 13
```

3.7 程序举例

【例 3-18】 输入三角形的三条边的边长，求三角形的面积。

已知三角形的三条边长为 a、b、c，则该三角形的面积公式为：

$$area = \sqrt{s(s-a)(s-b)(s-c)}$$

其中，$s=(a+b+c)/2$。

【程序代码】

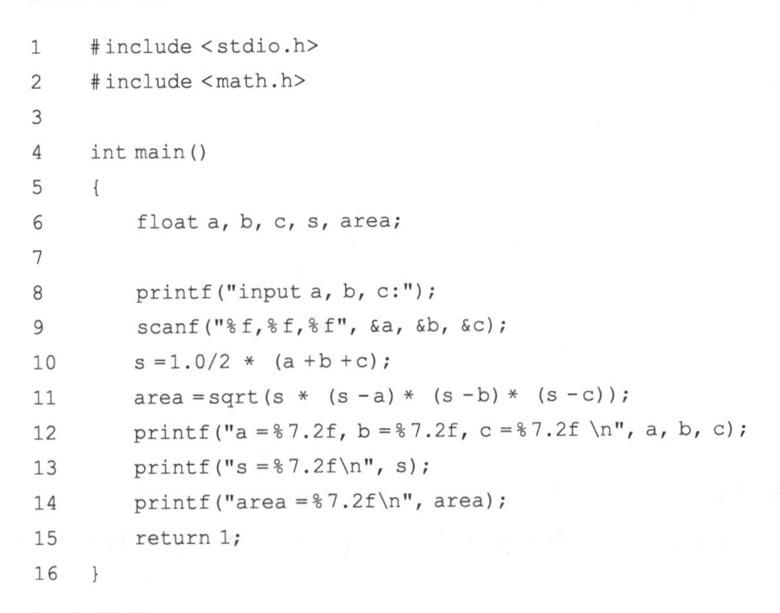

```
1     #include <stdio.h>
2     #include <math.h>
3
4     int main()
5     {
6         float a, b, c, s, area;
7
8         printf("input a, b, c:");
9         scanf("%f,%f,%f", &a, &b, &c);
10        s =1.0/2 * (a +b +c);
11        area =sqrt(s * (s -a) * (s -b) * (s -c));
12        printf("a =%7.2f, b =%7.2f, c =%7.2f \n", a, b, c);
13        printf("s =%7.2f\n", s);
14        printf("area =%7.2f\n", area);
15        return 1;
16    }
```

【运行结果】

```
input a, b, c:3,4,5
a =     3.00, b =     4.00, c =     5.00
s =     6.00
area =     6.00
```

在例 3-18 中，使用了 sqrt 函数，该函数是平方根函数，其原型在 math.h 中声明。

【例 3-19】 求 $ax^2+bx+c=0$ 方程的根，a、b、c 由键盘输入，设 $b^2-4ac>0$。

求根公式为：

$$x_{1,2} = \frac{-b \pm \sqrt{b^2-4ac}}{2a},$$

令

$$p = \frac{-b}{2a}, \quad q = \frac{\sqrt{b^2-4ac}}{2a}$$

则 $x_1 = p + q$

$x_2 = p - q$

【程序代码】

```
1    #include <stdio.h>
2    #include <math.h>
3
4    int main()
5    {
6        float a, b, c, delta, x1, x2, p, q;
7
8        printf("input a, b, c:");
9        scanf("%f,%f,%f", &a, &b, &c);
10       delta =b * b -4 * a * c;
11       p =-b / (2 * a);
12       q =sqrt(delta) / (2 * a);
13       x1 =p +q;
14       x2 =p -q;
15       printf("x1 =%5.2f, x2 =%5.2f\n", x1, x2);
16       return 1;
17   }
```

【运行结果】

```
input a, b, c:1,2,1
x1 = -1.00, x2 = -1.00
```

【例 3-20】 从键盘输入一个大写字母,要求用小写字母输出。

英文字母大写小写相对应的 ASCII 码值相差 32,例如,'a'比'A'的 ASCII 码值大 32,依次类推。

【程序代码】

```
1    #include <stdio.h>
2
3    int main()
4    {
5        char c1, c2;
6
7        printf("input a character:");
8        c1 =getchar();
9        printf("%c, %d\n", c1, c1);
10       c2 =c1 +32;
11       printf("%c, %d\n", c2, c2);
12       return 1;
13   }
```

【运行结果】

```
input a character:F
F, 70
f, 102
```

习　　题

1. 请写出下面程序的输出结果。

```
#include <stdio.h>

int main()
{
    int a =5, b =7;
    float x =67.8564, y =-123.456;
    char c ='a';

    printf("%d%d\n", a, b);
    printf("%3d%3d\n", a, b);
    printf("%f,%f\n", x, y);
    printf("%-10f,%8.2f,%.4f,%3f\n", x, y, x, y);
    printf("%s,%5.2s\n","CHINA","CHINA");
    return 1;
}
```

2. 请写出下面程序的运行结果。

```
#include <stdio.h>
#define ADD(x) x+x

int main()
{
    int m =1, n =2, k =3;
    int sum =ADD(m +n) * k;
    printf("sum =%d\n", sum);
    return 1;
}
```

3. 请写出下面程序的运行结果。

```
#include <stdio.h>
#define X 5
#define Y X+1
```

```
#define Z Y * X/2

int main()
{
    int a =Y;
    printf("%d,%d\n", Z, --a);
    return 1;
}
```

第4章 选择结构程序设计

通过第3章的学习，读者已经对顺序结构程序设计有了很好的了解，顺序结构的各条语句是按自上而下依序执行的，执行完上一条语句就自动执行下一条语句，是无条件的，也不需做任何判断，是最简单的程序结构。但是，在很多实际应用中，需要根据某个条件的结果来决定是否执行某个任务，或者从两个或者多个选项中选择其一来执行，这就是选择结构需要解决的问题。通过本章对选择结构程序设计内容的学习，读者应掌握选择结构的基本内容。在了解选择结构程序设计内容之前，首先需要掌握算法、关系运算符和关系表达式以及逻辑运算符和逻辑表达式的相关内容。

4.1 算法及其描述方法

在实际应用中，人们做任何事情都有一定的步骤，其中的步骤都是按照一定的顺序进行的，就如日常生活中必须“先穿袜子，后穿鞋”一样，这就是生活中的“算法”。不是只有“计算”的问题才有算法，生活中为解决一个问题而采取的方法和步骤都称为算法。

4.1.1 算法的概念

对于算法的概念，不同的专家有不同的定义方法。简单地说，算法就是为解决一个具体问题而采取的确定的、有限的、有序的、可执行的操作步骤。程序设计中的算法仅指计算机算法，即计算机能够执行的算法。比如让计算机执行 1＋2＋3＋…＋100，或者将一个专业的学生按成绩的高低顺序排列，这些是可以做到的，但是让计算机执行“给我理发”至少到目前为止是做不到的。

计算机算法可以分为两大类：

(1) 数值算法，主要用于解决数值求解问题，例如求 1～100 的和，求方程的根等。

(2) 非数值算法，主要用于解决需要用逻辑推理才能解决的问题，例如图书检索、人事管理、地铁的行车调度等。

对于算法而言，并不是任意写出一些执行步骤就能构成一个算法，一个有效算法必须具备以下特征：

(1) 有穷性：一个算法包含的操作步骤应该是有限的，而不能是无限的，每一步都应该在合理的时间内完成，否则算法就失去了它的使用价值。

(2) 确定性：算法中的每一个步骤都有精确的含义，且无二义性，在任何条件下，算法只有唯一的一条执行路径，即对于相同的输入数据只能得到相同的输出数据。

(3) 有零个或多个输入：一个算法可以有零个或多个输入，它是由外部提供的，作为算法执行前的初始值或初始状态。

(4) 有一个或多个输出：一个算法有一个或多个输出，这些输出与输入有着特定的关系。不同取值的输入，产生不同的输出结果。

(5) 有效性：算法中的每一个步骤都应当能有效地执行，并得到确定的结果。

在算法的这5个特征中，有穷性和有效性是算法的两个最重要特征。有穷性的限制是不充分的，一个实用的算法，要求有穷的操作步骤和有限的操作时间。而有穷性又是一个相对的概念，对于不同的计算速度而言，有穷性是可以变化的，例如历史上的四色定理(即每幅地图都可以用四种颜色着色，使得有共同边界的国家都被着上不同的颜色)的证明：1852年，毕业于伦敦大学的弗南西斯·格思里和他的弟弟决定证明四色问题，即便二人为证明这一问题而使用的稿纸已经堆了一大叠，研究工作仍没有进展，后经多人证明，一直没有结论；电子计算机问世以后，由于其具备远超于人类的运算速度，因此在两台计算机上，用了1200个小时，做了100亿次判断，终于完成了四色定理的证明问题，轰动了世界。由此可知，在设计算法时，要对算法的执行效率作一定的分析。

下面通过一个示例的介绍来加深读者对算法概念的理解。

【例4-1】 给定两个整数m和n(m>n)，求它们的最大公约数。

算法1：枚举法

① r=n；

② 用m除以r，n除以r，并令所得余数为r1、r2；

③ 若r1=r2=0，则r为m与n的最大公约数；否则r=r-1，继续执行步骤②；

④ 输出结果r。

算法2：辗转相除法

① 以m除以n，并令所得余数为r(r必小于n)；

② 若r=0，输出结果n，算法结束；否则执行步骤③；

③ 将m置换为n，将n置换为r，继续执行步骤①。

从例4-1可以看出，对于同一个问题，可以有两种完全不同的解决方法，每种方法都是一个有穷规则的集合，其中的规则确定了解决最大公约数问题的运算序列。很显然，两个算法在有穷步骤之后都会结束，算法中的每个步骤都有确切的定义，这两个算法均有两个输入一个输出，算法利用计算机可以求解，并最终得到正确的结果。

4.1.2 算法的表示

原则上，算法可以用任何形式的语言和符号来描述。常用的描述方法有自然语言、程序流程图、N-S图、伪代码、计算机语言、UML图等。自然语言是用语言来描述算法，程序流程图和N-S图使用图形来描述算法。其中，程序流程图是最早提出的用图形表示算法的工具，所以也称为传统流程图，它具有直观性强、便于阅读等特点。N-S图符合结构化程序设计要求，是软件工程中强调使用的图形工具。随着面向对象程序设计的出现，又出现了采用面向对象程序设计的UML(Unified Modeling Language，统一建模语言)图，对于UML图本节不做介绍，有兴趣的读者可阅读其他相关书籍。

1. 用自然语言表示算法

自然语言即日常说话所使用的语言，如果计算机能完全理解人类的语言，按照人类的语言要求去解决问题，那么人工智能中的很多问题就不成问题了，这也是人们所期望看到的结果。使用自然语言描述算法不需要专门的训练，同时所描述的算法也通俗易懂。

【例4-2】 用自然语言描述求解 sum＝1＋2＋3＋4＋5＋…＋(n－1)＋n 的算法。

① 确定一个n的值；

② 设i的初始值为1；

③ 设sum的初始值为0；

④ 如果i≤n时，执行⑤，否则转出执行⑧；

⑤ 计算sum加上i的值，然后重新赋值给sum；

⑥ 计算i加1的值，然后重新赋值给i；

⑦ 继续执行④；

⑧ 输出sum的值，算法结束。

上面简化的自然语言描述了算法，从描述中不难发现，使用自然语言描述算法虽然比较容易掌握，但也存在着很大的缺陷，主要表现在以下几个方面：

① 语言的歧义性容易导致算法执行的不确定性。

② 自然语言的语句一般太长，从而导致了用自然语言描述的算法不够简洁、精练。

③ 由于自然语言表达的顺序性，因此，当一个算法中循环和分支较多时表达比较混乱。

④ 自然语言表示的算法不便翻译成计算机所能理解的语言。

自然语言的这些缺陷目前还是难以解决的，譬如有这样一句话：“武松打死老虎”，既可以理解为“武松/打死老虎”，又可以理解为“武松/打/死老虎”。自然语言中的语气和停顿不同，就可能使他人对相同的一句话产生不同的理解。

2. 用程序流程图表示算法

程序流程图是表示算法的一种图形工具，它以特定的几何图形框来代表不同性质的操作，用带箭头的流程线指示算法的执行方向。美国国家标准化协会规定了一些常用的程序流程图符号，已为广大程序工作者所采用，如表4.1所示。

表 4.1　程序流程图符号

符　号	名　称	意　义
	起止框	算法的开始或结束
	处理框	具体的任务或工作
	判断框	算法中的条件判断操作
	流程线	指示算法的方向
	输入输出框	表示数据的输入输出操作
	注释框	表示附注说明之用
	连接点	流程图向另一流程图的出口或从另一地方的入口

(1) 起止框：表示算法的开始或结束。每个算法的程序流程图中必须有且仅有一个开始框和一个结束框，开始框只有一个出口，没有入口，结束框只有一个入口，没有出口。

(2) 处理框：算法中各种计算和赋值的操作均用处理框表示。处理框内填写处理说明或具体的算式。也可在一个处理框内描述多个相关的处理。一个处理框只有一个入口，一个出口。

(3) 判断框：表示算法中的条件判断操作。判断框说明算法中产生了分支，需要根据某个关系或条件的成立与否来确定下一步的执行路线。判断框内应当填写判断条件，一般用关系比较运算或逻辑运算来表示。判断框一般有两个出口，但只能有一个入口。

(4) 流程线：表示算法执行的方向。事实上，流程线非常灵活，它可以指向程序流程图中的任意位置，这又体现出它的随意性。如果程序流程图的使用者不受限地利用流程线随意地跳转，会使得程序流程图变得难以阅读和理解，使算法的可靠性和可维护性难以保证，如图 4.1 所示。因此在使用程序流程图时必须限制箭头的滥用，不允许无规律地使流程随意转向，只能按照一定的顺序进行下去。

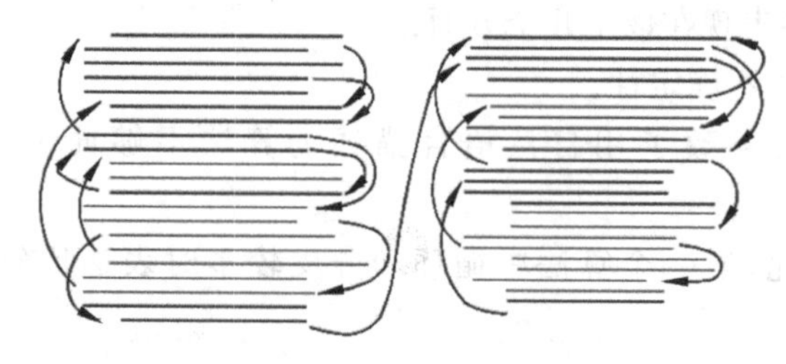

图 4.1　随意转向的程序流程图

(5) 输入输出框：表示算法的输入和输出操作。输入操作是指从输入设备上将算法所需要的数据传递给指定的内存变量；输出操作则是将常量或变量的值传到输出设备。输入输出框中填写需输入或输出的各项列表，它们可以是一项或多项，多项之间用逗号分隔。输入输出框只能有一个入口，一个出口。

(6) 注释框：表示对算法中的某一操作或某一部分操作所作的备注说明。这种说明是给程序流程图的阅读者易于理解提供的一种信息提示，并不反映流程和操作，所以不是程序流程图中必要的部分。注释框没有入口和出口，框内一般是用简明扼要的文字进行填写，如图 4.8 所示。

(7) 连接点：表示不同地方的程序流程图之间的连接关系。主要是用于将画在不同地方的流程线连接起来。如图 4.2 所示，有两个标志为①的连接点，它表示这两个点是互相连接在一起的，实际上是同一个点，只是由于某种原因分开绘制。用连接点可以防止流程线过长或交叉，使程序流程图清晰。

结构化程序设计的三种基本结构的程序流程图的表示如下：

(1) 顺序结构。顺序结构的程序流程图，如图 4.3 所示。虚线框内是一个顺序结构，语句块 1、语句块 2 是两个顺序执行的程序段，表示执行完语句块 1 内的所有指定操作后，再接着执行语句块 2 内所有指定的操作。

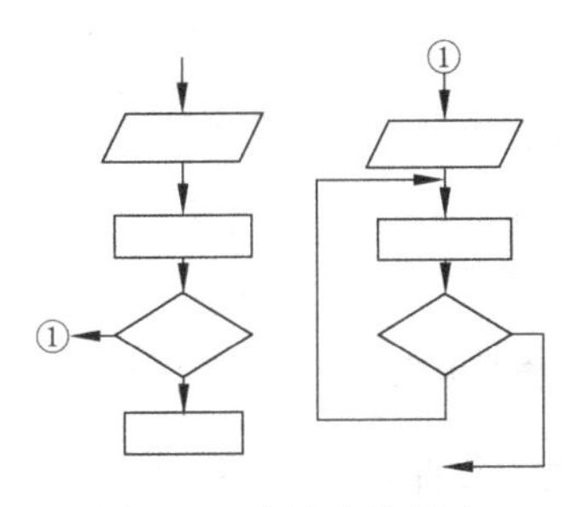

图 4.2 连接点的用法

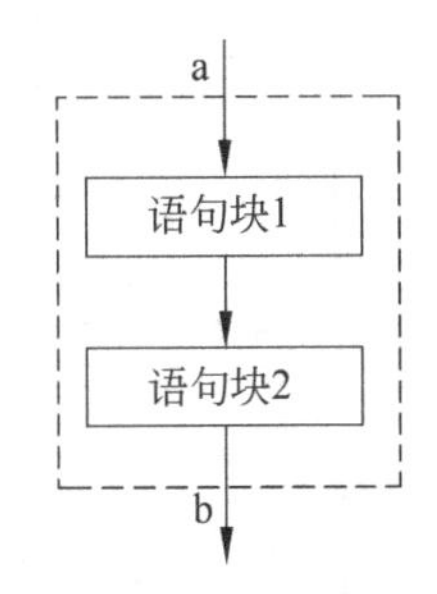

图 4.3 顺序结构程序流程图

(2) 选择结构。选择结构的程序流程图，如图 4.4 所示。虚线框内是一个选择结构，根据给定的条件的值决定执行的路径。若条件值为真则执行语句块 1，否则执行语句块 2。由此看出，当条件一定时，语句块 1 或语句块 2 只能执行其中的一个，不能同时执行。当语句块 1 或语句块 2 中有一个为空时，表示该分支不执行任何操作。

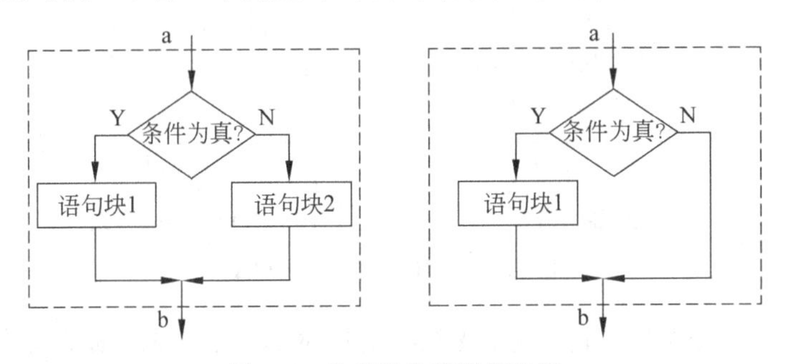

图 4.4 选择结构程序流程图

在选择结构中，还有一种多分支选择结构，根据给定的表达式的值决定执行哪一条语句，如图 4.5 所示，虚线框内是一个多分支的选择结构，若表达式 1 为真则执行语句块 1，然后跳出此多分支选择结构；否则判断表达式 2，若表达式 2 为真则执行语句块 2，然后跳出此多分支选择结构；否则判断表达式 3……若所有的表达式均为假则执行语句块 5。

(3) 循环结构。循环结构又称重复结构，表示反复执行某一部分的操作。循环结构包括当型循环和直到型循环两种。

① 当型(while)循环结构：表示当给定条件为真时，执行语句块 1 的内容，然后再判

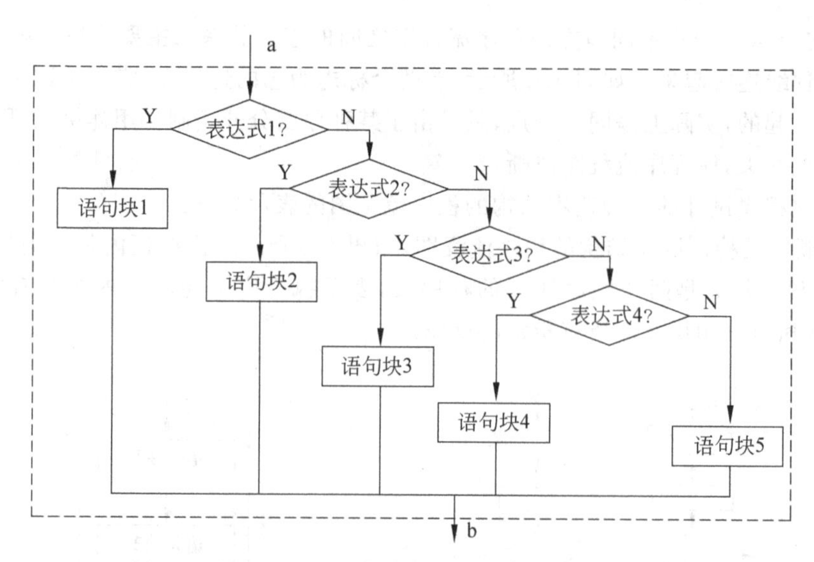

图 4.5　多分支选择结构程序流程图

断条件是否成立，若成立继续执行语句块 1，如此反复，直到条件为假时结束循环。这是一种“先判断后执行”的循环结构，如图 4.6(a)所示。

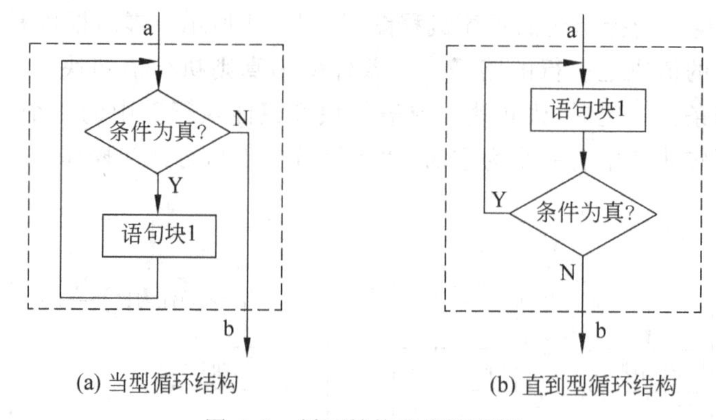

图 4.6　循环结构程序流程图

② 直到(until)型循环结构：表示先执行语句块 1，然后判断给定的条件是否成立，如果条件成立，则再执行语句块 1，然后再对条件进行判断，如果条件仍然成立，则继续执行语句块 1，如此反复执行语句块 1，直到给定的条件不成立结束循环。这是一种“先执行后判断”的循环结构，如图 4.6(b)所示。

【例 4-3】 画出求 sum＝1＋2＋3＋4＋5＋…＋(n－1)＋n 的程序流程图，如图 4.7 所示。

例 4-1 中辗转相除法用程序流程图表示如图 4.8 所示。

从以上各程序流程图中可以清晰地理解求解问题的执行过程。画程序流程图时需要注意的是，流程线不要忘记带箭头，箭头反映了流程执行的先后顺序，若没有箭头则很难判断各程序块执行的先后顺序。

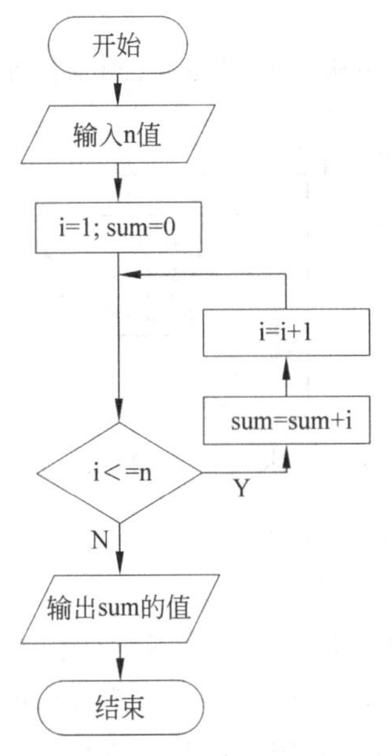

图 4.7　求解连续 n 个自然数和的程序流程图

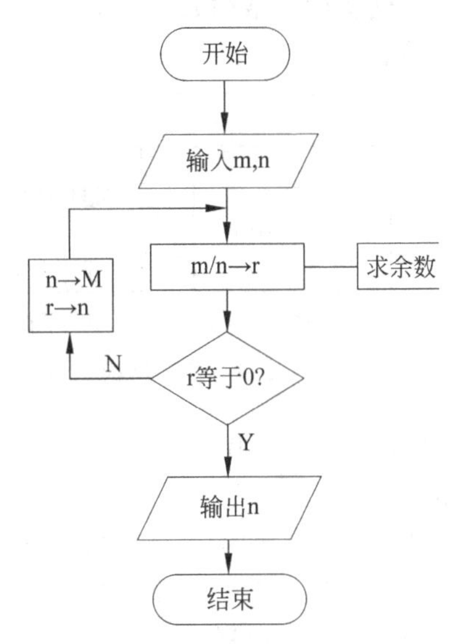

图 4.8　辗转相除法程序流程图

3. 用 N-S 图表示算法

N-S 图也称为盒图。N-S 图是 1973 年由美国学者 I. Nassi 和 B. Shneiderman 提出来的，并分别取两人名字的首字母来进行命名。N-S 图是在程序流程图的基础上去掉流程线，将全部算法写在一个矩形框内，在该框内还可以包含其他的从属于它的框的一种算法表示方法，即由一些基本的框组成的一个大框。结构化程序设计三种基本结构的 N-S 图分别表示如下。

(1) 顺序结构。顺序结构的 N-S 图如图 4.9 所示，语句块 1、语句块 2 和语句块 3 组成一个顺序结构。

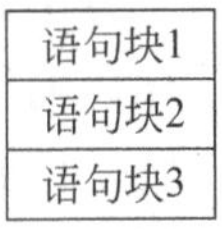

语句块1
语句块2
语句块3

图 4.9　顺序结构 N-S 图

(2) 选择结构。选择结构的 N-S 图如图 4.10 所示，在图 4.10(a)中，当条件成立时执行语句块 1，否则执行语句块 2；图 4.10(b)是一个多分支的选择结构，根据条件的值为值 1、值 2、……、值 n，来分别执行对应的语句块 1、语句块 2、……、语句块 n，若所有的值都不符合要求，则执行其他对应的语句块 n+1。

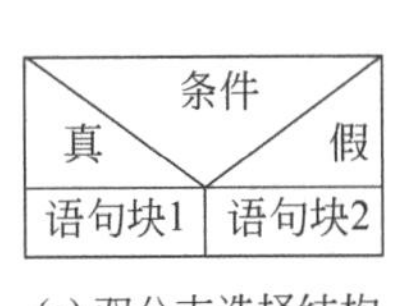

(a) 双分支选择结构

case<条件>				
值1	值2	…	值n	其他
语句块1	语句块2	…	语句块n	语句块n+1

(b) 多分支选择结构

图 4.10　选择结构 N-S 图

(3) 循环结构。当型循环结构如图 4.11(a)所示，当条件成立时循环执行语句块 1 的内容，直到条件不成立时结束循环。

直到型循环结构如图 4.11(b)所示，重复执行语句块 1 的内容，直到条件不成立时结束循环。

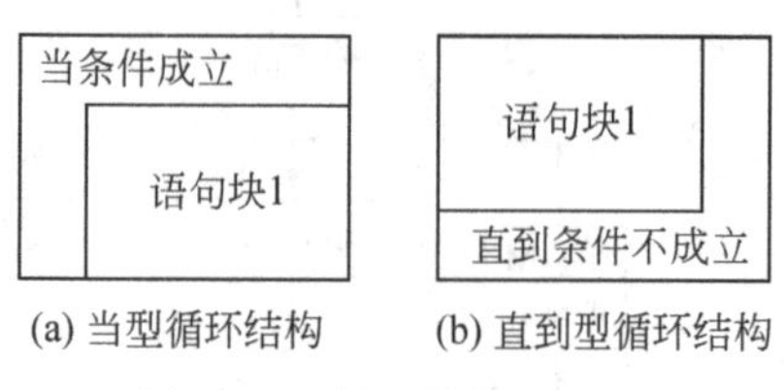

(a) 当型循环结构　(b) 直到型循环结构

图 4.11　循环结构 N-S 图

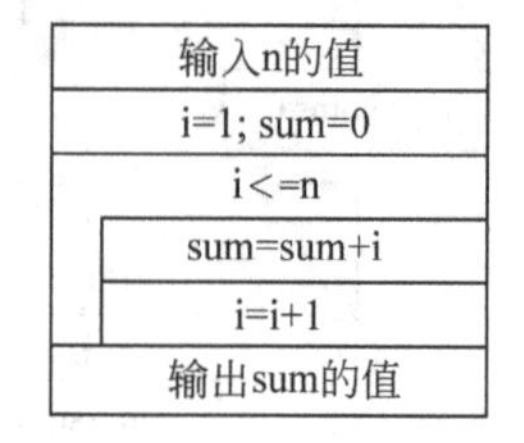

图 4.12　求 n 个自然数之和的 N-S 图

【例 4-4】 画出求 sum＝1＋2＋3＋4＋5＋…＋(n－1)＋n 的 N-S 图，如图 4.12 所示。

从上述 N-S 图中可以比较清晰地看出求解问题的执行过程。N-S 图强制设计人员按结构化设计的方法进行思考并描述其设计方案。在 N-S 图中除了表示几种标准结构的符号之外，不再提供其他描述手段，这就有效地保证了算法的结构化设计。

N-S 图形象直观，具有良好的可见度，易于理解设计意图，为编程、复查、选择测试用例、维护都带来了方便，同时 N-S 图简单、易学易用，因此也是软件设计时常用的算法描述工具。

4. 用伪代码表示算法

用程序流程图或 N-S 图来描述算法虽然形象直观，但画起来比较费事，通常设计一个算法时，可能需要反复修改，而修改流程图又比较麻烦。因此，程序流程图和 N-S 图适合表示一个算法，但是在设计算法过程中使用不是很理想，为了设计算法时方便，常用一个称为伪代码的算法描述工具。

伪代码是用介于自然语言和计算机语言之间的文字和符号来表示算法的工具，它是一种非计算机语言，借用了计算机高级语言中的某些成分，没有加入严格的规则，而且不能够被计算机所直接接收。其功能是使程序员像使用英语或汉语那样，非常自然地表达设计思想，以便集中精力考虑解题算法而不受形式上的约束。这种表示方法便于向计算机语言算法(即程序)过渡。

【例 4-5】 写出求 sum＝1＋2＋3＋4＋5＋…＋(n－1)＋n 的伪代码描述。

① 算法开始；

② 输入 n 的值；

③ i ← 1；

④ sum ← 0；

⑤ while　i＜＝n

⑥ { sum ← sum ＋ i；

⑦ i ← i ＋ 1；}

⑧ 输出 sum 的值；

⑨ 算法结束。

从例 4-5 可以看出，伪代码书写格式比较自由，可以随手写下去，容易表达出设计者的思想。同时，用伪代码写的算法很容易修改。但用伪代码表示算法不如程序流程图直观。

5. 用计算机语言表示算法

前面只是对算法进行描述，即用不同的形式来表示操作的步骤。而要得到计算的结果，就必须实现算法。实现算法的方式可能有多种，如人工心算、笔算、算盘、计算器来计算，等等。这里设计算法的目的是为了用计算机来解题，也就是用计算机来实现算法，而计算机是无法识别程序流程图和伪代码的，只有用计算机语言编写的程序才能被计算机执行，因此用程序流程图和伪代码描述一个算法后，还需要将它转换成某种计算机语言表达的程序。

用计算机语言表示算法必须严格遵守所用语言的语法规则，这是和伪代码不同的。

【例 4-6】 写出求解 sum＝1＋2＋3＋4＋5＋…＋(n－1)＋n 的 C 语言实现。

```
#include <stdio.h>
void main()
{
    int sum=0,i,n;
    printf("请输入自然数 n 的值: ");
    scanf("%d", &n);
    for(i=1;i<=n;i++)
        sum=sum+i;
    printf("1+2+3+4+5+…+(n-1)+n =%d", sum);
}
```

上面是用 C 语言写出了算法的程序，这仍然是描述了算法，只有执行了程序才是实现了算法，应该说，用计算机语言表示的算法是计算机能够执行的算法。

4.2 关系运算符与关系表达式

在选择结构中，需要根据条件的值来选择执行的路径。那么如何用合法的 C 语言表达式来描述判断条件呢？对于简单的判断条件可以用关系表达式来表示，对于复杂的一些条件可用逻辑表达式来表示。

4.2.1 关系运算符

关系运算实际上就是比较运算，即将两个数进行比较，判定两个数据是否符合给定的关系。例如“a＞b”中的“＞”表示一个大于关系运算，如果 a 的值为 3，b 的值为 1，则大于关系运算“＞”的结果为真，即条件成立；如果 a 的值为 3，b 的值为 5，则大于关系运算“＞”的结果为假，即条件不成立。C 语言提供了一组关系运算符，用来比较两个操作数的大小以及相等关系。C 语言中的关系运算符及其优先级如表 4.2 所示。

表 4.2　C 语言中的关系运算符及其优先级

运 算 符	对应的数学运算符	含　义	优先级
＞	＞	大于	高
＜	＜	小于	
＞＝	≥	大于或等于	
＜＝	≤	小于或等于	
＝＝	＝	等于	低
!＝	≠	不等于	

关系运算符的作用是对其左右两个操作数进行比较，左右操作数可以是数值，也可以是字符，但是不能是字符串。关系运算符的优先级低于所有算术运算符，高于赋值运算符，如图 4.13 所示。在表 4.2 中前四个关系运算符的优先级高于后两个关系运算符的优先级，其中前四个的优先级是相同的，后两个的优先级是相同的。

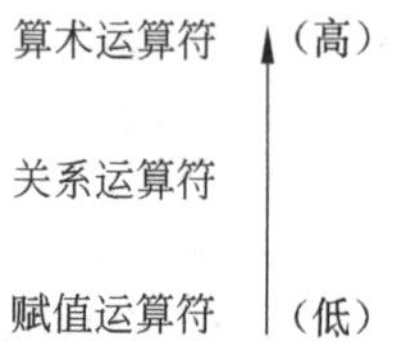

算术运算符　(高)

关系运算符

赋值运算符　(低)

图 4.13　算术、关系、赋值运算符的优先级关系

例如：

```
c>a+b         等效于         c> (a+b)
a>b!=c        等效于         (a>b) !=c
a==b<c        等效于         a== (b<c)
a=b>c         等效于         a= (b>c)
```

关系运算符在使用过程中注意以下几点：

(1) 关系运算符的结合性为自左向右，例如，a＞b＜c 表示(a＞b)＜c。

(2) 关系运算符的顺序不可颠倒，例如，a＝＜b 为错误的表达式。

(3) 关系运算符中不许出现空格，例如，x＋y＞　＝z 为错误的表达式。

(4) 关系运算符与数学运算符不可混淆，例如，a≠b、c≥d、x≤y 等均为错误的表达式。

(5) 等号和赋值号要区分开，例如 a＝＝5 和 5＝＝a 是正确的，但是 b＝1 却不能写成 1＝b，1＝b 是一个非法表达式。

4.2.2　关系表达式

用关系运算符将两个操作数连接起来的表达式，称为关系表达式(Relational Expression)。关系表达式通常用于表达一个判断条件，而一个条件判断的结果只能有两种可能："真"或"假"。在C语言中表达式的真和假用什么来表示呢？C语言规定：用非0表示"真"，用0表示"假"。也就是说，只要表达式的值为0，就表示表达式的值为假，或者说这个表达式所表示的判断条件不成立；如果表达式的值为非零值，则表达式的值为真，或者说这个表达式所表示的判断条件成立。通常计算机用1来表示"真"，用0来表示"假"。在关系运算过程中，计算机将所有非0数值均看成"真"，0看成"假"。

例如：

```
9>3                                表达式的值为：1
5>3>2                              表达式的值为：0
'a'>'b'                            表达式的值为：0
'x'<'y'                            表达式的值为：1
('y'!='Y')+(5<3)+('n'-'m'==1)      表达式的值为：2
```

从以上实例可以看出，关系运算符和数学上的比较是不同的，在程序中可以出现数学上无意义的比较表达式，同时表达式的值可以参加运算，在运算时应注意表达式的计算优先级。

关系表达式是构成选择和循环条件最重要的表示方法，在利用关系表达式表述某种条件的时候，要注意以下几个方面：

(1) 数学上，判断x是否在区间[a,b]时，习惯上写成a<=x<=b，但在C语言中，无法用单独的关系运算实现，需要结合后面介绍的逻辑运算符才可实现。

(2) 当判断两个浮点数是否相等时，由于存储上的误差，可能会出现错误的结果。例如在数学上的恒等式1.0÷3.0*3.0=1.0，如果在C语言中写成1.0÷3.0*3.0==1.0，其表达式为假，值为0，可以用$|1.0\div3.0*3.0-1.0|<=10^{-2}$的形式来进行比较，写成C表达式的形式为：fabs(1.0÷3.0*3.0−1.0)<=1e−2，即在C语言中，当两个实数a与b进行比较的时候，应判断a与b差值的绝对值是否接近于0，写成表达式为：fabs(a−b)<=1e−2，当精度要求更高时，将1e−2设置为更小的值，当精度要求很小时，将1e−2设置为较大值即可。

(3) 在数学中3>6>7<8是无效的，但是在C语言中是允许的，它按照从左到右依次计算，3>6的值为假，即为逻辑0，0>7的值为逻辑假0，0<8的值为逻辑真1，因此表达式3>6>7<8的最终结果为1。

(4) 字符是按ASCII码值存储的，因此'0'>0的值为逻辑1。

4.3 逻辑运算符与逻辑表达式

4.3.1 逻辑运算符

关系运算符只能描述单一条件，如果需要同时描述多个条件，就要借助于逻辑运算符。C语言提供的逻辑运算符有三种，如表4.3所示。

表 4.3　C 语言逻辑运算符

运算符	含　义	说　　明
!	逻辑非	操作数为真，则结果为假，操作数为假，则结果为真
&&	逻辑与	两个操作数都为真，则结果为真，否则为假
||	逻辑或	两个操作数都为假，则结果为假，否则为真

在表 4.3 中，“&&”和“||”为双目运算符，要求有两个运算对象（操作数），如(a>b)&&(c>d)、(a>b)||(c>d)。“!”是单目运算符，只要求有一个运算对象，如!(a>b)。

在一个表达式中若有多个逻辑运算符，则它们之间的优先级为：!（**逻辑非**）→**&&**（**逻辑与**）→||（**逻辑或**），即“!”的优先级是三者中最高的，&& 的优先级次之，||的优先级最低。逻辑运算符和其他运算符之间的优先级关系可表示为：!（逻辑非）优先于算术运算符、关系运算符和赋值运算符，&&（逻辑与）和||（逻辑或）优先于赋值运算符，但低于算术运算符和关系运算符，其关系如图 4.14 所示。逻辑运算符具有自左至右的结合性。

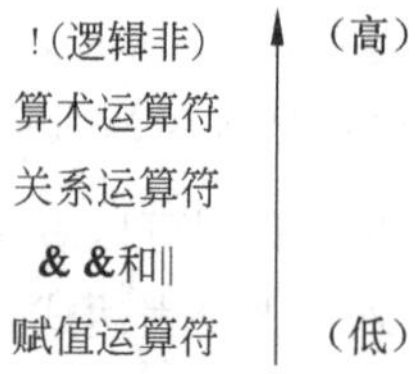

!(逻辑非)　（高）
算术运算符
关系运算符
&&和||
赋值运算符　（低）

图 4.14　逻辑运算符与其他运算符的优先级关系

例如：

```
a>b&&x>y          等效于    (a+b)&&(x>y)
a==b||x==y        等效于    (a==b)||(x==y)
!a||a>b           等效于    (!a)||(a>b)
!a&&b||x>y&&c     等效于    ((!a)&&b)||((x>y)&&c)
```

4.3.2　逻辑表达式

用逻辑运算符连接操作数组成的表达式称为逻辑表达式(Logic Expression)。参与逻辑运算的对象是逻辑量，在 C 语言中任意表达式都可以作为逻辑量来处理，具体处理规则是，表达式值非 0 则为 1，否则为 0，这里的 0 和 1 为整型。逻辑运算的结果和关系运算一样，也是逻辑量。当表达式 a 和表达式 b 进行逻辑运算时，其运算规则如表 4.4 所示。

表 4.4　逻辑运算的真值表

a	b	!a	!b	a&&b	a||b
0	0	1	1	0	0
0	非 0	1	0	0	1
非 0	0	0	1	0	1
非 0	非 0	0	0	1	1

例如，在 4.3.1 节的四个逻辑表达式中，若

```
int a, b, c, x, y;
```

```
a=b=4;
x=y=c=1;
```

则表达式的值分别是多少呢？

```
a>b&&x>y            表达式的值为：0
a==b||x==y          表达式的值为：1
!a||a>b             表达式的值为：0
!a&&b||x>y&&c       表达式的值为：0
```

从上例可以看出，表4.4中的a和b可以代表C语言中的任意表达式，一般为关系表达式。逻辑表达式主要用来描述多层关系，例如：

(1) 描述条件“x满足在区间[2,10]”的逻辑表达式为：x>=2 && x<=10。

(2) 描述条件“ch是小写英文字母”的逻辑表达式为：ch>='a' && ch<='z'。

(3) 某计算机专业招生的条件是“总分(total)超过分数线500并且数学成绩(math)不低于120分”，该条件的逻辑表达式为：total>500 && math>=120。

(4) 判断某年是闰年应满足以下两个条件之一：该年(year)能被4整除但不能被100整除，或该年能被400整除。该条件对应的逻辑表达式为：year%4==0 && year%100! =0 || year%400==0。

在逻辑表达式的求解中，有时并不是把所有表达式的值都进行计算才能得到逻辑表达式的值，只是在必须执行下一个表达式才能求出逻辑表达式的解时，才执行该表达式。换句话说，在由&&和||运算符组成的逻辑表达式中，当计算出一个子表达式的值之后便可确定整个表达式的值，那么后面的子表达式就不需要计算了，此时整个表达式的值就是计算出的子表达式的值，具体计算方法如下。

(1) a && b：只有a为真(非0)时，才需要判别b的值；如果a为假，不必判别b的值就可得出逻辑表达式的值，如图4.15所示。对于多层逻辑运算，都与此相同。

(2) a || b：只要a的值为真(非0)时，不必判别b的值，就可得出逻辑表达式的值。如果a为假，就需要判别b的值才可得出逻辑表达式的值，如图4.16所示。对于多层逻辑运算，都与此相同。

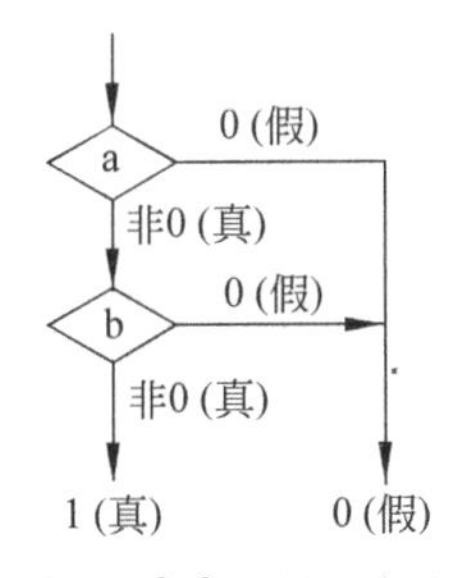

图4.15　a&&b的程序流程图

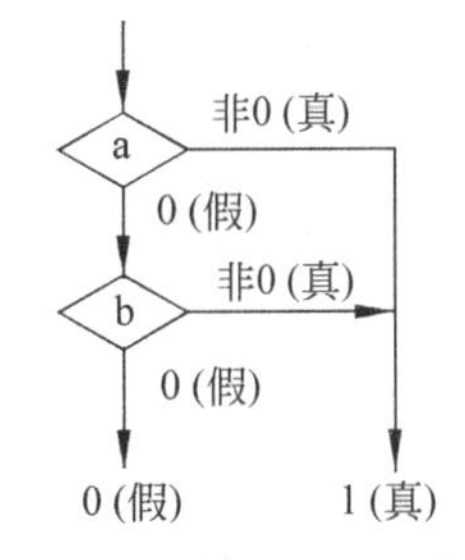

图4.16　a||b的程序流程图

也就是说对于&&运算符来说，只有a≠0(a为真)，才继续进行右面的计算；对于||运算符来说，只有a=0时，才继续进行右面的计算，因此，如果有下面的逻辑表达式：

```
(m=a>b)&&(n=c>d)
```

例如：

```
int a=1,b=2,c=3,d=4,m=1,n=1;
```

由于“a>b”的值为 0，因此 m=0，此时 && 左边的表达式的值为 0，即逻辑假，通过左边的表达式的值可以得出整个表达式的值，因此不必再进行“n=c>d”的计算了，因此 n 的值仍保持原值 1 不变。

4.4 单分支与双分支结构

选择结构的作用是根据指定的条件是否成立，来决定从给定的操作中选择其中的一个来执行，条件经常由关系或逻辑表达式给出。选择结构包括三种基本形式：单分支结构、双分支结构和多分支结构。本节主要介绍单分支结构和双分支结构，多分支结构将在 4.6 节介绍。

4.4.1 单分支结构

选择结构的单分支结构是一种最简单的选择结构，其主要是通过 if 语句来实现的，if 语句的单分支格式为：

```
if (表达式)
   语句 1;
```

执行过程：计算表达式的值，如果表达式的值为真(非 0 值)，则执行语句 1，否则不做任何操作，顺序执行语句 1 下面的语句。

当表达式成立需要执行多条语句时，需要将多条语句用大括号{}括起来，即将多条语句表示为一条复合语句的形式，即：

```
if (表达式)
{
    语句 1;
    语句 2;
     ⋮
}
```

【例 4-7】 使用单分支的选择语句编程，计算并输出从键盘输入的整数是奇数还是偶数。

【问题解析】 首先需要输入一个整数 num，然后用 num 对 2 进行取余运算，根据结果判断奇偶，若余数为 0 则为偶数，若余数为 1 则为奇数，程序流程图如图 4.17 所示。

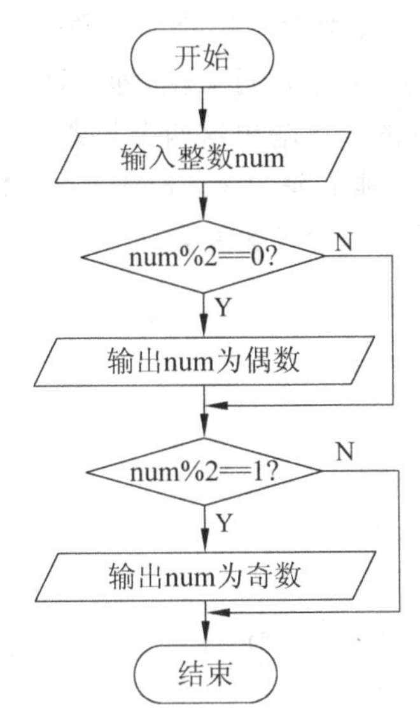

图 4.17　例 4-7 程序流程图

【程序代码】

```
1     #include <stdio.h>
2     void main()
3     {
4         int num;
5         printf("Input a number:");
6         scanf("%d",&num);
7         if(num%2==0)
8             printf("%d is even. \n",num);
9         if(num%2==1)
10            printf("%d is odd. \n",num);
11    }
```

【运行结果】

程序的两次运行结果为：

```
① Input a number:12
  12 is even.

② Input a number:23
  23 is odd.
```

从运行结果可以看出单分支 if 语句控制程序分支的执行过程。当输入数据 12 时，由于 num%2==0 条件成立，因此执行 if 结构下的语句，运行结果如①所示；然后执行下一条语句，由于 num%2==1 不成立，不执行该 if 结构下的语句，程序运行结束。当输入数据 23 时，由于 num%2==0 条件不成立，因此跳过该 if 结构，执行下一个 if 结构，此时 num%2==1 成立，因此执行该 if 结构下的语句，运行结果如②所示。

【例 4-8】 输入两个整数，按数值由小到大的顺序输出这两个数。

【问题解析】 若输入的数据分别为 a、b，则两个数进行比较，如果 a>b 成立，则将两个数进行交换；如果 a>b 不成立，则不进行交换，即将两个数中的较大者存储在 b 中，较小者存储在 a 中，最后按照 a、b 的顺序输出这两个数即可。

注意：a,b 在进行交换时，不能直接用 a=b 来进行，需要引入第三个整型变量 t，然后通过 t 将 a 和 b 的值进行互换，具体步骤是：

```
t=a; a=b; b=t;
```

【程序代码】

```
1     #include <stdio.h>
2     void main()
3     {
4         int a,b,t;
5         printf("请输入任意两个数：");
6         scanf("%d,%d",&a,&b);
7         if(a>b)
8         {  t=a; a=b; b=t; }
9         printf("两个数由小到大的顺序是：%d,%d\n",a,b);
10    }
```

【运行结果】

程序的两次运行结果为：

```
① 请输入任意两个数：6,1
   两个数由小到大的顺序是：1,6
② 请输入任意两个数：2,5
   两个数由小到大的顺序是：2,5
```

程序中"t=a; a=b; b=t;"为复合语句，需要用"{ }"括起来，否则会得不到正确的结果。

思考：如果输入任意三个整数，然后按由小到大的顺序输出，则程序该如何修改？

4.4.2 双分支结构

选择结构的双分支结构主要也是通过 if 语句来实现的，if 语句的双分支结构的格式为：

```
if (表达式)
    语句 1;
else
    语句 2;
```

执行过程：计算表达式的值，如果表达式成立时，则执行语句 1，表达式不成立时，执行语句 2，然后继续执行 if 结构后面的语句，即 if-else 结构是在两条语句中选择其中的一条来执行。

语句 1 和语句 2 也可以分别由复合语句组成，注意别忘记“{}”，格式如下：

```
if (表达式)
{
    语句 1;
    语句 2;
}
else
{
    语句 3;
    语句 4;
}
```

【例 4-9】 使用双分支结构编程，计算并输出从键盘输入的整数为奇数还是偶数。

【问题解析】 此题与例 4-7 相同，这里要求使用双分支选择结构，同样还是先需要输入一个整数 num，然后用 num 对 2 进行取余运算，根据结果判断奇偶，若余数为 0 则为偶数，否则为奇数，因为一个整数不是奇数就是偶数，因此可以采用双分支结构来完成，其程序流程图如图 4.18 所示。

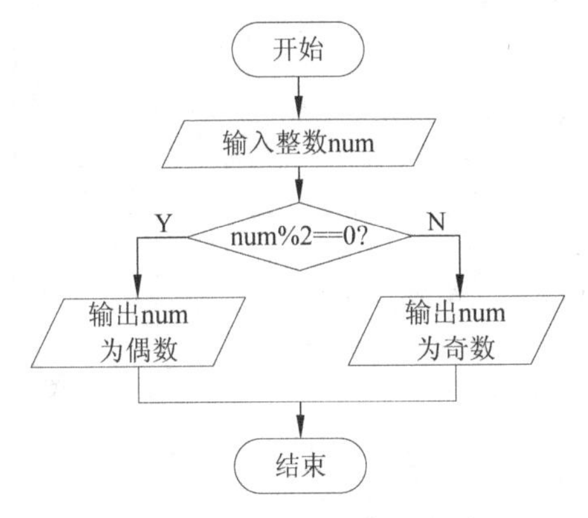

图 4.18 例 4-9 程序流程图

【程序代码】

```
1    #include <stdio.h>
2    void main()
3    {
4        int num;
5        printf("\n Input a number:");
6        scanf("%d",&num);
7        if(num%2==0)
8            printf("  %d is even. \n",num);
9        else
10           printf("  %d is odd. \n\n",num);
11   }
```

【运行结果】

程序的两次运行结果为：

①
```
Input a number:12
12 is even.
```

②
```
Input a number:23
23 is odd.
```

从运行结果可以看出双分支 if 语句控制程序分支的执行过程。当输入整数 12 时，由于 num%2==0 条件成立，因此执行 if 结构下的语句，运行结果如①所示；执行完该条语句后，退出双分支结构，程序运行结束。当输入整数 23 时，由于 num%2==0 条件不成立，因此直接执行 else 结构下的语句，运行结果如②所示；执行完该条语句后，退出双分支结构，程序运行结束。

【例 4-10】 使用双分支结构，计算并输出 a、b 两个数中的较大数，a、b 可以从键盘输入。

【问题解析】 对于输出较大者的程序，可以定义一个新变量 max，通过判断 a、b 的大小，将较大者存储在新变量 max 中，算法流程如图 4.19 所示。

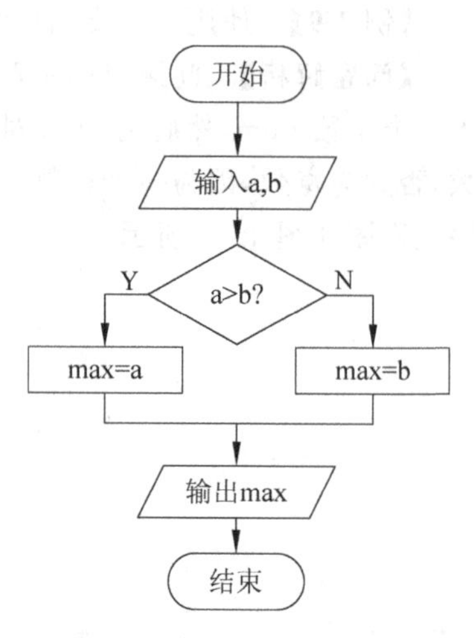

图 4.19 例 4-10 程序流程图

【程序代码】

```
1    #include <stdio.h>
2    main()
3    {
4        int a,b,max;
5        printf("请输入 a,b 的值:");
6        scanf("%d,%d",&a,&b);
7        if(a>b)
8            max=a;
9        else
10           max=b;
11       printf("a,b 的较大值为: %d\n",max);
12   }
```

【运行结果】

程序的两次运行结果为：

①
```
请输入a, b的值:15,36
a,b的较大值为: 36
```

②
```
请输入a, b的值:20,10
a,b的较大值为: 20
```

思考：若要求从键盘输入 3 个数，编程输出 3 个数中的较大者，则程序应该如何修改？

4.4.3 if 语句的嵌套

现实生活中的各种条件是很复杂的，在满足一定的条件下，可能还需要满足其他的条件才能确定相应的动作，因此选择结构中还会包含其他的选择结构。这种在一个选择结构内又包含了另一个或多个选择结构的结构称为嵌套的选择结构。图 4.20(a)所示的 N-S 图是一个基本的选择结构，如果其中的 a 块和 b 块(或者两者之一)本身又是另一个选择结构，就是一个嵌套的选择结构，如图 4.20(b)所示。同理，图 4.20(b)中的 c 块和 d 块本身也可以是另一个选择结构，以此类推，即选择结构可以多层嵌套，从而实现多个独立的程序分支。

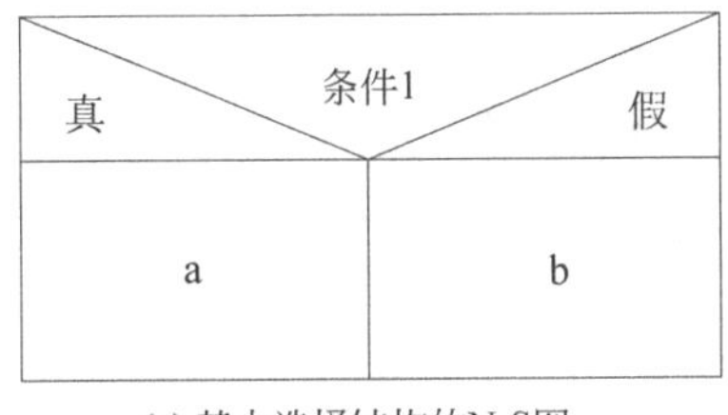

(a) 基本选择结构的N-S图

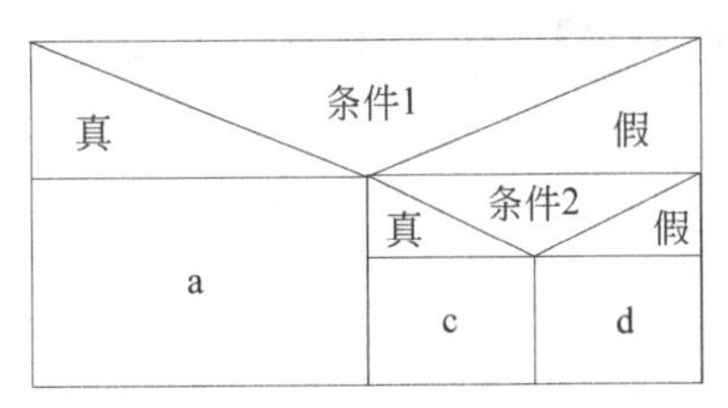

(b) 嵌套的选择结构的N-S图

图 4.20 选择结构的 N-S 图

if 语句的选择结构的嵌套又称为 if 语句的嵌套，其嵌套的一般形式如下：

```
         ┌if(表达式 1)
         │     if(表达式 2)    语句 1;  ┐
外层 if ─┤                               ├内嵌 if①
         │     else            语句 2;  ┘
         └else
               if(表达式 3)    语句 3;  ┐
                                         ├内嵌 if②
               else            语句 4;  ┘
```

嵌套的 if 语句是比较灵活的，可以根据实际情况使用上面格式中的一部分或几部分，并且可以进行 if 语句的多重嵌套。但是当使用分支比较多的时候，初学者往往会产生一些错误。为了保证嵌套的正确性，在使用 if 语句进行嵌套时，一定要注意 if 与 else 的配对关系。else 总是与它上面最近的、未被配对，且可用的 if 进行配对，并且是由里向外逐对配对。例如：

```
1    if(表达式 1)
2        if(表达式 2)
3            if(表达式 3)  语句 1;
4        else          语句 2;
5    else     语句 3;
```

从格式上来看，第 4 行的 else 写在与第 2 行的 if 同列上，意图使第 4 行的 else 与第 2 行的 if 对应，但实际上第 4 行的 else 前的离它最近的、没有被配对的，且可用的 if 是第 3 行的 if，因此不是与第 2 行的 if 进行配对，而是与第 3 行的 if 进行配对；同理第 5 行的 else

与第 2 行的 if 进行配对；第 1 行的 if 没有配对的 else。在嵌套的选择结构中，若 if 和 else 的数量不相等，为实现程序设计者的思想，可以通过加“{ }”来实现配对关系，例如：

```
1    if(表达式 1)
2        if(表达式 2)
3            { if(表达式 3)  语句 1; }
4        else      语句 2;
5    else     语句 3;
```

这里“{ }”限制了内嵌 if 语句的范围，因此第 4 行的 else 与第 2 行的 if 配对，第 5 行的 else 与第 1 行的 if 配对。

【例 4-11】 有一函数：

$$y=\begin{cases}\dfrac{1}{x} & (x>0)\\ 0 & (x=0)\\ -\dfrac{1}{2x} & (x<0)\end{cases}$$

编写程序，对于输入的每一个 x 值，计算输出相应的 y 值。

【问题解析】 一般情况下，对于分段函数的处理使用 if-else 的嵌套结构来描述各个条件及其分支，本例的条件比较明确，算法流程如图 4.21 所示。

【程序代码】

```
1    #include <stdio.h>
2    main()
3    {
4        float x,y;
5        printf("请输入 x 的值:");
6        scanf("%f",&x);
7        if(x<0)
8            y=-1/(2*x);
9        else
10           if(x==0)
11               y=0;
12           else
13               y=1/x;
14       printf("y=%5.2f\n",y);
15   }
```

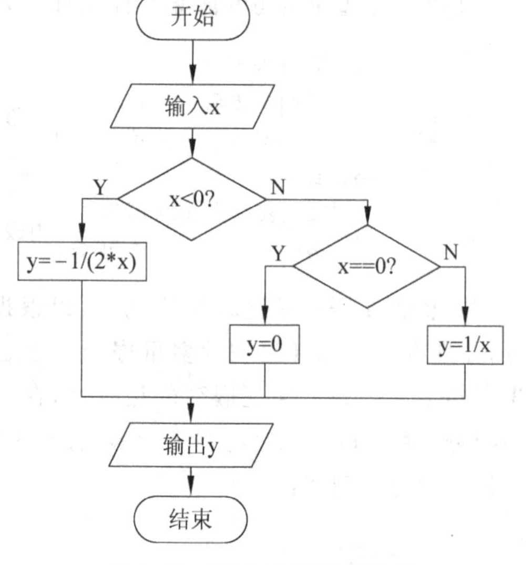

图 4.21 例 4-11 程序流程图

【运行结果】

程序的三次运行结果为：

```
①  请输入x的值:-0.25
    y= 2.00
```

```
②  请输入x的值:0
    y= 0.00
```

```
③  请输入x的值:0.25
    y= 4.00
```

思考：若将程序中第一个 if(x＜0)语句改为 if(x＞＝0)，则程序的分支又将如何修改呢？

if 语句允许嵌套，但是嵌套的层数不宜太多。在实际编程中，应适当控制嵌套层数(二层或三层)，嵌套的语句部分可以是简单语句，也可以是复合语句。注意：不管是简单语句还是复合语句，每个语句后面的分号都不能少；同时为了程序清晰，尽量采用缩进的格式。

if 语句的常见错误与解决方法：

(1) if 语句内，在默认情况下，当条件成立时只执行其后的一条语句，若当条件成立时需执行多条语句，则多条语句需加上"{}"，构成一个复合语句。例如：

```
if(a>b)
    t=a; a=b; b=t;       /* 本行需要加上"{}",否则在 a>b 不成立的时候程序运行会出错 */
```

(2) 要给 if 语句的每个分支中的内嵌语句都加上分号，否则程序编译会出错。例如：

```
if(num1>num2)
    num1=num2            /* 错误代码 */
else
    num1=10;
```

(3) 注意 else 要与 if 配对使用，单独的 else 是不可使用的。例如：

```
1    if(a>b&&a>c)
2        m=1;
3    else
4        m=2;
5    else
6        m=3;
```

第 3 行的 else 语句与第 1 行的 if 语句配对，而第 5 行的 else 语句没有配对的 if 语句，因此为不合法的语句。

(4) 使用时要注意关系运算符的等号与赋值运算符的等号的区别。关系运算符等号用来构成关系表达式的，表达式的值为真或假；而赋值运算符的等号则不会产生判断，直接把常量的值放到变量中存储，表达式的值为常量，若常量为"0"则表达式的值恒为"假"，若常量的值为非零值，则表达式的值恒为"真"，因此表达式的值不会有两种结果。例如：

```
if(x=1)
{  语句块  }
```

此时 if 语句的判断功能不会产生作用，因为表达式的值为 1，恒为“真”。而如果写成：

```
if(x==1)
{  语句块  }
```

此时 if 语句有判断功能，当 x 的值为 1 时执行语句块；否则执行 if 结构下面的语句，因此使用时要注意条件表达式的描述。

4.5 条件运算符与条件表达式

在例 4-10 中，有如下语句：

```
if(a>b)
    max=a;
else
    max=b;
```

从语句中可以看出，无论表达式(a>b)的值为“真”还是“假”，都执行向同一个变量 max 赋值。C 提供了一种条件运算符和条件表达式，可以将上面的 if 语句改写成如下所示：

```
max=(a>b)?a:b;
```

在赋值号右侧的“(a>b)? a: b”是一个条件表达式，“? :”是条件运算符。条件运算符(Conditional Operator)是 C 语言中唯一的一个三元(目)运算符，运算时需要三个操作数。

条件表达式的一般形式为：

```
表达式 1? 表达式 2: 表达式 3
```

执行过程为：先计算出表达式 1 的值，如果表达式 1 的值为“真”，则条件表达式的值为表达式 2 的值，否则条件表达式的值为表达式 3 的值，其执行过程如图 4.22 所示。

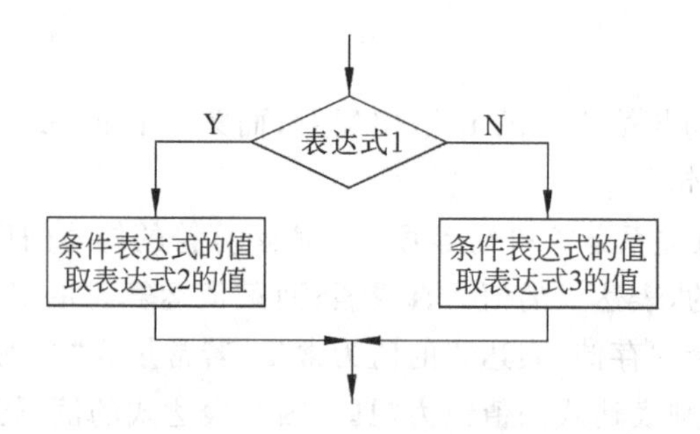

图 4.22　条件表达式的执行过程

【例 4-12】 输入一个字符,判断它是否是大写字母,如果是,将它转换成它所对应的小写字母;如果不是,不转换,然后输出最后得到的字符。

【问题解析】 假设变量 ch 为输入的字符,用条件表达式来处理,当字母是大写时,转换为小写,否则不转换,则表达式为:

```
ch=(ch>='A' && ch<='Z')? ch+32: ch;
```

【程序代码】

```
1    #include <stdio.h>
2    main()
3    {
4        char ch;
5        printf("请输入一个字符:\n");
6        scanf("%c",&ch);
7        ch=(ch>='A' && ch<='Z')? ch+32: ch;
8        printf("变换后的字符是: %c\n",ch);
9    }
```

【运行结果】

程序的两次运行结果为:

```
① 请输入一个字符:E
  变换后的字符是: e

② 请输入一个字符:f
  变换后的字符是: f
```

使用条件表达式时需要注意以下几点:

(1) 条件运算符里的"?"和":"是一对运算符,必须配对使用。

(2) 条件运算符的优先级低于关系运算符和算术运算符,但高于赋值运算符。因此表达式"max=a>b? a: b+2 ;"相当于"max=(a>b)? a: (b+2) ;"而不是相当于"max=(a>b? a: b)+2 ;"。

(3) 条件运算符具有右结合性,当一个表达式中出现多个条件运算符时,应该将位于最右边的问号和离它最近的冒号配对,并按这一原则正确区分各条件运算符的运算对象。例如,"x < y ? x : y<z ? y : z"实际等价于表达式"x < y ? x : (y < z ? y : z)",而不是等价于表达式"(x < y ? x : y < z) ? y : z"。

(4) 条件表达式中的表达式 2 和表达式 3 不仅可以是数值表达式,还可以是赋值表达式或者函数表达式,因此可以有如下表达式:

```
a>b? printf("%d",a) : printf("%d",b) ;
```

相当于:

```
if(a>b)
    printf("%d",a);
else
```

```
printf("%d",b);
```

4.6 多分支结构

在实际生活中，常常会用到多分支的选择。例如，学生成绩的等级，人口统计分类（按年龄分为老、中、青、少、儿童），工资统计类，银行存款分类等。多分支结构可以通过多分支的条件语句和多分支的开关语句来实现，下面分别介绍。

4.6.1 多分支结构的条件语句

多分支的条件语句也是if语句的第三种形式：else-if形式的条件语句，其格式为：

```
if(表达式 1)            语句 1;
else if(表达式 2)       语句 2;
    …
else if(表达式 n-1)     语句 n-1;
else                    语句 n;
```

执行过程：首先判断表达式1是否成立，若成立，则执行语句1，否则判断表达式2是否成立，若成立，则执行语句2，否则，……，若前n－1个表达式均不成立，则执行语句n，无论执行哪个语句，执行完该语句后执行else-if结构下的语句。格式中的各简单语句的位置都可以替换为复合语句，注意用“{}”括起来。

【例4-13】 输入学生成绩，输出成绩对应的等级，要求：设计的程序具有一定的容错能力，即当输入的分数大于100分或者小于0分时，能输出错误信息。其中90～100分为A等（优秀），80～89分为B等（良好），70～79分为C等（中等），60～69分为D等（及格），60分以下为E等（不及格）。

【问题解析】 按照成绩的如下等级，可以将程序分为这几个分支，程序流程如图4.23所示。

成绩	等级
90～100	A
80～89	B
70～79	C
60～69	D
0～59	E

【程序代码】

```
1    #include <stdio.h>
2    main()
3    {
```

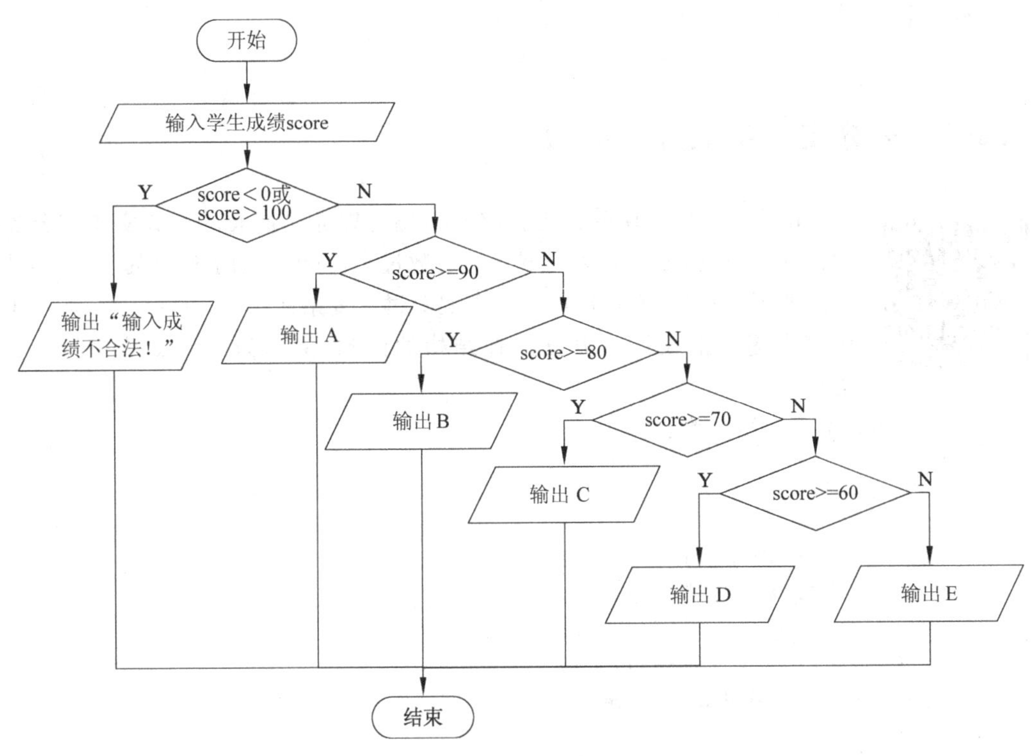

图 4.23　例 4-13 程序流程图

```
4        int score;
5        printf("请输入成绩:\n");
6        scanf("%d",&score);
7        if(score>100||score<0)            /*对不合法成绩进行判断*/
8            printf("输入成绩不合法!\n");
9        else if(score>=90)               /*对 90 分以上的成绩进行判断*/
10           printf("A\n");
11       else if(score>=80)               /*对 80～90 分以上的成绩进行判断*/
12           printf("B\n");
13       else if(score>=70)               /*对 70～80 分以上的成绩进行判断*/
14           printf("C\n");
15       else if(score>=60)               /*对 60～70 分以上的成绩进行判断*/
16           printf("D\n");
17       else
18           printf("E\n");
19   }
```

【运行结果】

程序的三次运行结果为：

①
```
请输入成绩:95
A
```

②
```
请输入成绩:55
E
```

③ 请输入成绩:105
输入成绩不合法

4.6.2 多分支结构的开关语句

if 语句可以实现单分支、双分支，还可以通过嵌套的形式实现多分支的情况。但是，如果 if 语句嵌套的层数过多，不但增加了程序的复杂性，从而降低了可读性，而且还可能由于嵌套过于复杂而出错。switch 语句是 C 语言中提供的设计多分支选择结构的语句，又称为多分支结构的开关语句。

switch 语句的一般格式为：

```
switch(表达式)
{
    case 常量 1: [语句序列 1] [break;]
    case 常量 2: [语句序列 2] [break;]
     ⋮
    case 常量 n: [语句序列 n] [break;]
    [default: 语句序列 n+1] [break;]
}
```

执行过程：根据 switch 语句中表达式的值，寻找 switch 语句的执行入口。自上而下用表达式 P 的值和 case 后的常量表达式的值进行比较，如果相等则执行 case 后面的语句序列。假定入口是常量 2，那么执行语句序列 2，当语句序列 2 执行完毕后，若有 break 语句，则中断 switch 语句的执行，否则继续执行语句序列 3，直到遇到 break 语句或者执行到 switch 结构的右边界的"}"为止；如果没有与表达式的值相匹配的常量，则执行 default 后的语句序列。

说明：

(1) switch 语句中表达式可以是任意类型，但运算结果必须为整型或字符型。常量 1、常量 2、常量 3、……、常量 n 必须是整型或字符型。因为在 switch 结构中，其分支是有限的，并且是离散的，所以其表达式的值也应是有限的且离散的。

(2) 同一个 switch 结构中的常量值必须互不相同，否则就会出现矛盾的现象。

(3) 在 switch 结构中，如果没有 default 分支且表达式值不等于任何 case 后常量的值，则直接退出 switch 结构而转到其后的语句执行。

(4) switch 语句可以嵌套，break 语句只跳出它所在的 switch 分支。例如：

```
switch(a)
{
    case 1:
        switch(b)
        {/* 下面的 break 语句只能跳出内部的 switch 分支 */
    case 10:printf("**10**\n");break;
```

```
            case 20:printf("* * 20* * \n");break;
            case 30:printf("* * 30* * \n");break;
        }
        printf("*1*\n");
    case 2:printf("*2*\n");break;    /*此处的 break 语句跳出外部的 switch 分支*/
}
```

假定 a=1,b=10,则程序的输出结果为:

```
* * 10* *
*1*
*2*
```

由程序可见,语句内部的 break 语句只可以退出内部的 switch 分支。

(5) case 后面的语句结束时,若没有 break 语句,会执行下一个 case 后面的语句,即多个 case 可以共用一组执行序列。因此,若要跳出 switch 语句,则必须借助于 break 语句。例如,描述 2015 年每个月各有多少天可以写成:

```
switch(month)
{
    case 1:case 3:case 5:case 7:case 8:case 10:case 12: day=31;break;
    case 4:case 6:case 9:case 11:day=30;break;      /*多个 case 可共用同一个语句*/
    case 2:day=28;
}
```

(6) 在 switch 结构中,各个 case 和 default 的次序是可以任意调换的,当各个 case 和 default 后面都有 break 语句时,调换的顺序不影响程序的结果;但若各语句后不是都有 break 语句,则输出结果不确定。例如:

```
switch(grade)
{
    default: printf("grade<60\n");break;
    case 'A':
    case 'B':
    case 'C':
    case 'D': printf("grade>=60\n");break;
}
```

当 grade='C'时,程序输出结果为"grade>=60",当 grade='E'时,程序输出结果为"grade<60";而如果 default 的后面没有 break 语句,当 grade='C'时,程序输出结果仍然为"grade>=60",而当 grade='E'时,程序在输出"grade<60"后没有遇到 break 语句,因此还继续输出"grade>=60",导致程序结果出错。因此建议在 default 语句的后面也加上 break 语句,防止变换顺序后再添加 case 语句时程序出错。

【例 4-14】 将例 4-13 使用 switch 结构来编程。

输入学生成绩,输出成绩对应的等级,要求:设计的程序具有一定的容错能力,即当输入的分数大于 100 分或者小于 0 分时，能输出错误信息。其中 90～100 分为 A 等（优秀），80 分以上为 B 等（良好），70 分以上为 C 等（中等），60 分以上为 D 等（及格），60 分以下为 E 等（不及格）。

【问题解析】 由于 switch 语句不能实现区间判断，因此要设法将每个成绩区间转换成一个固定的值，假定成绩为 score，可以使用表达式 score<0||score>100? －1:score/10，首先排除掉不合法的成绩，score<0 或 score>100 为不合法成绩，表达式的值为－1，否则计算成绩的十位和百位，当表达式的值为 10 或 9 时，对应于 90 分以上的等级；为 8 时对应于 80～89 分的等级……为 0～5 中任意一个数字时对应 0～59 分的不及格等级；表达式值为－1 时用 default 分支来描述，程序流程图如图 4.24 所示。

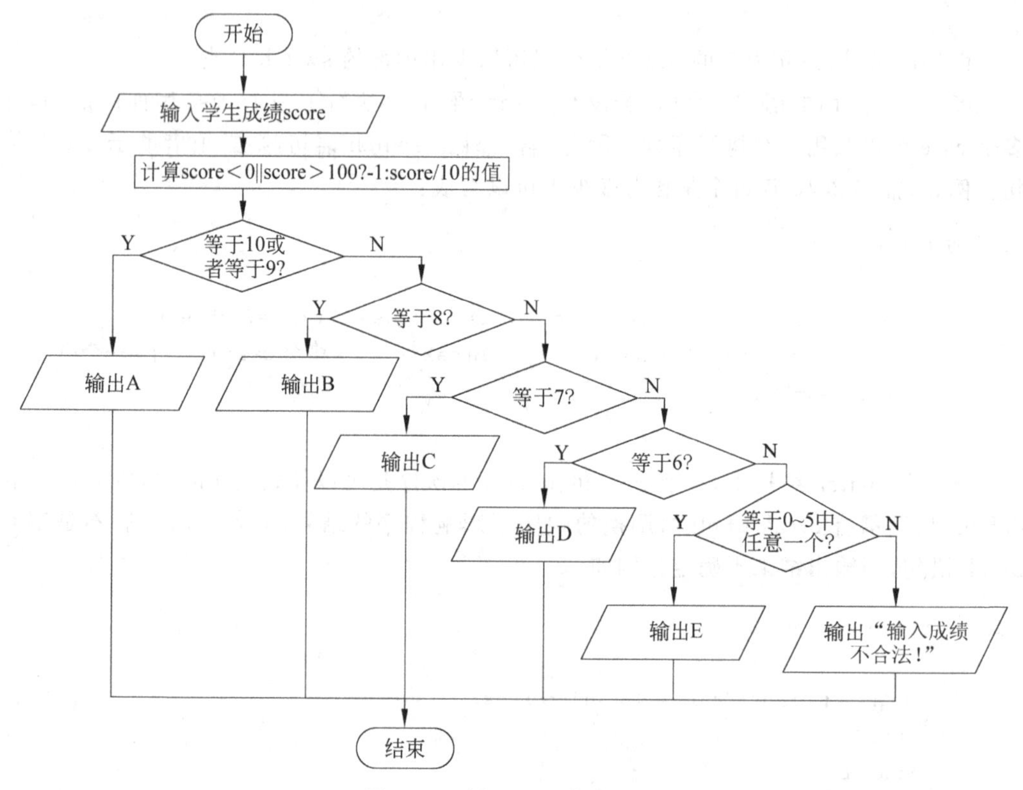

图 4.24　例 4-14 程序流程图

【程序代码】

```
1    #include <stdio.h>
2    #include <math.h>
3    main()
4    {
5        int score,flag;
6        printf("请输入成绩:\n");
7        scanf("%d",&score);
8        flag=score<0||score>100?-1:score/10;
9        switch(flag)
```

```
10      {
11          case 10:
12          case 9:    printf("A\n"); break;
13          case 8:    printf("B\n"); break;
14          case 7:    printf("C\n"); break;
15          case 6:    printf("D\n"); break;
16          case 5:
17          case 4:
18          case 3:
19          case 2:
20          case 1:
21          case 0:     printf("E\n"); break;
22          default:   printf("输入成绩不合法!\n"); break;
23      }
24  }
```

【运行结果】

程序的三次运行结果为：

①
```
请输入成绩:85
B
```

②
```
请输入成绩:65
D
```

③
```
请输入成绩:120
输入成绩不合法
```

并不是所有的嵌套结构的程序都可以使用switch分支结构来实现的，如例4-14中根据成绩输出成绩等级的例子，如果把条件做如下修改：

原条件	等级		修改后条件	等级
>=90	A等	条件改为 ⇒	>=85	A等
80～89	B等		75～84	B等
70～79	C等		60～74	C等
60～69	D等		<60分	D等
<60分	E等			

此时程序就不可以用含“score<0||score>100? −1:score/10”表达式的switch语句来描述，因为通过该表达式得到的结果不能明确地划分各分支，因此需要重新找出switch中表达式的表示方法，使得switch中各分支的划分更加明确。如若不能找到能够使得switch各分支明确划分的表达式，则不能用switch结构完成此程序。

4.7 程序举例

前面已经通过实例学习了如何编写和分析程序，下面再综合介绍几个选择结构的应用程序。

【例4-15】 从键盘上输入a、b、c的值，编程计算并输出一元二次方程$ax^2+bx+c=0$

的根，当 a=0 时输出“该方程不是一元二次方程”，当 a≠0 时，分$b^2-4ac>0$、$b^2-4ac=0$、$b^2-4ac<0$ 三种情况计算并输出方程的根。

【问题解析】 根据一元二次方程的求根公式，若令

$$disc = b^2 - 4ac, \quad p = -\frac{b}{2a}, \quad q = \frac{\sqrt{|disc|}}{2a}$$

则当 $b^2-4ac=0$ 时，有两个相等的实根为$x_1=x_2=p$；当$b^2-4ac>0$ 时，有两个不相等的实根，分别为：$x_1=p+q$，$x_2=p-q$；当$b^2-4ac<0$ 时，有一对共轭复根，分别为：$x_1=p+qi$，$x_2=p-qi$。算法的程序流程图如图 4.25 所示。

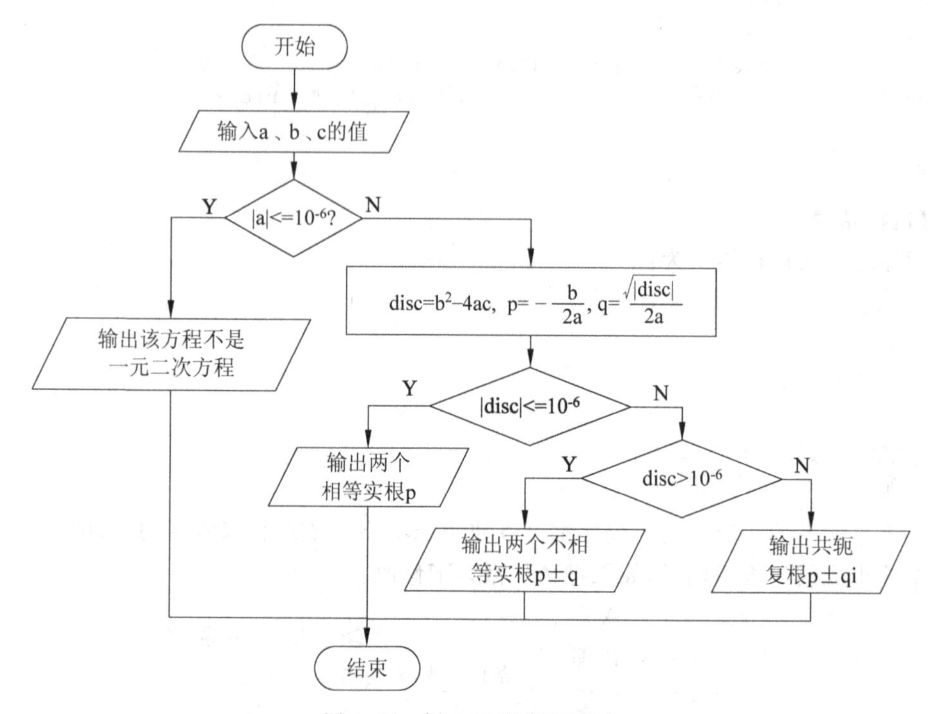

图 4.25　例 4-15 程序流程图

【程序代码】

```
1    #include <stdio.h>
2    #include <math.h>
3    #include <stdlib.h>
4    #define EPS 1e-6
5    main()
6    {
7        float a,b,c,p,q,disc;
8        printf("请输入 a,b,c 的值:\n");
9        scanf("%f,%f,%f",&a,&b,&c);
10       if(fabs(a)<=EPS)              /* a=0 时,输出"该方程不是一元二次方程!" */
11       {
12           printf("该方程不是一元二次方程!\n");
```

```
13          exit(0);
14      }
15          disc=b*b-4*a*c;         /*计算判别式*/
16          p=-b/(2*a);
17          q=sqrt(fabs(disc))/(2*a);
18          if(fabs(disc)<=EPS)     /*判别式等于0时,输出两个相等实根*/
19              printf("x1=x2=%.2f\n",p);
20          else
21          {
22              if(disc>EPS)        /*判别式大于0,输出两个不相等的实根*/
23                  printf("x1=%.2f,x2=%.2f\n",p+q,p-q);
24              else                /*判别式小于0,输出两个共轭复根*/
25              {
26                  printf("x1=%.2f+%.2fi,",p,q);
27                  printf("x1=%.2f-%.2fi\n",p,q);
28              }
29          }
30  }
```

【运行结果】

程序的四次运行结果为：

```
① 请输入a,b,c的值:0,2,3
   该方程不是一元二次方程!

② 请输入a,b,c的值:1,2,1
   x1=x2=-1.00

③ 请输入a,b,c的值:1,-7,12
   x1=4.00,x2=3.00

④ 请输入a,b,c的值:4,5,6
   x1=-0.63+1.05i,   x1=-0.63-1.05i
```

程序第13行出现的exit()是C语言提供的标准库函数。exit()的一般调用形式为：

```
exit(code);
```

函数exit()的作用是终止整个程序的运行,强制返回操作系统,并将int型参数code的值传给调用进程(一般是操作系统)。当code的值为0或为宏常量EXIT_SUCCESS时,表示程序正常退出;当code值为非0值或为宏常量EXIT_FAILUER时,表示程序出现某种错误后退出。调用函数exit()需要在程序开头加上头文件<stdlib.h>。

在4.2节介绍过由于实数的存储问题,程序中用了"if(fabs(a)<=1e-6)"来进行实数和0的比较,而没有使用if(fabs(a)==0)的形式。

【例4-16】 编程实现简单的计算器功能,要求用户按如下格式从键盘输入算式：

```
操作数1  运算符op  操作数2
```

计算并输出表达式的值，其中的运算符主要是算法运算符，即加（+）、减（-）、乘（*）、除（/）。

【问题解析】 根据运算符，本例属于多路选择的形式，因此可以使用 switch 结构或者 else-if 结构来实现，此处采用 switch 结构来实现，程序中各个分支即为各个运算符的分支，其中除法运算符需要进行进一步的判断，要求除数不能为 0，程序流程图如图 4.26 所示。

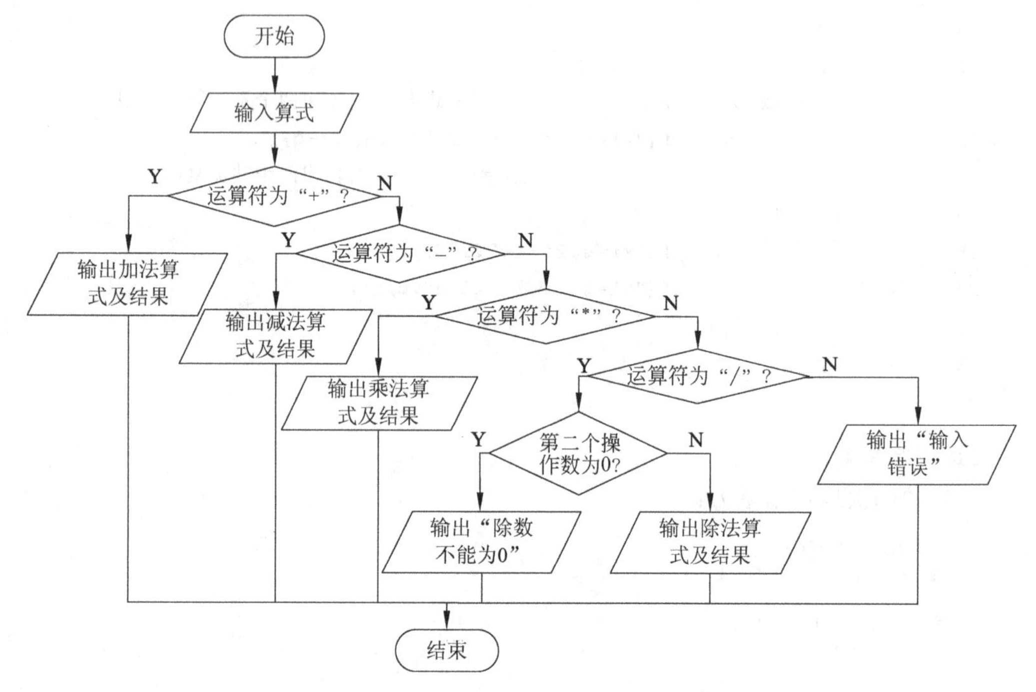

图 4.26 例 4-16 程序流程图

【程序代码】

```
1    #include <stdio.h>
2    main()
3    {
4        int num1,num2;
5        char op;
6        printf("\n 请输入算式:");
7        scanf("%d%c%d",&num1,&op,&num2);
8        switch(op)
9        {
10           case '+':
11               printf(" %d +%d =%d\n",num1,num2,num1+num2);
12               break;
13           case '-':
14               printf(" %d -%d =%d\n",num1,num2,num1-num2);
```

```
15                break;
16            case '*':
17                printf("%d * %d =%d\n",num1,num2,num1*num2);
18                break;
19            case '/':
20                if(num2==0)
21                    printf("除数不能为 0!\n");
22                else
23                    printf("%d / %d =%d\n",num1,num2,num1/num2);
24                break;
25            default:
26                printf("输入错误!\n");
27        }
28    }
```

【运行结果】

程序的 6 次运行结果为：

①
```
请输入算式:23+14
23 + 14 = 37
```

②
```
请输入算式:23-14
23 - 14 = 9
```

③
```
请输入算式:23*14
23 * 14 = 322
```

④
```
请输入算式:23/14
23 / 14 = 1
```

⑤
```
请输入算式:23/0
除数不能为0!
```

⑥
```
请输入算式:23&14
输入错误!
```

思考：上面的程序，如果发生下列改变，程序该如何修改？

(1) 如果允许使用字符 *、x、X 表示乘号；

(2) 输入的为浮点数，即如何能进行浮点数的算术运算。

【例 4-17】 编程输入三角形的三条边 a、b、c，判断它们是否能组成三角形。若能构成三角形，指出是何种三角形：等腰三角形、直角三角形、等边三角形、等腰直角三角形还是一般三角形？

【问题解析】

(1) 本例的一个难点是要处理好各种三角形之间的逻辑关系，它涉及条件语句的合理运用。三角形之间的逻辑关系如图 4.27 所示。

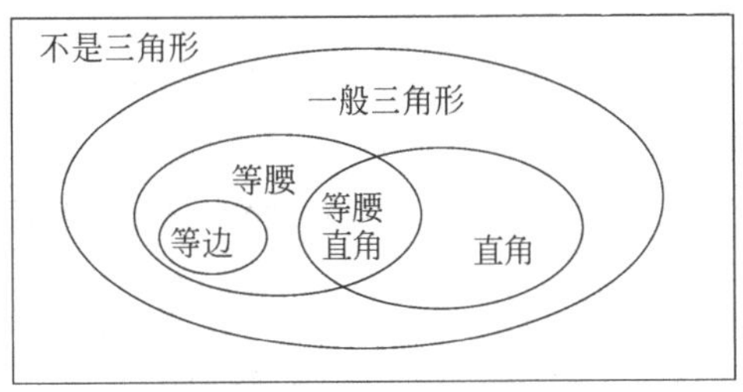

图 4.27 各种三角形之间的逻辑关系

从图 4.27 可以看出，三角形之间不是完全独立的关系，它们之间存在一定的交叉，如等腰三角形和直角三角形之间存在一个交集——等腰直角三角形，因此这里不能完全用 if-else 结构，而需要用 if 结构逐个判断；另外等腰三角形中还有一个等边三角形，它是包含在等腰三角形中的一个小子集，若三角形为等边三角形则肯定不是直角三角形，同时，若显示等边则不应该再显示等腰三角形，因此等边三角形的判断和等腰、直角之间可以使用 if-else 结构。

为了对特殊三角形和一般三角形进行区分，可以通过设置标记量 flag 的形式来进行区分。

(2) 在本例中要注意实数的比较问题，如判断是否是直角三角形不能使用：

```
if(a * a+b * b==c * c||a * a+c * c==b * b||b * b+c * c==a * a)
```

而应该使用：

```
if(fabs(a * a+b * b-c * c)<=EPS ||fabs(a * a+c * c-b * b) <=EPS
                                 || fabs(b * b+c * c-a * a) <=EPS)
```

如果精度要求不高，可以设置 EPS＝1e－1 即可。

本例的算法流程如图 4.28 所示。

【程序代码】

```
1    #include <stdio.h>
2    #include <math.h>
3    #define EPS 1e-1
4    main()
5    {
6        float a,b,c;
7        int flag=0;
8        printf("请输入三角形的三条边: \n");
9        scanf("%f,%f,%f",&a,&b,&c);
10       if(a+b<c||a+c<b||b+c<a)
11           printf("不是三角形!\n");
12       else
13       {
14           if(fabs(a-b)<EPS&&fabs(a-c)<EPS&&fabs(b-c)<EPS)
15           {
16               printf("等边");
17               flag=1;
18           }
19           else
20           {
21               if(fabs(a-b)<EPS||fabs(a-c)<EPS||fabs(b-c)<EPS)
22               {
23                   printf("等腰");
24                   flag=1;
25               }
```

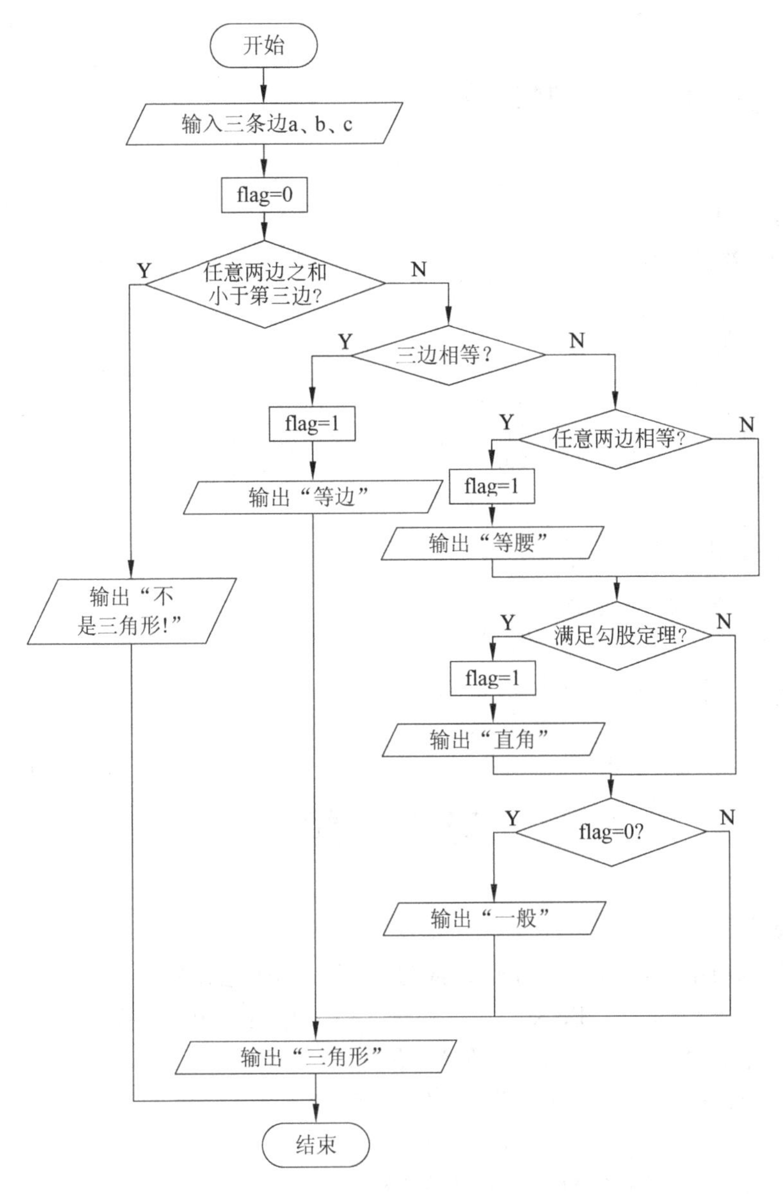

图 4.28　例 4-17 程序流程图

```
26          if(fabs(a * a+b * b-c * c)<EPS||fabs(a * a+c * c-b * b)<EPS||fabs(b * b
            +c * c-a * a)<EPS)
27             {
28                printf("直角");
29                flag=1;
30             }
31             if(flag==0)
32             {
33                printf("一般");
```

```
34                  }
35              }
36              printf("三角形\n");
37          }
38  }
```

【运行结果】

程序的 6 次运行结果为：

① 请输入三角形的三条边：3,4,5
直角三角形

② 请输入三角形的三条边：3,3,4
等腰三角形

③ 请输入三角形的三条边：5,5,7.07
等腰直角三角形

④ 请输入三角形的三条边：5,5,5
等边三角形

⑤ 请输入三角形的三条边：3,4,6
一般三角形

⑥ 请输入三角形的三条边：3,2,6
不是三角形！

习　　题

选择题

1. 下列选项中，当 x 为大于 1 的奇数时，值为 0 的表达式是（　　）。
   A. x%2==0　　B. x/2　　C. x%2!=0　　D. x%2==1
2. 当变量 c 的值不为 2、4、6 时，值为"真"的表达式是（　　）。
   A. (c<=2&&c<=6)&&(c%2!=1)
   B. (c==2)||(c==4)||(c==6)
   C. (c>=2&&c<=6)&&!(c%2)
   D. (c>=2&&c<=6)||(c!=3)||(c!=5)
3. 下列关于逻辑运算符两侧运算对象的叙述中正确的是（　　）。
   A. 可以是任意合法的表达式　　B. 只能是整数 0 或非 0 的整数
   C. 可以是结构体类型的数据　　D. 只能是整数 0 或 1
4. 逻辑运算符中，运算优先级按从高到低依次为（　　）。
   A. &&、!、||　　B. ||、&&、!　　C. &&、||、!　　D. !、&&、||
5. 有以下程序：

```
#include <stdio.h>
main()
```

```
{
    int a=1,b=2,c=3,d=0;
    if(a==1&&b++==2)
        if(b!=2||c--!=3)
            printf("%d,%d,%d\n",a,b,c);
        else printf("%d,%d,%d\n",a,b,c);
    else printf("%d,%d,%d\n",a,b,c);
}
```

程序的运行结果是(　　)。

A. 1, 3,2　　B. 1,3,3　　C. 1,2,3　　D. 3,2,1

6. 有以下程序：

```
#include <stdio.h>
main()
{
    int a=0,b=0,c=0,d=0;
    if(a=1)  b=1;c=2;
    else d=3;
    printf("%d,%d,%d,%d\n",a,b,c,d);
}
```

程序运行结果是(　　)。

A. 1, 1,2,0　　B. 0,0,0,3　　C. 编译有错　　D. 0,1,2,0

7. 有以下程序：

```
#include <stdio.h>
main()
{
    int x=1,y=0;
    if(!x)    y++;
    else if(x==0)
        if(x)y+=2;
        else y+=3;
    printf("%d\n",y);
}
```

程序运行后的结果是(　　)。

A. 3　　B. 2　　C. 1　　D. 0

8. 有以下程序：

```
#include <stdio.h>
main()
{
    int x=1,y=0,a=0,b=0;
    switch(x)
```

```
    {
        case 1:
            switch(y)
            {
                case 0:a++;break;
                case 1:b++;break;
            }
        case 2:a++;b++;break;
        case 3:a++;b++;
    }
    printf("a=%d,b=%d\n",a,b);
}
```

程序的运行结果是(　　)。

A. a=2,b=2　　B. a=2,b=1　　C. a=1,b=1　　D. a=1,b=0

9. 有以下程序：

```
#include <stdio.h>
void main()
{
    int i=1, j=1, k=2;
    if ( (j++ || k++) && i++)
        printf("%d,%d,%d\n",i,j,k);
}
```

执行后输出结果是(　　)。

A. 1,1,2　　B. 2,2,1　　C. 2,2,2　　D. 2,2,3

第5章 循环结构程序设计

经过前几章的学习，读者已经掌握了结构化程序设计的顺序结构和选择结构。在本章将继续学习循环结构，它可以解决许多循环控制问题。通过对本章的学习，能够综合运用结构化编程思想解决一些问题。

5.1 循环结构程序的概念

【引例5-1】 编程计算一个学生三门课程的平均成绩。

【思路】 把一个学生三门课程的成绩相加，再除以3，得到平均成绩。使用顺序结构，就可以实现上述功能。

编写程序段如下：

```
float score1, score2, score3, aver;
scanf("%f,%f,%f",&score1,&score2,&score3);
aver=(score1+score2+score3)/3;
printf("aver=%f\n", aver);
```

【引例5-2】 一个班30名学生，求每个学生三门课程的平均成绩。

【思路】 在引例5-1中，程序段实现的功能是求一个学生三门课程的平均成绩。也就是说，可以利用上述同一个程序段来求每个学生的平均成绩。如果有30名学生，则要将上述程序段重复书写30遍，来实现求30名学生每人三门课程的平均成绩的功能。

【程序代码】

```
float score1, score2, score3, aver;
//求第1名学生三门课程的平均成绩
scanf("%f,%f,%f",&score1,&score2,&score3);
aver=(score1+score2+score3)/3;
printf("aver=%f\n",aver);
//求第2名学生三门课程的平均成绩
scanf("%f,%f,%f",&score1,&score2,&score3);
aver=(score1+score2+score3)/3;
printf("aver=%f\n",aver);
        ⋮
//求第30名学生三门课程的平均成绩
```

```
scanf("%f,%f,%f",&score1,&score2,&score3);
aver=(score1+score2+score3)/3;
printf("aver=%f\n",aver);
```

【存在问题】 将同一个程序段重复书写 30 遍，存在工作量大、程序易出错、可阅读性差、可维护性差等问题。引例 5-2 涉及的学生数是 30 名，通过重复复制程序段还是可以完成的。但是，试想如果涉及的学生数是几千、几万、几十万，则采用上述方法来完成相应的功能是无法想象的。

【总结】 引例 5-2 的主要程序采用顺序结构，重复地执行同一个程序段，总共重复了 30 次。上述这类问题，可以采用本章将要学习的循环结构来解决。

循环结构程序的概念：循环结构程序就是重复执行一个程序段的程序。在 C 语言中，循环结构的实现语句有三种，分别为 while 语句、do-while 语句和 for 语句。下面，将对由上述三种语句实现的 while 循环、do-while 循环和 for 循环分别给予详细阐述。

5.2 while 循环

while 语句的一般形式为：

```
while(表达式) 循环体
```

其中，表达式是循环条件，由它来控制循环体是否执行。循环体可能是一条语句，也可能是多条语句组成的复合语句。

while 循环流程图如图 5.1 所示。如果表达式的值为真(非 0)，则执行循环体，如此反复，直到表达式的值为假(0)时，跳出 while 循环，while 循环结束。从图 5.1 中可以看出，while 语句实现的是“当型”循环结构。

while 循环的特点是先判断表达式，后执行循环体。

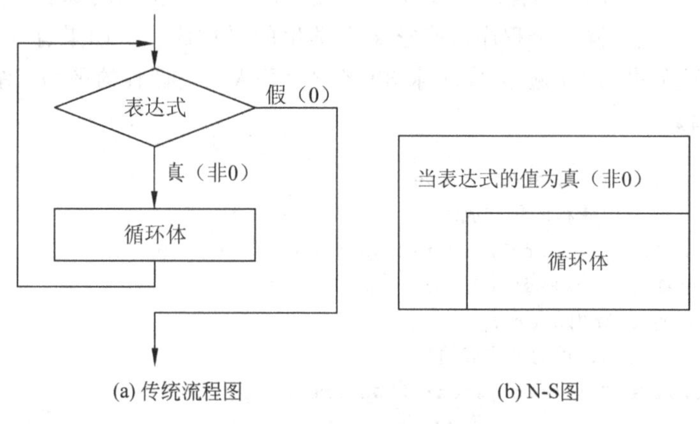

图 5.1 while 循环流程图

现在，尝试着用 while 循环来完成引例 5-2 所要实现的功能，其流程图如图 5.2 所示。

这里，从第 1 个学生开始，一直到第 30 个学生结束，用 n 来记录学生的次序。所以，n 初始值为 1，表达式为 n≤30，每次循环最后，n 都加 1；循环结束的条件是 n>30，即当 n=31 时，跳出 while 循环。这里，将 n 称为循环变量。

【程序代码】

```
1    #include <stdio.h>
2    void main()
3    {
4        float score1,score2,score3,aver;
5        int n=1;                    //循环变量初始化
6        while(n<=30)                //循环条件
7        {     //循环体
8            scanf("%f,%f,%f",&score1,&score2,&score3);
9            aver=(score1+score2+score3)/3;
10           printf("aver=%f\n",aver);
11           n++;                    //循环变量加 1
12       }
13   }
```

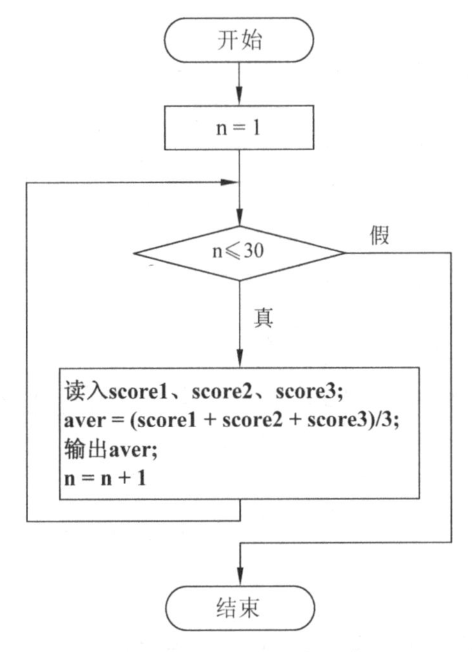

图 5.2　用 while 循环实现引例 5-2 的程序流程图

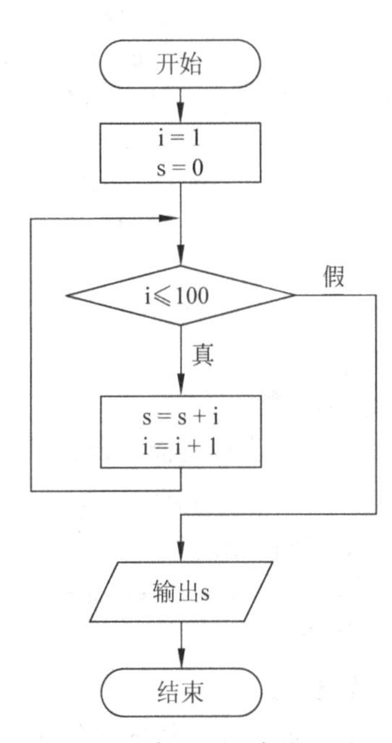

图 5.3　例 5-1 程序流程图

【例 5-1】 求 s=1+2+3+…+100 的值。

【问题解析】

用流程图来描述这个问题，具体如图 5.3 所示。

【程序代码】

```
1    #include <stdio.h>
2    void main()
3    {    int i=1, s=0;
4         while (i<=100)
5        {    s=s+i;
6             i++;
7        }
8        printf("s=%d\n", s);
9    }
```

【运行结果】

```
s=5050
```

【例 5-2】 说出下列程序的功能。

```
1    #include <stdio.h>
2    void main()
3    {    int i=1,n,a=0,b=0,c=0;
4         while (i<=10)
5         {    scanf("%d",&n);
6              if (n>0) a++;
7              else if (n==0) b++;
8              else c++;
9              i=i+1;
10        }
11       printf("a=%d,b=%d,c=%d\n",a,b,c);
12   }
```

【问题解析】

这个程序的功能是统计从键盘输入的10个整数中,大于0、小于0、等于0的整数个数。其中,a、b、c的值分别代表大于0、等于0和小于0的整数个数。

【运行结果】

```
10 -13 35 47 0 0 -59 98 0 88
a=5, b=3, c=2
```

【说明】

(1) 如果循环体的语句超过一条以上,必须使用复合语句,即利用大括号把多个语句括起来,形成复合语句;对于循环体只有一条语句的情况,可以不加大括号。例如,例5-1的循环体包括两条语句"s=s+i; i++;",应该用大括号括起来,如果不加{},则循环体只包括一条语句"s=s+i;"。另外,要注意while语句的表达式之后没有分号,如果加上分号,则表示循环体是一条空语句。

(2) 循环体中应有使循环趋向于结束的语句。例如,例5-1的表达式是"i<=100",循环结束的条件是"i>100",所以循环体中的语句"i++;"是使循环趋向于结束的语句。

如果没有这条语句，则循环变量 i 的值一直保持不变，永远都是初始值 1，则 while 循环永远都不会结束，从而形成死循环。

5.3 do-while 循环

do-while 语句的一般形式为：

```
do 循环体
…
while (表达式);
```

do-while 循环流程图如图 5.4 所示。先执行一次循环体，然后判断表达式，如果表达式的值为真(非 0)，则重新执行循环体，如此反复，直到表达式的值为假(0)时，跳出 do-while 循环，循环结束。

do-while 循环的特点是先执行循环体，后判断表达式。

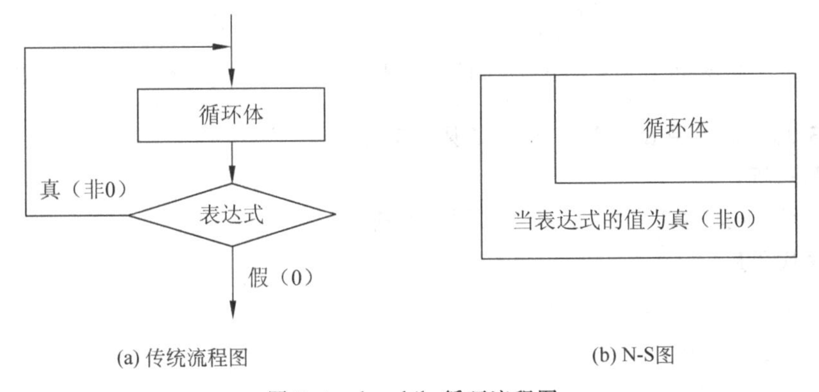

图 5.4　do-while 循环流程图

现在，尝试着用 do-while 循环来完成引例 5-2 所要实现的功能，其流程图如图 5.5 所示。

【程序代码】

```
1      #include <stdio.h>
2      void main()
3      {    float score1, score2, score3, aver;
4           int n=1;                    //循环变量初始化
5           do
6           {     //循环体
7                 scanf("%f,%f,%f",&score1,&score2,&score3);
8                 aver=(score1+score2+score3)/3;
9                 printf("aver=%f\n",aver);
10                n++;                  //循环变量加 1
11          }
```

```
12        while (n<=30);          //循环条件
13    }
```

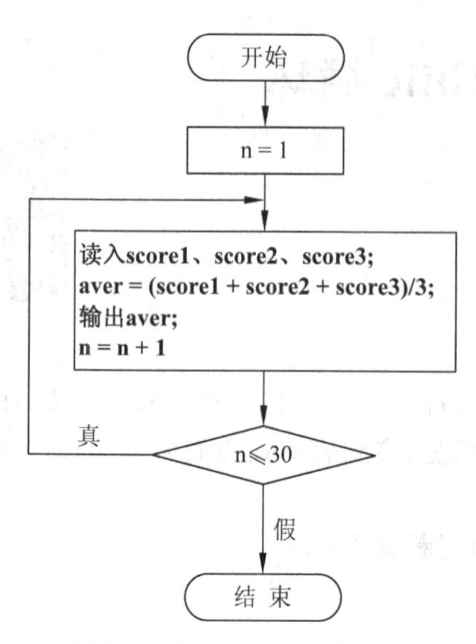

图 5.5 用 do-while 循环实现引例 5-2 的流程图

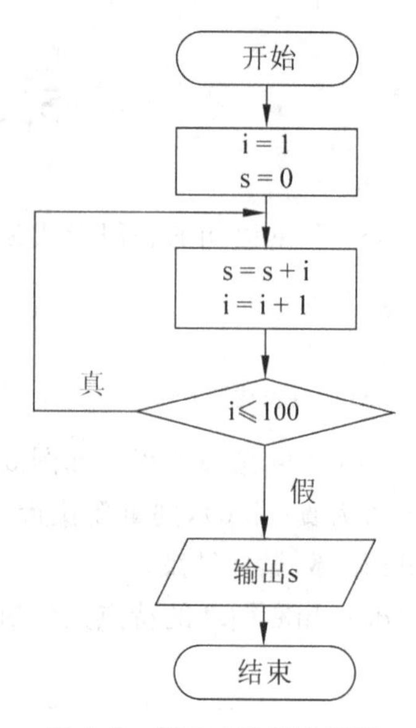

图 5.6 例 5-3 程序流程图

【例 5-3】 要求用 do-while 语句实现例 5-1。

【问题解析】

用流程图来描述这个问题,具体如图 5.6 所示。

【程序代码】

```
1     #include <stdio.h>
2     void main()
3     {     int i=1, s=0;
4           do
5           {     s=s+i;
6                 i++;
7           }
8           while(i<=100);
9           printf("s=%d\n", s);
10    }
```

【运行结果】

```
s=5050
```

【例 5-4】 已知 s=1+3+5+…+99,求 s 以及奇数个数 j。

【问题解析】

设循环变量 i=1, 3, 5,…, 99,初始值为 i=1, s=0, j=0,循环条件为 i<=99,循环变量增值为 i=i+2,在循环体中除了最后一条语句"i=i+2;"之外的其他语句为"s=s+i; j=j+1; "。

【程序代码】

```
1     #include <stdio.h>
2     void main()
3     {     int i=1,s=0,j=0;
4           do
5           {     s=s+i;
6                 j=j+1;
7                 i=i+2;
8           }
9           while(i<=99);
10          printf("s=%d\n",s);
11          printf("j=%d\n",j);
12    }
```

【运行结果】

```
s=2500
j=50
```

由前面的学习可知，同样的问题可以用 while 循环和 do-while 循环来分别实现，但是在实现的过程中会发现 while 和 do-while 既有相同点，又有不同点。下面来比较一下 while 和 do-while，它们的异同点具体总结如下：

相同点：

(1) while 和 do-while 的循环体基本相同。

(2) while 和 do-while 的循环变量初始化都在循环体外进行。

(3) 当 while 和 do-while 具有相同的循环体时，如果 while 后的表达式值第一次为“真”，则 while 和 do-while 的执行结果相同。

不同点：

(1) do-while 先执行循环体，后判断表达式；while 先判断表达式，后执行循环体。

(2) 当 while 和 do-while 具有相同的循环体时，如果 while 后的表达式值第一次就为“假”，则 while 和 do-while 的执行结果不同。此时，while 循环体一次都不能执行，但 do-while 循环体能执行一次。

【例 5-5】 求任意整数 n 的阶乘 j，即 j＝n！，要求分别用 while 和 do-while 实现。

【问题解析】

j＝1＊2＊3＊…＊n，设循环变量 i＝1，2，3，…，n，初始值为 i＝1，j＝1，循环条件为 i<＝n，循环变量增值为 i＝i＋1，在循环体中除了最后一条语句“i＝i＋1;”之外的其他语句为“j＝j＊i;”。由于 j 的值可能较大，所以要将 j 定义为 long 类型。

用 while 实现如下：

【程序代码】

```
1     #include <stdio.h>
```

```
2    void main()
3    {     int n, i;
4          long j;
5          printf("请输入 n:");
6          scanf("%d",&n);
7          i=1; j=1;
8          while (i<=n)
9          {    j=j * i;
10              i++;
11         }
12         printf("%d!=%ld\n",n,j);
13   }
```

【运行结果】

```
请输入n:6
6!=720
```

用 do-while 实现如下：

【程序代码】

```
1    #include <stdio.h>
2    void main()
3    {     int n, i;
4          long j;
5          printf("请输入 n:");
6          scanf("%d",&n);
7          i=1; j=1;
8          do
9          {    j=j * i;
10              i++;
11         }
12         while (i<=n);
13         printf("%d!=%ld\n",n,j);
14    }
```

【运行结果】

```
请输入n:6
6!=720
```

5.4 逗号表达式

逗号表达式的定义：逗号表达式是用一个逗号运算符“,”将两个表达式连接起来的式子，例如，1 * 2, 5+7。

逗号表达式的一般形式为：

```
表达式 1,表达式 2
```

逗号表达式的求解过程为：先求解表达式 1，再求解表达式 2。表达式 2 的值作为整个逗号表达式的值。注意，逗号运算符的优先级在所有运算符中是最低的。

例如，1 * 2, 5+7 表达式的值是 12。

问题：a=4 * 2, a * 4 表达式的值是多少？

【问题解析】

由于逗号运算符“,”的优先级比赋值运算符“=”的优先级低，所以应该先求解赋值表达式 a=4 * 2，相当于(a=4 * 2)，a * 4。注意第一个表达式求解后 a=8，第一个表达式最终的值是 8，求解第二个表达式 a * 4 时 a 的值为 8，第二个表达式最终的值是 32，整个逗号表达式的值是 32。注意：在对每个表达式进行求解的过程中，要实时跟踪各个变量值的更新情况，以便在之后的表达式求解过程中使用这些变量的最新值。

逗号表达式的扩展形式为：

```
表达式 1, 表达式 2, 表达式 3, …, 表达式 n
```

其求解过程为：先求解表达式 1，再求解表达式 2，直到求解表达式 n。表达式 n 的值作为整个逗号表达式的值。

问题：a=2, b=3+a, c=3 * a+b，求解后 a、b、c 以及整个表达式的值分别是多少？

【问题解析】

先求解第一个表达式 a=2，此时 a 的值为 2，并且第一个表达式的值为 2；再求解第二个表达式 b=3+a，此时 b 的值为 3+2，等于 5，并且第二个表达式的值为 5；最后求解第三个表达式 c=3 * a+b，此时 c 的值为 3 * 2+5，等于 11；所以 a 的最终值为 2，b 的最终值为 5，c 的最终值为 11，整个表达式的值为第三个表达式的值 11。

逗号表达式将几个表达式连接在一起，其主要目的是为了求解各个表达式的值，而不是为了求解整个表达式的值。逗号表达式最常被用于 for 循环中，详见本章 5.5 节。

例如，语句“for (i=1, s=0; i<=100; s=s+i, i++) ;”，这里，“i=1, s=0”属于逗号表达式，“s=s+i, i++”也属于逗号表达式，一般只关心各个表达式的执行结果，并不关注整个逗号表达式的值。

最后，需要特别说明的是：在后面要学习的函数中，存在函数调用，例如 max(x, y, z)，此时的 x、y、z 是函数 max 的三个参数，不是逗号表达式。

5.5 for 循环

for 语句的一般形式为：

```
for (表达式 1; 表达式 2; 表达式 3) 循环体
```

这里，for 是关键字，小括号内是三个合法的表达式，循环体可以是一条语句，也可以是复

合语句。

for 循环流程图如图 5.7 所示，它的求解过程具体描述如下。

(1) 求表达式 1 的值，它只执行一次。

(2) 求表达式 2 的值。若值为真(非 0)，则执行循环体，然后执行第(3)步；若值为假(0)，则跳出 for 循环，for 循环结束，继续执行 for 语句的下一条语句。

(3) 求表达式 3 的值，并转至第(2)步。

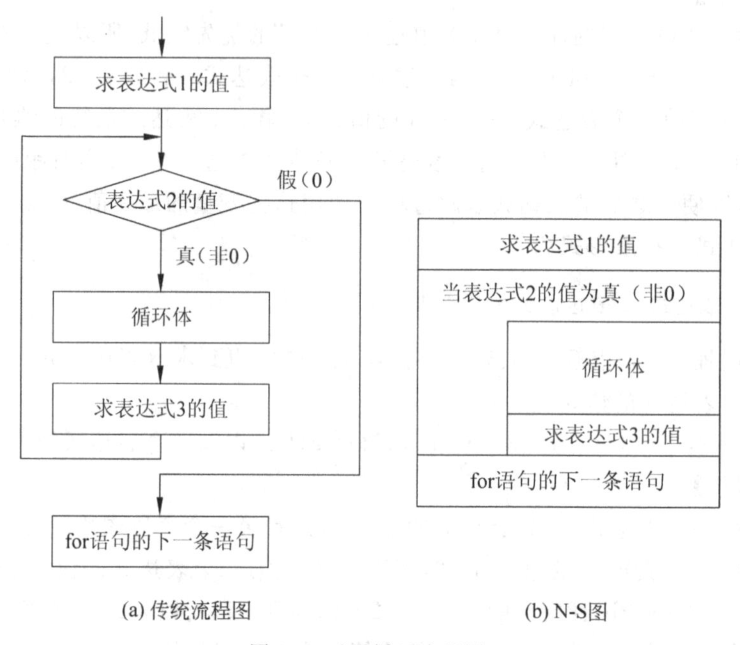

(a) 传统流程图　　(b) N-S图

图 5.7　for 循环流程图

for 语句常用的简单形式为：

```
for(循环变量赋初值; 循环条件; 循环变量增值) 循环体
```

需要说明的是：

(1) 循环变量赋初值对应表达式 1，循环条件对应表达式 2，循环变量增值对应表达式 3。例如：

```
s=0; for(i=1; i<=10; i++) s=s+i;
```

(2) 表达式 1 也可以不是循环变量赋初值的表达式。例如：

```
i=1; for(s=0; i<=10; i++) s=s+i;
```

(3) 表达式 3 也可以不是循环变量增值的表达式。例如：

```
s=0; for(i=0; i<10; s=s+i) i++;
```

(4) 表达式 1 和表达式 3 可以是一个简单表达式，也可以是一个逗号表达式。例如：

```
s=0;
for(m=0, n=0; m<10 && n<20; m++, n=n+2) s=s+m+n ;
```

(5) 表达式 2 可以是关系表达式、逻辑表达式、数值和字符表达式，只要其值为真(非0)，就执行循环体，否则退出循环。例如：

```
s=0; for(i=1; 10; i++) s=s+i;
```

由于循环条件为数值 10，是一个非 0 的数值，所以循环条件一直满足，可以永远循环下去。

现在，用 for 循环来完成引例 5-2 所要实现的功能，其流程图如图 5.8 所示。

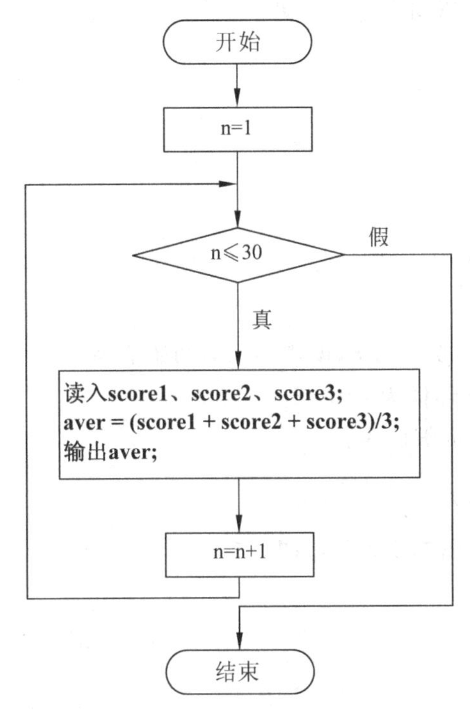

图 5.8　用 for 循环实现引例 5-2 的程序流程图

【程序代码】

```
1     #include <stdio.h>
2     void main()
3     {     float score1, score2, score3, aver;
4           int n;
5           for(n=1; n<=30; n++)
6           {     scanf("%f,%f,%f",&score1,&score2,&score3);
7                 aver=(score1+score2+score3)/3;
8                 printf("aver=%f\n",aver);
9           }
10    }
```

下面是两个简单并常用的程序，用 for 语句来实现。下面通过举例来熟悉一下 for 语句的用法。

例如：求 s=1+2+3+4+…+100，用 for 语句实现。

【问题解析】

设循环变量 i=1,2,3,4,…,100，设累加和 s；初始值为 i=1，s=0，循环条件为 i≤100，循环变量增值为 i=i+1，循环体为 s=s+i。

(1) 用 for 语句实现的编码为：

```
for( s=0, i=1; i<=100; i++) s=s+i;
```

(2) 相当于用 while 语句实现的编码：

```
s=0; i=1;
while(i<=100)
{    s=s+i ;
     i++;
}
```

再如：求 j = n!，用 for 语句实现。

【问题解析】

设循环变量 i=1, 2, 3, …, n，设累乘积 j；初始值为 i=1，j=1，循环条件为 i≤n，循环变量增值为 i=i+1，循环体为 j=j * i。

(1) 用 for 语句实现的编码为：

```
for (i=1, j=1; i<=n; i++) j=j * i;
```

(2) 相当于用 while 语句实现的编码：

```
i=1; j=1;
while (i<=n)
{
    j=j * i;
    i++;
}
```

下面，对 for 语句进行几点说明：

(1) for 语句中表达式 1 可以省略，此时循环变量赋初值操作应该在 for 语句之前进行，注意，要保留表达式 1 之后的分号。例如：

```
s=0; i=1; for (; i<=10; i++) s=s+i;
```

(2) for 语句中表达式 3 可以省略，此时将循环变量增值操作放到循环体中。注意，表达式 3 之后没有分号。例如：

```
for(s=0,i=1;i<=10;){s=s+i; i++;}
```

(3) for 语句中表达式 2 可以省略，此时没有循环条件，表示循环可以永远进行下去。

注意，要保留表达式 2 之后的分号。例如：

```
for(s=0,i=1; ; i++) s=s+i;
```

(4) for 语句中循环体可以省略，将其放在表达式 3 中。注意，for 语句中小括号之后要写上分号，代表循环体是一条空语句。例如：

```
for(s=0,i=1; i<=10; s=s+i, i++);
```

(5) for 语句中可以同时省略任意两个表达式。例如：

```
for(;(x=getchar())!='\n';) printf("%c", x);
```

这里，同时省略了表达式 1 和表达式 3，只有表达式 2。

(6) for 语句中可以同时省略表达式 1、表达式 2 和表达式 3。

例如 for(;;)循环体，这里，循环变量赋初值、循环条件判断、循环变量增值都省略了，由于循环条件一直为真，所以可以无终止地执行循环体。

下面通过举例来掌握用 for 循环解决问题的思路和方法，并能举一反三，用上述思路和方法去解决其他类似题目。

【例 5-6】 求 e=1+1/1!+1/2!+ …+1/10!

【问题解析】

设循环变量 n=1, 2, …, 10，n 的初始值为 1；设变量 p=n!，p 的初始值为 1!（其值为 1)；设变量 e 为累加和，e 的初始值为 1。循环条件为 n≤10，循环变量增值为 n=n+1，循环体为“p=p * n; e=e+1/p;”。注意，由于 1/p 是实数，所以 p 应为实数，于是 e 也为实数。

用 for 语句实现：

【程序代码】

```
1    #include <stdio.h>
2    void main()
3    {  int n;
4       double e, p;
5       e=1.0; p=1.0;
6       for (n=1;n<=10;n++)
7       {     p=p * n;
8             e=e+1/p;
9       }
10      printf("e=%10.7f\n",e);              //输出数据宽度为 10 位，保留小数点后 7 位
11   }
```

【运行结果】

```
e= 2.7182818
```

【例 5-7】 求 p=1+1/3+1/5+1/7+ … ，直到某项小于 10^{-4} 为止。

【问题解析】

设循环变量 n=1，3，5，7，…，n 的初始值为 1；设变量 t=1/n，t 的初始值为 1/1(其值为 1)；设变量 p 为累加和，p 的初始值为 0。循环条件为 $t \geqslant 10^{-4}$，循环变量增值为 n=n+2，循环体为“t=1/n; p=p+t ;”。注意，由于 1/n 是实数，所以设 n 为实数，于是 t 和 p 都为实数。

用 for 语句实现如下：

【程序代码】

```
1    #include <stdio.h>
2    void main()
3    {    float n, t, p;
4         for (n=1.0,t=1.0,p=0;t>=1e-4;n=n+2) //1e-4 表示 10^-4
5         {    t=1/n;
6              p=p+t;
7         }
8         printf("p=%f\n",p);
9    }
```

【运行结果】

```
p=5.240459
```

用 while 语句实现如下：

【程序代码】

```
1    #include <stdio.h>
2    void main()
3    {    float n, t, p;
4         n=1.0; t=1.0; p=0;
5         while (t>=1e-4)
6         {    t=1/n;
7              p=p+t;
8              n=n+2;
9         }
10        printf("p=%f\n",p);
11   }
```

【运行结果】

```
p=5.240459
```

【例 5-8】 求 π，计算公式为 $\pi/4 \approx 1-1/3+1/5-1/7+\cdots$，直到某项的绝对值小于 10^{-6} 为止。

【问题解析】

设循环变量 i=1，3，5，7，…，i 的初始值为 1；设变量 m=1，它决定某项的正负，m 的初始值为 1(即第一项为正数)；设变量 j 代表某项 m/i，j

的初始值为1/1(其值为1);设变量s为累加和,s的初始值为0。循环条件为$|j|>=10^{-6}$,循环变量增值为i=i+2,循环体为“j=m/i; s=s+j; m=-m;”。注意,由于m/i是实数,所以设i为实数,于是j和s都为实数。

求出最终的累加和s之后,要清楚s为π/4,不要误认为这就是π。所以,可以利用π= s*4求出最终的π。

用for语句实现如下:

【程序代码】

```
1     #include <stdio.h>
2     #include <math.h>
3     void main()
4     {     int m;
5           float i, j, s, pi;
6           i=1.0; m=1; j=1.0; s=0;
7           for (; fabs(j)>=1e-6 ;i=i+2)    //fabs(j)为求实数绝对值函数,返回j绝对值
8           {     j=m/i;
9                 s=s+j;
10                m=-m;
11          }
12          pi=s*4;
13          printf("pi=%10.6f\n",pi);
14    }
```

【运行结果】

```
pi=  3.141598
```

用while语句实现如下:

【程序代码】

```
1     #include <stdio.h>
2     #include <math.h>
3     void main( )
4     {     int m;
5           float i, j, s, pi;
6           i=1.0; m=1; j=1.0; s=0;
7           while (fabs(j)>=1e-6)           //判断条件为j的绝对值≥10-6
8           {     j=m/i;
9                 s=s+j;
10                m=-m;
11                i=i+2;
12          }
13          pi=s*4;
14          printf("pi=%10.6f\n",pi);
15    }
```

【运行结果】

```
pi= 3.141598
```

5.6　循环的嵌套

循环的嵌套定义：在某个循环体内部又包含另一个完整的循环结构，称为循环的嵌套。其中，内层循环称为内循环，外层循环称为外循环。如果内循环体内还有嵌套的循环结构，则称为多层循环嵌套。每层循环在逻辑上必须是完整的，即各种循环可以相互嵌套，如图5.9所示，但各种循环不能相互交叉，如图5.10所示。

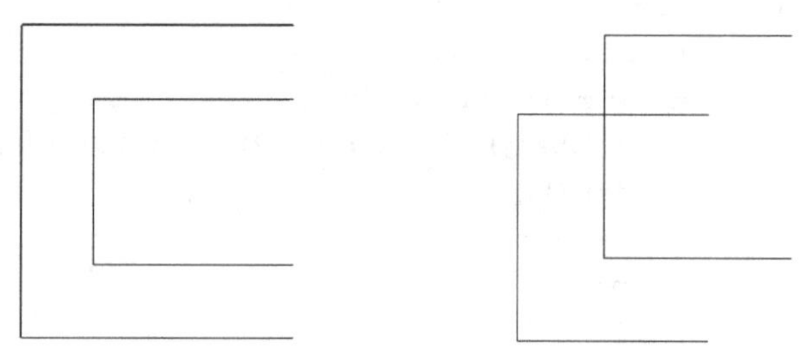

图5.9　各种循环相互嵌套　　图5.10　各种循环相互交叉

前几节学习的while循环、do-while循环和for循环都可以互相嵌套，9种合法形式如图5.11所示。

```
while ( )
{
    ⋮
    while ( )
    { … }
    ⋮
}
```

(1)

```
while ( )
{
    ⋮
    do
    { … }
    while ( );
    ⋮
}
```

(2)

```
while ( )
{
    ⋮
    for ( ; ; )
    { … }
    ⋮
}
```

(3)

```
do
{
    ⋮
    while ( )
    { … }
    ⋮
}
while ( );
```

(4)

```
do
{
    ⋮
    do
    { … }
    while ( );
    ⋮
}
while ( );
```

(5)

```
do
{
    ⋮
    for ( ; ; )
    { … }
    ⋮
}
while ( );
```

(6)

图5.11　循环嵌套的9种合法形式

```
for ( ; ; )            for ( ; ; )            for ( ; ; )
{                      {                      {
                          ⋮
   ⋮                     do                      ⋮
                          {  …  }
   while ( )              while ( );              for ( ; ; )
   {  …  }                                        {  …  }

   ⋮                      ⋮                       ⋮

}                      }                      }
```

(7)　　　　(8)　　　　(9)

图 5.11 （续）

下面通过举例来掌握利用循环嵌套解决问题的思路和方法。

【例 5-9】 打印完整的乘法九九表,如图 5.12 所示。

```
1*1=1   1*2=2   1*3=3   1*4=4   1*5=5   1*6=6   1*7=7   1*8=8   1*9=9
2*1=2   2*2=4   2*3=6   2*4=8   2*5=10  2*6=12  2*7=14  2*8=16  2*9=18
3*1=3   3*2=6   3*3=9   3*4=12  3*5=15  3*6=18  3*7=21  3*8=24  3*9=27
4*1=4   4*2=8   4*3=12  4*4=16  4*5=20  4*6=24  4*7=28  4*8=32  4*9=36
5*1=5   5*2=10  5*3=15  5*4=20  5*5=25  5*6=30  5*7=35  5*8=40  5*9=45
6*1=6   6*2=12  6*3=18  6*4=24  6*5=30  6*6=36  6*7=42  6*8=48  6*9=54
7*1=7   7*2=14  7*3=21  7*4=28  7*5=35  7*6=42  7*7=49  7*8=56  7*9=63
8*1=8   8*2=16  8*3=24  8*4=32  8*5=40  8*6=48  8*7=56  8*8=64  8*9=72
9*1=9   9*2=18  9*3=27  9*4=36  9*5=45  9*6=54  9*7=63  9*8=72  9*9=81
```

图 5.12 完整的乘法九九表

【问题解析】

(1) 先考虑打印第 1 行应该怎么编码。

设变量 i 为行号,由于是第 1 行,所以 i=1;设变量 j 为列号,由于第 1 行共有 9 列,所以 j=1,2,3,…,9,注意 j 是循环变量,j 的初始值为 1;设变量 m 为行号 i 与列号 j 的乘积,即 m=i * j。循环条件为 j≤9,循环变量增值为 j=j+1,循环体为 m=i * j, 输出 i * j =m。循环结束以后,表示第 1 行已经打印完毕,不要忘记换行。

下面,用 for 语句编写程序如下:

```
int i,j,m;
i=1;
for(j=1; j<=9; j++)
{  m=i * j;
   printf ("%1d * %1d=%-2d  ", i, j, m);        //%-2d 表示输出数据左对齐,宽度为 2 位
}
printf("\n");
```

(2) 再考虑打印 9 行应该怎么编码。

当 i=1 时,用上述编码可以打印第 1 行。同样,当 i=2, 3, 4, …, 9 时,用上述编码可以分别打印第 2, 3, 4, …, 9 行。所以,使用双重循环,内循环(即上述编码)负责打印一行,外循环负责依次指定打印第 1, 2, 3, 4, …, 9 行,外循环的循环变量为行号 i=1, 2, 3, 4, …, 9,i 的初始值为 1。外循环的循环条件为 i≤9,外循环的循环变量增值为 i=

i+1,外循环的循环体就是内循环(即上述编码)。

用双重循环编写程序如下:

```
1    #include <stdio.h>
2    void main()
3    {  int i, j, m;
4       for (i=1;i<=9;i++)                    //外循环
5       {  for (j=1;j<=9;j++)                 //内循环
6          {  m=i*j;
7             printf("%1d*%1d=%-2d ",i,j,m);
8          }
9          printf("\n");
10      }
11   }
```

【运行结果】

```
1*1=1  1*2=2   1*3=3   1*4=4   1*5=5   1*6=6   1*7=7   1*8=8   1*9=9
2*1=2  2*2=4   2*3=6   2*4=8   2*5=10  2*6=12  2*7=14  2*8=16  2*9=18
3*1=3  3*2=6   3*3=9   3*4=12  3*5=15  3*6=18  3*7=21  3*8=24  3*9=27
4*1=4  4*2=8   4*3=12  4*4=16  4*5=20  4*6=24  4*7=28  4*8=32  4*9=36
5*1=5  5*2=10  5*3=15  5*4=20  5*5=25  5*6=30  5*7=35  5*8=40  5*9=45
6*1=6  6*2=12  6*3=18  6*4=24  6*5=30  6*6=36  6*7=42  6*8=48  6*9=54
7*1=7  7*2=14  7*3=21  7*4=28  7*5=35  7*6=42  7*7=49  7*8=56  7*9=63
8*1=8  8*2=16  8*3=24  8*4=32  8*5=40  8*6=48  8*7=56  8*8=64  8*9=72
9*1=9  9*2=18  9*3=27  9*4=36  9*5=45  9*6=54  9*7=63  9*8=72  9*9=81
```

【例 5-10】 打印上三角矩阵结构的乘法九九表,如图 5.13 所示。

```
1*1=1
2*1=2  2*2=4
3*1=3  3*2=6   3*3=9
4*1=4  4*2=8   4*3=12  4*4=16
5*1=5  5*2=10  5*3=15  5*4=20  5*5=25
6*1=6  6*2=12  6*3=18  6*4=24  6*5=30  6*6=36
7*1=7  7*2=14  7*3=21  7*4=28  7*5=35  7*6=42  7*7=49
8*1=8  8*2=16  8*3=24  8*4=32  8*5=40  8*6=48  8*7=56  8*8=64
9*1=9  9*2=18  9*3=27  9*4=36  9*5=45  9*6=54  9*7=63  9*8=72  9*9=81
```

图 5.13　上三角矩阵结构的乘法九九表

【问题解析】

上三角矩阵结构的乘法九九表是将完整的乘法九九表中冗余的部分去掉,此时还是共打印 9 行,但是每行打印的列数不同。第 1 行共打印 1 列,第 2 行共打印 2 列,第 3 行共打印 3 列,……,第 i 行共打印 i 列,……,第 9 行共打印 9 列。由上述分析可知,将例 5-9 内循环的循环条件 j≤9 修改为 j≤i,即可打印出上三角矩阵结构的乘法九九表。

外循环用 while 语句,内循环用 for 语句,编写程序如下:

```
1    #include <stdio.h>
2    void main()
3    {  int i, j, m;
4       i=1;
5       while(i<=9)                           //外循环
```

```
6        {  for (j=1;j<=i;j++)                    //内循环
7           {  m=i*j;
8              printf("%1d*%1d=%-2d ",i,j,m);
9           }
10          printf("\n");
11          i++;
12       }
13   }
```

【运行结果】

```
1*1=1
2*1=2   2*2=4
3*1=3   3*2=6   3*3=9
4*1=4   4*2=8   4*3=12  4*4=16
5*1=5   5*2=10  5*3=15  5*4=20  5*5=25
6*1=6   6*2=12  6*3=18  6*4=24  6*5=30  6*6=36
7*1=7   7*2=14  7*3=21  7*4=28  7*5=35  7*6=42  7*7=49
8*1=8   8*2=16  8*3=24  8*4=32  8*5=40  8*6=48  8*7=56  8*8=64
9*1=9   9*2=18  9*3=27  9*4=36  9*5=45  9*6=54  9*7=63  9*8=72  9*9=81
```

5.7 流程的转移控制

5.7.1 goto 语句

goto 语句是一种无条件转移语句。goto 语句的一般形式为：

goto 标号;

需要说明的是："标号"是一个合法的标识符，它写在某条语句之前，后加一个冒号，表示程序的流程将转向这条语句。

goto 语句的作用：使程序流程从当前位置无条件地转移到"标号"处。例如：

```
abc: scanf("%d,%d,%d", &a, &b, &c);
if(a==0) goto abc;
```

【例 5-11】 以下程序执行时，若输入的不是字母，程序该如何改写？

```
1    #include <stdio.h>
2    void main()
3    {     char ch;
4          printf("请输入一个字母 ch:");
5          ch=getchar();
6          if(ch>='a'&&ch<='z') ch=ch-32;
7          else ch=ch;
8          printf("大写为%c\n",ch);
9    }
```

【问题解析】

如果输入的不是字母，则要跳转到第4行“printf("请输入一个字母 ch:");”这条语句，继续输入。所以，在这条语句前加上标号 a1，然后加上一种“输入错误”的情况，在输入错误时，无条件转移到标号 a1 处。

改写程序如下：

```
1    #include <stdio.h>
2    void main()
3    {    char ch;
4    a1: printf("请输入一个字母 ch:");
5         ch=getchar();
6         if(ch=='\n') ch=getchar();
7         if (ch>='a'&&ch<='z') ch=ch-32;
8         else if (ch>='A'&&ch<='Z') ch=ch;
9         else
10        {    printf("输错,重输!\n");
11             goto a1;
12        }
13        printf("大写为%c\n",ch);
14   }
```

【运行结果】

```
请输入一个字母ch:$
输错,重输!
请输入一个字母ch:%
输错,重输!
请输入一个字母ch:*
输错,重输!
请输入一个字母ch:g
大写为G
```

需要注意的是：

(1) goto 语句可以一下子跳出多层循环，但不能从循环体外部跳到循环体内部。

(2) 过多地使用 goto 语句会使程序流程混乱，但在某些情况下还是有用的，因此，应该有限制地使用 goto 语句。

5.7.2 break 语句

break 语句的一般形式为：

```
break;
```

break 语句的作用：

(1) 提前跳出 switch 结构，继续执行 switch 结构之后的语句。

(2) 提前结束循环，从循环体内部跳转到循环体外部，继续执行循环之后的语句。

有关 break 语句的说明如下：

(1) break 语句只能出现在 switch 语句以及 while、do-while、for 循环的循环体中，不能用于除此之外的其他语句。

(2) 如果循环体中有 switch 结构，则当 break 语句出现在循环体的 switch 结构中时，其作用是提前跳出该 switch 结构；当 break 语句出现在循环体中，但不在 switch 结构中时，其作用是提前退出本层循环。

在学习选择结构时，已经体会了 break 语句在 switch 结构中的作用，因此不再赘述。下面通过实例来体会一下 break 语句在循环体中的作用。

【例 5-12】 请体会 break 语句在循环体中的作用。

```
1    #include <stdio.h>
2    void main()
3    {    int i, s=0, m;
4         for(i=1; i<=10;i++)
5         {    scanf("%d",&m);
6              if (m>100) break;
7              else s=s+m;
8         }
9         printf("s=%d\n",s);
10   }
```

【问题解析】

程序所完成的功能是：从键盘输入最多 10 次整数，并将输入的数据进行累加，如果输入的数据大于 100，则提前结束。从 for 循环可以看出：如果前 3 次输入的是不大于 100 的数，而第 4 次输入的是大于 100 的数，则第 4 次输入后要执行 break 语句，提前结束循环，之后不再输入数据，此时累加和 s 是前 3 次输入数据之和。

【运行结果】

```
30 40 64 200
s=134
```

5.7.3 continue 语句

continue 语句的一般形式为：

```
continue;
```

continue 语句的作用为：提前结束本次循环，即跳过循环体中 continue 后面的语句，继续根据循环条件来决定是否进入下一次循环。

有关 continue 语句的说明如下：

(1) continue 语句只能出现在 while、do-while、for 循环的循环体中。

(2) 如果是 while 或者 do-while 循环中的 continue 语句，则跳过循环体中 continue 后面的语句，继续根据循环条件来决定是否进入下一次循环。如果是 for 循环中的 continue 语句，则跳过循环体中 continue 后面的语句，转去执行 for 循环的表达式 3。

break 语句和 continue 语句的区别：break 语句是结束整个循环，不再继续根据循环条件来决定是否进入下一次循环；continue 语句只是结束本次循环，而不是结束整个循环，还要继续根据循环条件来决定是否进入下一次循环。

下面通过举例来体会一下 break 语句和 continue 语句在执行流程上的不同。

【例 5-13】 以下程序执行后的输出结果是什么？

```
1    #include <stdio.h>
2    void main()
3    {  int  i=0,s=0;
4       do
5       {  if(i%2)
6          {  i++;
7             continue;
8          }
9          i++;
10         s+=i;
11      }
12      while(i<7);
13      printf("%d\n",s);
14   }
```

【问题解析】

当 i%2==0 时(即 i 为偶数时)，执行循环体内“i++; s+=i;”这两条语句，当 i%2==1 时(即 i 为奇数时)，执行 if 语句中的“i++; continue;”这两条语句，当执行 continue 时，不执行“i++; s+=i;”语句，退出本次循环，继续根据循环条件 i<7 来判断是否进入下一次循环。使用 continue 语句的流程图如图 5.14 所示，程序完成的功能是计算 s=1+3+5+7，s 的值为 16。程序执行后的输出结果是 16。

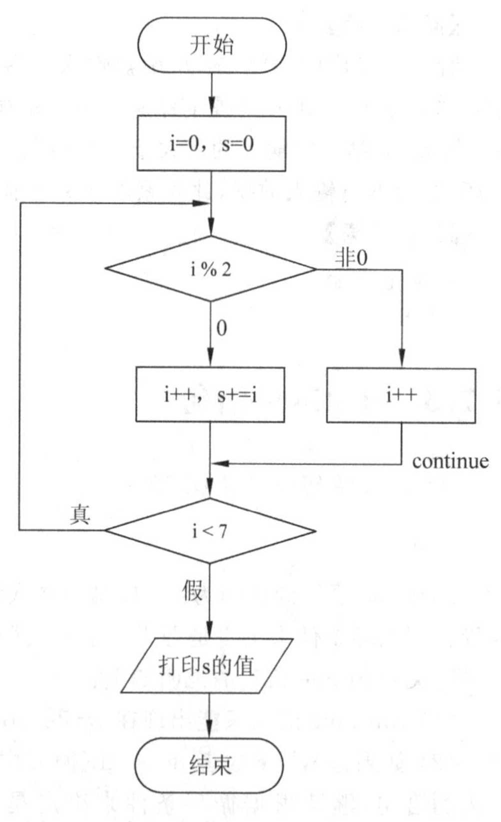

图 5.14　例 5-13 使用 continue 语句的流程图

【运行结果】

```
16
```

【例 5-14】 以下程序执行后的输出结果是什么？

```
1    #include <stdio.h>
2    void main()
3    {  int  i=0,s=0;
4       do
5       {    if(i%2)
```

```
6            {    i++;
7                 break;
8            }
9            i++;
10           s +=i;
11       }
12       while(i<7);
13       printf("%d\n",s);
14   }
```

【问题解析】

当 i%2==0 时(即 i 为偶数时),执行循环体内的"i++; s+=i;"这两条语句,当 i%2==1 时(即 i 为奇数时),执行 if 语句中的"i++; break;"这两条语句,当执行 break 时,不执行"i++; s+=i;"语句,退出整个循环,直接执行循环之后的下一条语句"printf("%d\n", s);"。使用 break 语句的流程图如图 5.15 所示,程序完成的功能是计算 s=1,s 的值为 1。程序执行后的输出结果是 1。

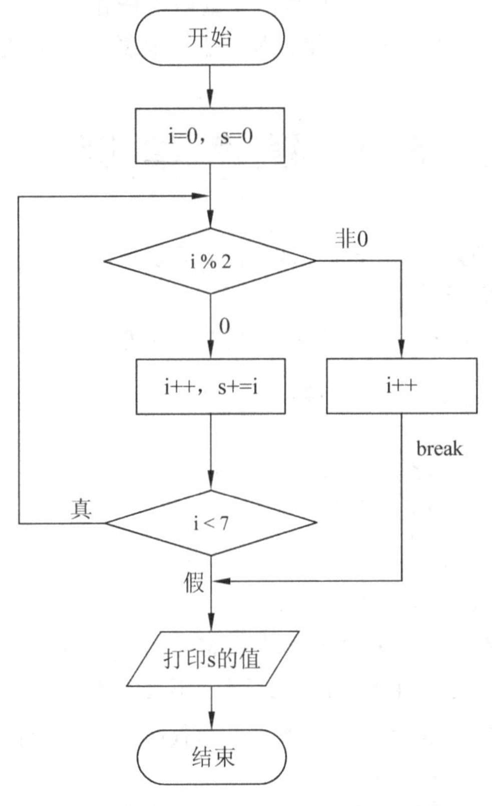

图 5.15　例 5-14 使用 break 语句的程序流程图

【运行结果】

```
1
```

5.8 几种循环的比较

经过前几节的学习，可以知道C语言共有4种循环，分别为while循环、do-while循环、for循环、goto语句构成的循环。下面，对这4种循环进行比较。

(1) 4种循环一般可以互相替代，但要注意goto语句构成的循环不建议使用。

(2) break语句和continue语句可以用于while循环、do-while循环、for循环中，不能用于goto语句构成的循环中。用break语句提前结束整个循环，用continue语句提前结束本次循环。

(3) while循环和do-while循环在while之后的括号内指定循环条件，而for循环在表达式2中指定循环条件。

(4) while循环和do-while循环的循环变量赋初值操作在while语句和do-while语句之前完成，而for循环的循环变量赋初值操作在表达式1中完成。

(5) while循环和do-while循环的循环变量增值操作在while循环体内和do-while循环体内完成，而for循环的循环变量增值操作在表达式3中完成。

5.9 程序举例

【例5-15】 找出500～900的全部素数。

【问题解析】

(1) 对500～900的每一个数进行测试：

```
for(i=500; i<=900; i++)
{
    测试 i 是否为素数;
    如果 i 是素数,则输出 i;
}
```

(2) 测试i是否为素数的方法如下。

方法一：由数学定义可知，只能被1和本身整除的数是素数。因此，用2，3，…，i−1逐个去除本身，只要被其中的一个数整除，就可知i不是素数。

方法二：由数学证明可知，如果i不能被2～$\sqrt{i}$(i的平方根取整)的数整除，则i是素数。因此，用2，3，…，$\sqrt{i}$逐个去除本身即可。

由于方法二测试数据较少，所以使用方法二。为了便于理解，设一个变量f作为是否为素数的标志，f=1表示是素数，f=0表示不是素数，f的初始值为1，当2，3，…，$\sqrt{i}$中有一个数能整除本身时，f=0。为了换行操作，再设一个变量c来记录输出素数的个数，如果每输出10个数就换行，则当c为10的整倍数时就换行。

用 for 循环实现“测试 i 是否为素数”功能，设循环变量 j=2，3，…，$\sqrt{i}$，循环变量增量为 j=j+1，循环变量初始值为 j=2，循环体为“如果 i%j==0，则 i 不是素数，即 f=0，提前退出整个循环，否则继续判断下一个 j。

程序流程图如图 5.16 所示。根据图 5.16，编写程序如下：

```
1     #include <math.h>
2     #include <stdio.h>
3     void main( )
4     {    int i, j, f, c=0;
5          for(i=500; i<=900; i++)
6          {    f=1;
7               for(j=2; j<=sqrt(i); j++)
8                    if(i%j==0) {f=0; break;}
9               if(f==1)
10              {    printf("%-6d", i);
11                   c++;
12                   if(c%10==0) printf("\n");
13              }
14         }
15         printf("\n");
16    }
```

需要说明的是，如果用数学定义来实现，则应将 j<=sqrt(i)语句改为 j<=i-1。因为 500 和 900 一定不是素数，所以 i 也可以从 501 开始测试，到 899 结束测试，并且将外循环的循环变量增值 i++改为 i=i+2。

【运行结果】

```
503   509   521   523   541   547   557   563   569   571
577   587   593   599   601   607   613   617   619   631
641   643   647   653   659   661   673   677   683   691
701   709   719   727   733   739   743   751   757   761
769   773   787   797   809   811   821   823   827   829
839   853   857   859   863   877   881   883   887
```

【例 5-16】 打印如下图案。

```
   *
  **
 ***
******
  ****
    **
```

【问题解析】

这种类型题目的关键是找出每行的空格数、星号数与行号 i 之间的关系。

图案总共有 6 行，先打印前 3 行，再打印后 3 行。

(1) 先打印前 3 行，行号 i=1,2,3。打印第 i 行时，打印空格数 j 与行号 i 的关系是

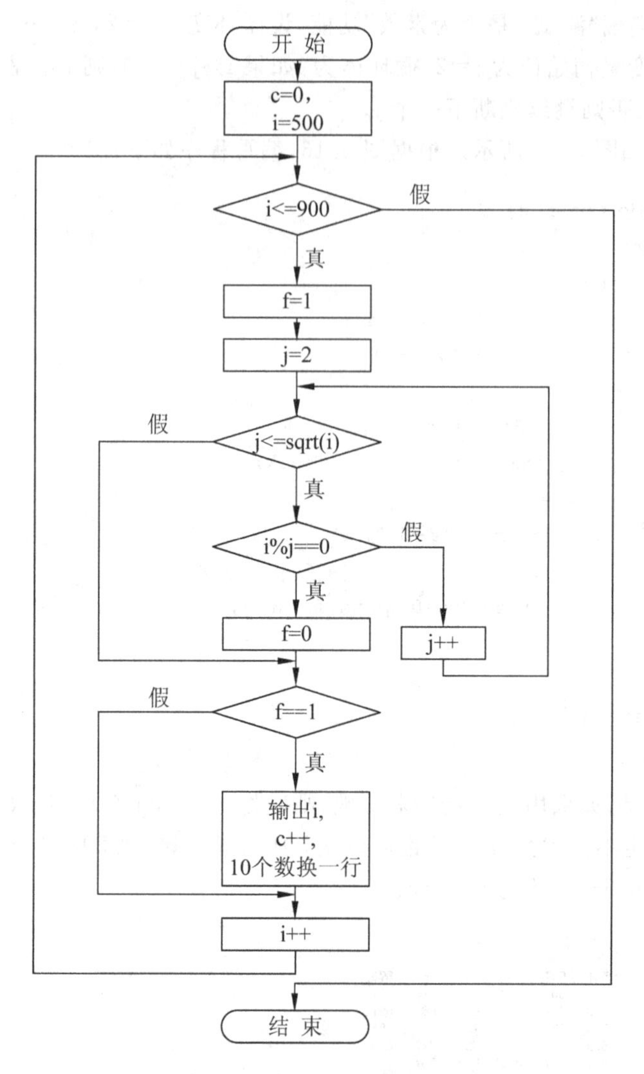

图 5.16　例 5-15 程序流程图

j=4－i,打印星号数 k 与行号 i 的关系是 k=i,注意每行最后要换行。

(2) 再打印后 3 行,行号 i=1,2,3。打印第 i 行时,打印空格数 j 与行号 i 的关系是 j=2＊i－2,打印星号数 k 与行号 i 的关系是 k=8－2＊i,注意每行最后要换行。

用 for 循环编写程序如下:

```
1    #include <stdio.h>
2    void main( )
3    {    int i, j, k;
4         //打印前 3 行
5         for (i=1;i<=3;i++)                //外循环
6         {    for (j=1;j<=4-i;j++)          //内循环 1
7                   printf(" ");
```

```
8              for (k=1;k<=i;k++)          //内循环 2
9                  printf("*");
10             printf("\n");
11         }
12         //打印后 3 行
13         for (i=1;i<=3;i++)              //外循环
14         {     for (j=1;j<=2*i-2;j++)    //内循环 1
15                   printf(" ");
16               for (k=1;k<=8-2*i;k++)    //内循环 2
17                   printf("*");
18               printf("\n");
19         }
20     }
```

【运行结果】

```
   *
  **
 ***
******
  ****
    **
```

需要说明的是：打印后 3 行时，行号 i 的取值不一定是 1、2、3，也可以是 4、5、6 或 3、2、1，只要保证 i 取三个正整数即可，但具体数字不是一成不变的。i 的取值确定以后，最重要的是要找到空格数 j 与 i 的关系以及星号数 k 与 i 的关系。

思考：如果 i=3,2,1，那么 j 与 i 的关系如何？

【例 5-17】 输出 Fibonacci(斐波那契)数列 1，1，2，3，5，8，……的前 30 项。这个数列第 1、2 项都为 1，从第 3 项起各项为其前两项之和。

【问题解析】

t1=1，t2=1，tn=t(n−1)+t(n−2)，这里 n≥3。

从第 1 项开始，每次都从数列取两项，并输出。由于要输出前 30 项，所以总共要取 15 次。用前两项表示其后两项的方法是：设变量 t1 和 t2 分别表示每次取的两项，例如第 1、2 项分别为 t1=1，t2=1，则第 3 项为 t1=t1+t2，第 3 项 t1 的值为 1+1(等于 2)，第 4 项为 t2= t2+ t1，第 4 项 t2 的值为 1+2(等于 3)。同理，第 5、6 项也可以由第 3、4 项计算得出，如此反复，直到最后两项。

设循环变量 i=1，2，3，…，15，i 的初始值为 1。循环条件为 i≤15，循环变量增值为 i=i+1，循环体为计算当前两项 t1 和 t2，并将其输出。

用 for 语句编写程序如下：

```
1    #include <stdio.h>
2    void main()
3    {
4        int i;
5        long t1,t2;
```

```
6          for (i=1;i<=15;i++)
7          {    if(i==1) {t1=1; t2=1;}
8               else {t1=t1+t2; t2=t1+t2;}
9               printf("%-10ld %-10ld",t1,t2);
10              if (i%3==0) printf("\n");
11         }
12    }
```

【运行结果】

```
1         1         2         3         5         8
13        21        34        55        89        144
233       377       610       987       1597      2584
4181      6765      10946     17711     28657     46368
75025     121393    196418    317811    514229    832040
```

由于从第 24 个数开始,整数值较大,所以应该将 t1 和 t2 定义为长整型。另外,一次输出 2 个数,输出 3 次换一行,所以每行有 6 个数。

习　　题

一、选择题

1. 以下叙述正确的是(　　)。
   A. do-while 语句构成的循环不能用其他语句构成的循环代替
   B. 只有 do-while 语句构成的循环能用 break 语句退出
   C. 用 do-while 语句构成循环时,在 while 后的表达式为零时不一定结束循环
   D. 用 do-while 语句构成循环时,在 while 后的表达式为零时结束循环
2. 有以下程序段:

```
int n=0, p;
do
{
    scanf("%d", &p);
    n++;
}while(p!=12345&&n<3);
```

此处 do-while 循环的结束条件是(　　)。
   A. p 的值不等于 12345 并且 n 的值小于 3
   B. p 的值等于 12345 并且 n 的值大于或等于 3
   C. p 的值不等于 12345 或者 n 的值小于 3
   D. p 的值等于 12345 或者 n 的值大于或等于 3
3. 语句“while(! E);”中的条件!E 等价于(　　)。
   A. E==0　　B. E!=1　　C. E!=0　　D. ～E
4. 执行语句“for(i=1;i++<4;);”后,变量 i 的值是(　　)。
   A. 3　　B. 4　　C. 5　　D. 不定

二、判断题

1. do-while 循环至少执行一次循环体。 ( )

2. while 循环的特点是先执行循环体，再判断循环条件是否成立。 ( )

3. break 语句的作用是结束本次循环，然后继续根据循环条件来决定是否进入下一次循环。 ( )

4. continue 语句能使程序执行流程从循环体内跳到循环体外，继续执行循环后面的语句。 ( )

第 6 章 数　组

通过前 5 章的学习，读者已经可以对 C 语言中的基本类型数据进行简单的处理。在实际应用中，经常会对具有相同数据类型的批量数据进行统一处理。如果使用以前的简单变量，既不方便也不能满足需求，本章将介绍 C 语言中的一个重要内容——数组。通过对数组的学习，读者可以掌握以数组为单位进行批量数据读写的基本操作。

6.1 数组的概念

【引例】 计算一个班 35 名学生 C 语言程序设计课程的平均成绩。

【问题解析】

可以把 35 个成绩相加再除以 35 得到平均成绩，一种方法是用 35 个变量存储 35 个成绩，成绩相加再除以 35 得到平均成绩。其优点是思路清晰，缺点是使用变量多且占有存储空间大。另一种方法是用一个变量循环接收 35 个成绩数据并累加，最后再除以 35 得到平均成绩，其优点是使用变量减少，缺点是不能保存所有成绩，最终只保存最后一个成绩。

【程序代码段】

```
1    int i;
2    float score,aver,sum=0;
3    for (i=0;i<35;i++)
4    {
5        scanf("%f",&score);
6        sum =sum+score;
7    }
8    aver =sum/35.0;
9    printf("aver=%f ",aver);
```

存在问题：35 个成绩只保留了最后一个，如果数据变化或再次需要，必须重新输入。

追加提问：统计高于平均成绩的人数。

思路：每个成绩都需要保存，需要定义 35 个简单变量，保存 35 名学生的成绩，先计算平均成绩，再用 35 个成绩分别和平均成绩比较，如果大于平均成绩，则人数加 1。

【程序伪代码段】

```
1    float score1, score2, score3, …, score35;
2    float sum=0,n=0;
3    float aver;
4    scanf("%f",&score1);          //可随机接收数据
5    scanf("%f",&score2);
6         ⋮
7    scanf("%f",&score35);
8    //或者直接赋值 score1=66; score2=77; score3=85; … ; score35=95;
9    sum=score1+score2+score3+…+score35;
10   aver =sum/35.0;
11   if(score 1>aver) n=n+1;       //依次判断人数累加
12   if(score 2>aver) n=n+1;
13        ⋮
14   if(score 35>aver) n=n+1;
15   printf("aver=%f,n=%d",aver,n);
```

存在问题：用户需要输入同类内容太多，工作量大，并且容易出错，如果省略一部分，编译系统将无法识别，程序无法运行。

问题总结：35个成绩属于同一数据类型，它们之间相互关联，代表每一个学生的成绩，变量名的前面部分一样，只是后面的序号发生改变。

针对这一类型问题，C语言中构造了一个数组数据类型。它可以存储同一类型的多个数据，用下标来区分每一个数据，例如，语句"int score[35];"定义了一个可以存储35个整型数据的成绩数组，数组的名字为score，用具有不同下标的变量（即下标变量）score[0]、score[1]、score[2]、……、score[34]分别存储35个学生的成绩。

上例程序段可改写为：

```
1    int i,n=0;
2    float score[35],sum=0,aver;
3    for (i=0;i<35;i++)
4    {
5        scanf("%d",&score[i]);
6        sum =sum+score[i];
7    }
8    aver =sum/35.0;
9    for (i=0;i<35;i++)
10   {
11      if(score[i]>aver)
12        n =n+1;
13   }
14   printf("aver=%f,n=%d",aver,n);
```

由上例可知，数组是具有相同数据类型的数据项组成的有序集合，这组数据存储在内

存的一段连续区域中。通常用一个统一的名字来标识这组数据,这个名字称为数组名(如score),用于标识该数组;构成数组的每个数据项称为数组元素,如score[0]、score[1]、……、score[34]。C语言中规定用方括号中的数字来表示下标,用数组名和下标可以唯一地确定每一个数组元素。下标的个数表明数组的维数,如score[5]是一维数组,score[5][5]是二维数组,下标的值表示相应维的大小,如score[5]表示可以存储5个数据,score[5][5]表示可以存储25个数据。

在实际应用中,经常会遇到对批量数据进行处理的情况,将数组与循环结合起来,可以有效地处理大批量的数据,大大提高工作效率。

6.2 一维数组

一维数组也称为向量,用来存储具有顺序关系的相同数据类型的一组数据,与简单变量一样,在使用数组之前,必须先定义数组,即确定数组的名称、数组的类型、数组元素的个数,只有在定义语句中明确这些内容,编译器才会根据定义语句为其分配内存空间。

6.2.1 一维数组的定义

一维数组定义的一般形式为:

```
数据类型  数组名[常量表达式];
```

说明:

(1) 数据类型用于说明该数组中存储数据的基类型,即数组元素的数据类型。

(2) 数组名的命名规则与变量名的命名规则相同,应遵循C语言标识符的规则。

(3) 常量表达式用于定义数组的大小,即数组元素的个数。常量表达式中可以包括常量和符号常量,但不能包含变量,因为需要给编译器一个确定的数据,以便为其分配一定大小的存储空间。

编程提示:

(1) C语言中数组的下标都是从0开始的。例如int a[5]表示a数组有5个数组元素,分别是a[0]、a[1]、a[2]、a[3]、a[4],特别注意,该数组中不存在数组元素a[5]。定义数组就要在内存中为其分配存储空间,如图6.1所示,存放了一个有5个整型数组元素的数组,相当于定义了5个简单的整型变量。

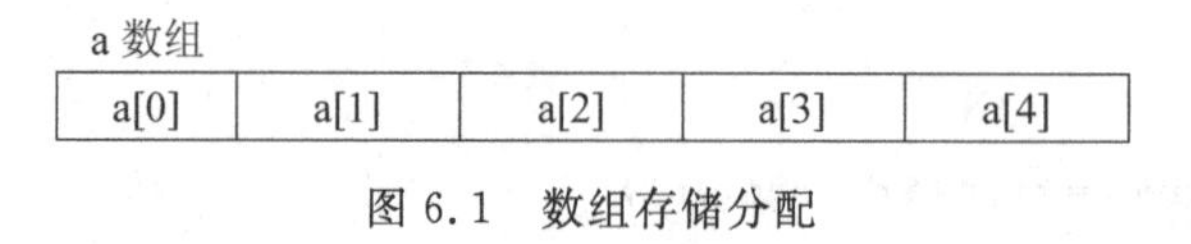

图6.1 数组存储分配

(2) 常量表达式一定是一个整型常量，用来表示数组元素的个数，即数组长度。所以在具体应用中，可以根据实际存储数据的大小来定义数组的大小。但是在求学生成绩时，有时有 20 个学生，有时可能有 50 个学生，如果管理系统做得较大，可能有几千人或几万人，为了适应可能的变化，良好的编程习惯是使用符号常量。当需要修改常数时，只要修改宏定义即可，简单易行。在程序开始处增加如下宏定义：

```
#define SIZE 50
```

数组的定义语句改为：

```
int score[SIZE];
```

6.2.2 一维数组的引用

数组必须先定义后使用，引用数组元素就是对数组元素读写，C 语言规定对于数值型数组，只能逐个引用数组中的元素，而不能一次引用整个数组全部元素的值。

数组元素的引用格式为：

```
数组名[下标];
```

说明：

(1) 数组的下标可以是数值常量、字符常量、变量、算术表达式等。

(2) 数组的下标表示数组元素在数组中的位置。在 C 语言中，数组的下标是从 0 开始的，对于一个长度为 SIZE 的数组来说，有效的下标为 0、1、……、SIZE－1。

编程提示：

(1) 定义数组时用到的“数组名[常量表达式]”和引用数组元素时用到的“数组名[下标]”是有区别的。例如：

```
int a[10];
```

在定义语句中的 a[10]表示该数组有 10 个数组元素，分别是 a[0]、a[1]、a[2]、……、a[9]。

```
a[5]=100;
```

在赋值语句中的 a[5]表示该数组中下标为 5 的数组元素。

(2) 在 C 语言中，由于编译器不检查数组元素的下标是否越界，所以编写程序时必须格外注意，确保数组元素的正确引用，以免因下标越界而造成对相邻存储单元数据的破坏。

【例 6-1】 数组的定义和引用。从键盘上输入 10 个学生的成绩存放到数组中，求最高分并输出。

【问题解析】

学生成绩可用一个一维数组来存储，有 10 个数组元素，或用符号常量来定义数组的大小，数组元素的值为实型，数组的类型需定义为实型。从键盘随机输入 10 个成绩，假设第一个学生成绩最高，则将其成绩赋给保存最大值的变量。然后其余同学的成绩与最大值变量比较，如果大就将其成绩赋给最大值变量，程序使用循环输入并比较求解问题。这个算法相对简单，可以直接写程序，如果算法较难，最好先画流程图。

【程序代码】

```
1    #include <stdio.h>
2    #define N 10
3    int main()
4    {
5    int i;
6    float score[N],max;
7    printf("请输入%d个成绩:\n",N);
8    for (i=0;i<N;i++)
9    {
10       scanf("%f",&score[i]);
11   }
12   max=score[0];
13   for (i=1;i<N;i++)
14   {
15       if(score[i]>max)
16           max=score[i];
17   }
18   printf("最高分为: %5.0f\n",max);
19   return 0;
20   }
```

【运行结果】

```
请输入10个成绩:
66 77 88 90 98 85 95 92 86 78
最高分为:    98
```

思考：如何求最低分？

【例 6-2】 数组的越界访问。

```
1    #include <stdio.h>
2    int main()
3    {
4    int i,a[10];
5    for (i=0;i<=10;i++)
6    {
7        a[i]=i;
8    }
9    printf("i=%d\n",i);
10   for (i=0;i<=10;i++)
```

```
11    {
12        printf("a[%d]=%d\n",i,a[i]);
13    }
14    return 0;
15    }
```

运行结果如图 6.2(a)所示。

(a) a[i]=i;

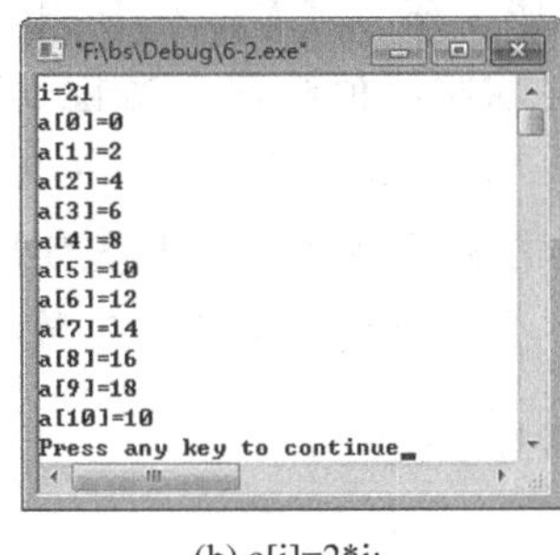

(b) a[i]=2*i;

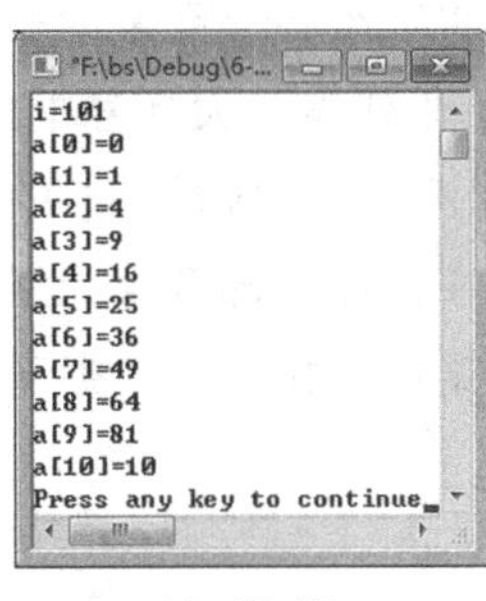

(c) a[i]=i*i;

图 6.2　例 6-2 运行结果

【程序及结果分析】

本例程序进行了下标越界的访问，程序可能正常运行，出错结果不明显，但可以看出定义的数组大小为 10，输出 11 个数组元素。如果把第 7 行的语句“a[i]=i;”改为“a[i]=2 * i;”，程序运行结果如图 6.2(b)所示，结果明显有错。若把第 7 行的“a[i]=i;”改为“a[i]=i * i;”程序运行结果如图 6.2(c)所示，结果有错。若把第 4 行语句“int i,a[10];”改为“int　a[10], i;”，程序运行结果如图 6.2(a)所示，但会弹出如图 6.3 所示的非法访问内存后弹出的出错对话框。为什么会出现自己想象不到的错误呢？原因就是非法访问越界数据 a[10]，变量内存的分配是随着系统和编译器等条件的不同会出现不同的情况，因此越界访问是一种非常危险的行为，出现的错误可能会非常诡异，所以在编写程序时一定要特别注意。

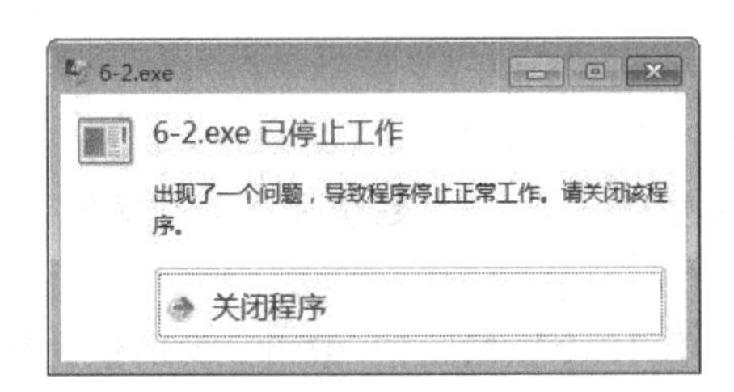

图 6.3　例 6-2 非法访问内存后弹出的对话框

6.2.3　一维数组的初始化

定义数组但未进行初始化的数组，数组元素的值会由计算机系统随机分配，是一个随

机数。对数组进行初始化有以下两种方式。

1. 在定义数组时对全部的数组元素赋初值

例如：

```
int a[10]={1,2,3,4,5,6,7,8,9,10};
```

将数组各个元素的初值顺序写在一对大括号中，用逗号隔开。大括号内的数据称为“初始化列表”，大括号中的值依次将赋值给各个数组元素，数组中数据的顺序要与数组元素顺序一一对应，即 a[0]＝1，a[1]＝2，a[2]＝3，…，a[9]＝10。

在指定全部数组元素值的情况下，数组的长度其实已经是一个隐含的信息，编译器可以根据用户输入的数据来得到，所以此时可以不指定数组的长度。例如：

```
int a[]={1,2,3,4,5,6,7,8,9,10};
```

2. 在定义数组时对部分的数组元素赋初值

例如：

```
int a[10]={1,2,3,4,5};
```

定义 a 数组有 10 个数组元素，但大括号内只提供 5 个初值，这表示只给前面 5 个数组元素赋初值，系统自动给后 5 个数组元素赋初值为 0，即 a[0]＝1，a[1]＝2，……，a[4]＝5，a[5]＝0，……，[9]＝0。

编程提示：

(1) 注意定义数组的语句“int a[10] ={0};”和“int a[10];”的区别，前者是定义并初始化，数组元素的初值是确定的 0 值，后者只定义并没有赋初值，数组元素的值是不确定的。

(2) 在初始化过程中，都需要注意数组元素值的个数不能多于数组元素的个数。例如，下面语句是错误的：

```
int a[3]={1,2,3,4,5};
```

【例 6-3】 编写程序将数组 a 的 10 个数组元素分别赋值为 0～9，并逆序输出。

【问题解析】

定义一个一维数组，它有 10 个数组元素，数组元素的值为整型，数组的类型需定义为整型，把 0～9 从小到大赋给 10 个数组元素 a[0]～a[9]，可以用循环来赋值。输出时可从大到小输出 10 个数组元素 a[9]～a[0]的值 9～0。

【程序代码】

```
1     #include <stdio.h>
2     int main()
3     {
```

```
4        int i,a[10];
5        for (i=0;i<10;i++)
6        {
7            a[i]=i;
8        }
9        printf("0-9 的逆序输出为: \n");
10       for (i=9;i>=0;i--)
11       {
12           printf("%d ",a[i]);
13       }
14       printf("\n");
15       return 0;
16   }
```

【运行结果】

```
0-9的逆序输出为:
9 8 7 6 5 4 3 2 1 0
```

例 6-3 是一个有序数据的赋值与输出。如果是随机输入的数据,按一定顺序从大到小或从小到大输出,那就需要对已输入的数据进行排序。排序是把一系列无序的数据按照特定的顺序(升序或降序)重新排列为有序序列的过程。在 C 语言中,对数据进行排序是非常重要的应用之一。至今已有许多比较成熟的排序算法,如交换排序法、选择排序法、插入排序法、冒泡排序法、快速排序法等。下面通过一个实例来介绍几种常用的排序方法。

【例 6-4】 编写程序从键盘随机输入 5 个数赋值给数组 a,然后按从小到大的顺序输出。

【问题分析】

定义一个一维数组,有 5 个数组元素,数组元素的值可以为整型,数组的类型可定义为整型,从键盘随机输入 5 个数,赋给 5 个数组元素 a[0]～a[4],可以用循环来赋值。对已存储的 5 个数据进行从小到大排序,a[0]中放最小数,a[4]中放最大数,最后从小到大输出 5 个数组元素。

【交换排序法】

其排序过程为:首先将第一个数与其后面的数依次比较,如果后面的数比第一个数小,就交换,这样第一轮比较结束后, a[0]里存放的就是最小数;然后将第二个数与其后面的数依次比较,如果后面的数比第二个数小,就交换,这样第二轮比较结束后,a[1]里存放的就是次小数;依此类推,最后将倒数第二个数与最后一个数比较,排序结束,如图 6.4 所示。

N 个数总共需要 N－1 轮比较,由于每一轮比较都可以新排出一个数,因此每一轮待比较的数都比上一轮少一个,下面是按交换排序法实现从小到大的排序程序。

第一轮：
88 75 66 90 85
交换
75 88 66 90 85
交换
66 88 75 90 85
不交换
66 88 75 90 85
不交换
第一轮结束得最小数

第二轮：
66 88 75 90 85
交换
66 75 88 90 85
不交换
66 75 88 90 85
不交换
第二轮结束得次小数

第三轮：
66 75 88 90 85
不交换
66 75 88 90 85
交换
66 75 85 90 88
第三轮结束得第三小数

第四轮：
66 75 85 90 88
交换
66 75 85 88 90
第四轮排序结束

图 6.4 交换排序法(升序)示意图

【程序代码】

```
1    #include <stdio.h>
2    #define N 5
3    int main()
4    {
5        int i,j,a[N],t;
6        printf("Please enter %d data:\n",N);
7        for (i=0;i<N;i++)
8        {
9            scanf("%d",&a[i]);
10       }
11       printf("Before ordering of data:\n");
12       for (i=0;i<N;i++)
13       {
14           printf("%d ",a[i]);
15       }
16       printf("\n");
17       for (i=0;i<N-1;i++)
18       {
19           for (j=i+1;j<N;j++)
20           {
21               if(a[j]<a[i])
22               {  t=a[j]; a[j]=a[i]; a[i]=t; }
23           }
```

```
24          }
25          printf("After sorting data:\n");
26          for (i=0;i<N;i++)
27          {
28              printf("%d ",a[i]);
29          }
30          printf("\n");
31          return 0;
32      }
```

【运行结果】

```
Please enter 5 data:
88 75 66 90 85
Before ordering of data:
88 75 66 90 85
After sorting data:
66 75 85 88 90
```

【程序分析】

(1) 注意程序第 17～19 行循环控制变量初值与终值的设定。

(2) 在交换排序法中,只要满足条件,就要进行两数据交换,使得整个算法所需的交换次数较多,因而算法的排序效率较低。实际上,并不需要每次都交换,在每一轮的比较中只要找到新的数,交换一次就可以,这种改进的排序算法称为选择排序法,如图 6.5 所示。

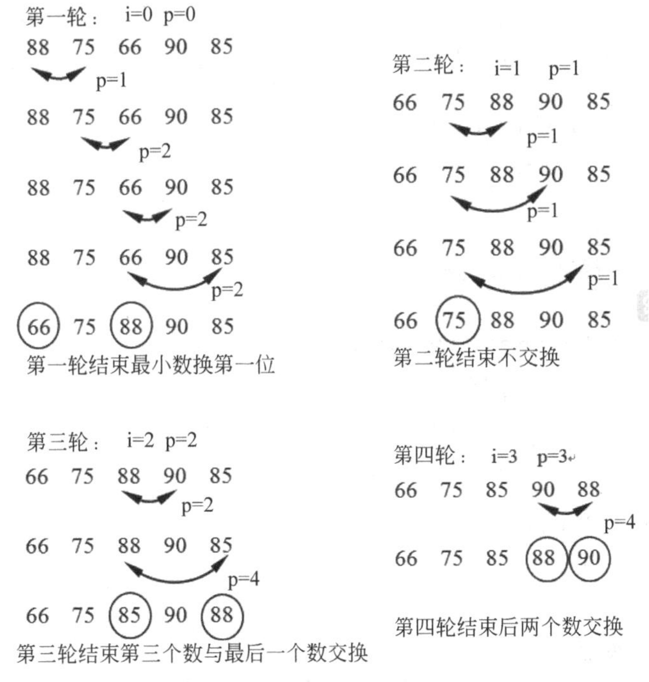

图 6.5 选择排序法(升序)示意图

N 个数总共需要 N－1 轮比较，其比较过程基本与交换排序法类似，在每一轮比较过程中，找到一个本轮中最小数，只记下其所在位置，并不交换，每一轮结束只交换一次数据。下面是按选择排序法实现从小到大的排序程序。

【程序代码】

```
1   #include <stdio.h>
2   #define N 5
3   int main()
4   {
5       int i,j,a[N],t,p;
6       printf("Please enter %d data:\n",N);
7       for (i=0;i<N;i++)
8       {
9           scanf("%d",&a[i]);
10      }
11      printf("Before ordering of data:\n");
12      for (i=0;i<N;i++)
13      {
14          printf("%d ",a[i]);
15      }
16      printf("\n");
17      for (i=0;i<N-1;i++)
18      {
19          p=i;
20          for (j=i+1;j<N;j++)
21          {
22              if(a[j]<a[p])
23                  p=j;
24          }
25          if(p!=i)
26          {  t=a[p]; a[p]=a[i]; a[i]=t; }
27      }
28      printf("After sorting data:\n");
29      for (i=0;i<N;i++)
30      {
31          printf("%d ",a[i]);
32      }
33      printf("\n");
34      return 0;
35  }
```

运行结果同交换排序。

常用的排序方法中还有一种冒泡排序法，其排序过程为：将相邻两个数据依次比较，小数放上(前)，大数放下(后)，每一轮比较结束，一个大数沉底。排序过程如图 6.6 所示。

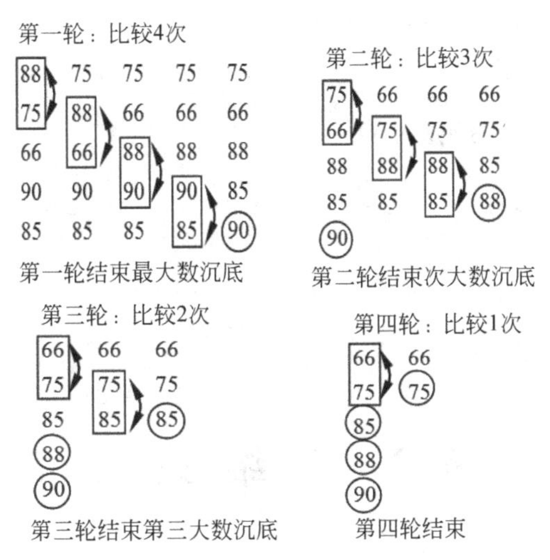

图 6.6　冒泡排序法(升序)示意图

N 个数总共需要 N－1 轮比较，每一轮比较次数比上一轮少一次，下面是按冒泡排序法实现从小到大的排序程序。

【程序代码】

```
1    #include <stdio.h>
2    #define N 5
3    int main()
4    {
5        int i,j,a[N],t;
6        printf("Please enter %d data:\n",N);
7        for (i=0;i<N;i++)
8        {
9            scanf("%d",&a[i]);
10       }
11       printf("Before ordering of data:\n");
12       for (i=0;i<N;i++)
13       {
14           printf("%d ",a[i]);
15       }
16       printf("\n");
17       for (i=0;i<N-1;i++)
18       {
19           for (j=0;j<N-1-i;j++)
20           {
21               if(a[j]>a[j+1])
22               { t=a[j]; a[j]=a[j+1]; a[j+1]=t; }
23           }
24       }
```

```
25      printf("After sorting data:\n");
26      for (i=0;i<N;i++)
27      {
28          printf("%d ",a[i]);
29      }
30      printf("\n");
31      return 0;
32  }
```

运行结果同交换排序。

6.3 二维数组

利用一个一维数组可以表示多个学生一门课的成绩,也可以表示一个学生多门课的成绩,但无法表示多个学生多门课的成绩,如表 6.1 所示。二维数组常称为矩阵,把二维数组写成行和列的排列形式,有助于形象化理解二维数组的逻辑结构。

表 6.1 学生成绩表

学号	高数	英语	计算机
201607024101	88	90	95
201607024102	98	85	90
201607024103	86	94	75
201607024104	87	90	96

6.3.1 二维数组的定义

二维数组需要两个下标才能表示某个数组元素。第一个下标表示该元素所在的行,第二个下标表示该元素所在的列。二维数组定义的一般形式为:

数据类型 数组名[常量表达式][常量表达式];

例如:

```
int a[5][5], x[2][3];
```

二维数组可以理解为数学中的矩阵,第一维是行,第二维是列。例如,上面语句中的数组 a 有 5 行 5 列共 25 个数组元素,数组 x 有 2 行 3 列共 6 个数组元素,第一维的长度代表数组每一列的元素个数,第二维的长度代表数组每一行的元素个数,如表 6.2 所示。但这只是在逻辑上的解释,其实二维数组在内存中是顺序存储的,存放顺序遵循“按行逐列”的存放原则,即先顺序存放第 0 行的数组元素,再存放第 1 行的数组元素,依此类推,如表 6.3 所示。

表 6.3　二维数组元素的存储结构

x[0][0]
x[0][1]
x[0][2]
x[1][0]
x[1][1]
x[1][2]

表 6.2　数组元素

x[0][0]	x[0][1]	x[0][2]
x[1][0]	x[1][1]	x[1][2]

二维数组可以看作是一种特殊的一维数组，例如，可以把数组 x 看作是包含两个元素(x[0]、x[1])的一维数组，每个数组元素又是一个包含有三个数组元素的一维数组，x[0]包含 x[0][0]、x[0][1]和 x[0][2] 三个数组元素，x[0]是数组名，是元素 x[0][0]的地址；x[1] 包含 x[1][0]、x[1][1]和 x[1][2] 三个数组元素，x[1]是数组名，是元素x[1][0]的地址，这样的理解有助于后面指针的学习。

注意：一维数组在内存占用的字节数为：数组长度×sizeof(基类型)，二维数组占用的字节数为：第一维长度×第二维长度×sizeof(基类型)。

6.3.2　二维数组的引用

二维数组是一维数组的扩展，因此二维数组定义并赋值后，就可以引用二维数组中的元素，只能逐个引用二维数组元素而不能对数组整体进行操作。

二维数组元素的引用格式为：

```
数组名[第一维下标][第二维下标]
```

例如：

```
x[1][1]=x[0][1];
```

是读取数组元素 x[0][1]的值赋值给数组元素 x[1][1]。

【编程提示】

(1) 在引用数组元素时，下标值一定要在已定义的数组大小范围之内，例如，语句“int a[4][5];”是定义一个二维数组，该数组“行下标”的范围是 0～3，“列下标”的范围是 0～4。如果用语句“a[4][5]＝12;”给数组元素 a[4][5]赋值，则会出现数组下标越界，因为该数组的最大下标元素是 a[3][4]。

(2) 二维数组的行下标和列下标要分别用一个方括号括起来，例如语句“a[1,2]＝1;”的表示方式是错误的，应改为“a[1][2]＝1;”。

【例 6-5】 二维数组的定义和引用。从键盘上输入 3 个学生 4 门课程的成绩存放到数组中，输出所有成绩并求每门课程的最高分。

【问题解析】

学生成绩可用一个二维数组来存储，有 12 个数组元素，或用符号常量，数组元素的值为实型的，数组的类型需定义为实型。从键盘随机输入 12 个成绩，首先把第一个学生的第一门课程的成绩先赋给最大值变量，然后其余同学的成绩与其进行比较，如果大就将其分数赋给最大值变量并输出，用循环输入与比较更方便。

【程序代码】

```
1    #include <stdio.h>
2    #define M 3
3    #define N 4
4    int main()
5    {
6        int i,j;
7        float score[M][N],max;
8        printf("please enter %d students %d courses score:\n",M,N);
9        for (i=0;i<M;i++)
10           for (j=0;j<N;j++)
11           {
12                 scanf("%f",&score[i][j]);
13           }
14       printf("%d students %d courses score:\n",M,N);
15       for (i=0;i<M;i++)
16         {
17             for (j=0;j<N;j++)
18             {
19                 printf("%5.1f ",score[i][j]);
20             }
21             printf("\n");
22           }
23         printf("High score for each course:\n");
24       for (j=0;j<N;j++)
25       { max=score[0][j];
26           for (i=0;i<M;i++)
27           {
28               if(score[i][j]>max)
29                   max=score[i][j];
30           }
31       printf("%5.1f ",max);
32       }
33       printf("\n");
34       return 0;
35   }
```

【程序分析】

(1) 程序第 8～13 行是按一个学生 4 门课成绩输入 3 个学生的成绩。

(2) 程序第 14～22 行是输出 3 个学生 4 门课的成绩。

(3) 程序第 23～32 行是求出每门课程的最高分并输出。

【运行结果】

```
please enter 3 students 4 courses score:
66 88 76 90
84 76 89 82
95 80 66 77
3 students 4 courses score:
        66.0    88.0    76.0    90.0
        84.0    76.0    89.0    82.0
        95.0    80.0    66.0    77.0
High score for each course:
 95.0   88.0   89.0   90.0
```

6.3.3 二维数组的初始化

与一维数组一样，如果定义数组时没有给数组元素赋值，数组元素的值是一个不确定的数据，因此，在定义数组时，可对数组进行初始化。数组初始化有以下两种方式。

1. 在定义数组时对全部的数组元素赋值

例如：

```
int x[3][4]={{1,2,3,4},{5,6,7,8},{9,10,11,12}};
```

将每行数组元素的初值放在一个大括号内，这样按行赋初值比较直观。也可以把所有数组元素的值顺序放在一对大括号中，例如：

```
int x[3] [4]={ 1,2,3,4,5,6,7,8,9,10,11,12 };
```

在指定全部数组元素值的情况下，编译器可以根据用户输入的数据总个数和第二维的大小来得到第一维的大小，所以可以不指定数组第一维的大小，但必须指定数组第二维的大小。

注意：二维数组第二维的长度声明永远都不能省略。因为 C 语言中的二维数组元素在 C 编译程序为其分配的连续存储空间中是按行存放的，存放时编译系统必须知道每一行有多少个数组元素，这样就必须明确知道数组第二维的长度，才可以确定数组的赋值。

例如：

```
int x[][4]={1,2,3,4,5,6,7,8,9,10,11,12};
```

2. 在定义数组时对部分的数组元素赋初值

例如：

```
int x[3][4]={{ 1,2,3},{4,5 },{6}};
```

定义 x 数组有 12 个数组元素，但只提供了每一行的部分初值，系统自动给后面数值型的数组元素赋初值为 0。初始化后的数组元素为：

```
1  2  3  0
4  5  0  0
6  0  0  0
```

【编程提示】

(1) 定义数组的语句“int x[3][4]={0};”是将整个数组中全部数组元素的值初始化为 0。

(2) 在初始化过程中，与一维数组一样，都需要注意数组元素值的个数不能多于数组元素的个数。下面语句是错误的：

```
int x[2][3]={1,2,3,4,5,6,7};
```

【例 6-6】 编写程序，将一个二维数组 a 的行和列元素互换，存放到另一个二维数组 b 中。

$$a=\begin{bmatrix}1 & 2 & 3\\4 & 5 & 6\\7 & 8 & 9\end{bmatrix}\quad b=\begin{bmatrix}1 & 4 & 7\\2 & 5 & 8\\3 & 6 & 9\end{bmatrix}$$

【问题解析】

二维数组的行和列互换，就是指 i 行 j 列的数组元素，变成 j 行 i 列的数组元素。本例中转换前后维数大小不变。

【程序代码】

```
1     #include <stdio.h>
2     int main()
3     {
4         int i,j,a[3][3]={1,2,3,4,5,6,7,8,9},b[3][3];
5         printf("Array a:\n");
6         for (i=0;i<3;i++)
7         {
8             for (j=0;j<3;j++)
9             {
10                printf("%5d",a[i][j]);
11            }
12            printf("\n");
13        }
14        for (i=0;i<3;i++)
15            for (j=0;j<3;j++)
16                b[i][j]=a[j][i];
17        printf("Array b:\n");
18        for (i=0;i<3;i++)
19        {
```

```
20              for (j=0;j<3;j++)
21              {
22                      printf("%5d",b[i][j]);
23              }
24          printf("\n");
25           }
26          return 0;
27      }
```

【运行结果】

```
Array a:
    1    2    3
    4    5    6
    7    8    9
Array b:
    1    4    7
    2    5    8
    3    6    9
```

6.4 字符数组

字符数组就是用来存储字符数据的数组。字符数组中的一个数组元素只能存放一个字符。在C语言中用单引号引起来的单个字符是字符常量，例如'a'，用双引号引起来的字符是字符串常量，例如"a"与"hello"。字符变量可以存储单个字符，但没有存储多个字符的字符串变量，因此字符串的存取要用字符数组来实现。由于字符数组在C语言中有重要的作用，在本节中单独对字符数组进行介绍。

6.4.1 字符数组与字符串

字符串常量是由一对双引号括起来的一个字符序列。无论双引号内是否包含字符，包含多少个字符，都代表一个字符串常量。为了便于确定字符串的长度，C编译器会自动在字符串的末尾添加一个ASCII码值为0的空操作符'\0'，空操作符'\0'是一个不可显示的字符，不产生附加的操作，只作为字符串结束的标志。因此，字符串实际就是由若干有效字符组成且以字符'\0'作为结束的一个字符序列，对于字符个数为n的字符串，其占用内存为n+1个字符所占空间大小。根据这一特点，用字符数组处理字符时，数组的元素个数应该比字符串中实际字符的个数多1。

在数组中第一个空操作符'\0'符号之前的部分是有效的数据。当遍历一个字符数组时，如果遇到空操作符'\0'，就认为字符串结束。空操作符'\0'符号不计入字符串的长度。

6.4.2 字符数组的定义与初始化

定义字符数组的方法与定义数值型数组的方法类似，字符数组的定义格式为：

```
char  数组名[数组长度];
```

例如：

```
char  str1[5];
```

定义了一个一维字符数组 str1，有 5 个数组元素 str1[0]、str1[1]、……、str1[4]，最多可以存储 5 个字符。下面 5 个赋值语句是依次给 5 个数组元素赋给一个字符值。

```
str1[0]='C';str1[1]='h';str1[2]='i';str1[3]='n';str1[4]='a';
```

说明：

由于 C 语言中，在 ASCII 范围内，字符型和整型是相互通用的，因此可定义整型数组来存放字符数据。例如：

```
int str1[5];
str1[0]='C';str1[1]='h';str1[2]='i';str1[3]='n';str1[4]='a';
```

假设存储一个字符需要一字节的存储空间，存储一个整型数据需要 4 字节，语句"char str1[5];"需开辟 5 字节的存储空间，语句"int str1[5];"则至少需要开辟 20 字节的存储空间。当然，不同的编译环境，所占字节数有所不同。

```
char  str2[2][30];
```

定义了一个二维字符数组 str2，有 60 个数组元素 str2[0][0]、str2[0][1]、……、str2[0][29]、str2[1][0]、str2[1][1]、……、str2[1][29]，最多可以存储 60 个字符。

与数值型数组一样，如果定义数组时没有给数组元素赋值，数组元素的值是一个不确定的数据，因此，在定义数组时，可对数组进行初始化。字符数组初始化有以下两种方式。

1. 用字符型数据对数组进行初始化

因为字符数组是由字符数据组成的数组，所以可用字符型数据对数组进行初始化。其初始化的方法与数值型方法一样，即把所赋初值依次放在一对大括号内。例如：

```
char str[8]={'S','t','u','d','e','n','t', '\0'};
```

字符数组赋初值后，其存储结构如图 6.7 所示。

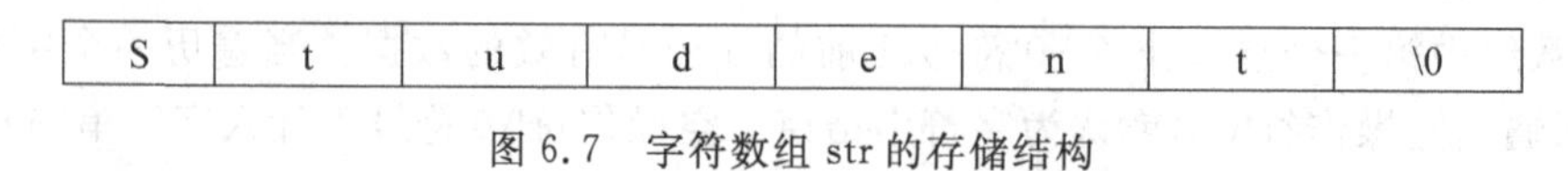

S	t	u	d	e	n	t	\0

图 6.7　字符数组 str 的存储结构

字符数组 str 有 8 个数组元素，占用 8 字节的存储空间，但字符串的有效字符为 7 个，字符串的长度为 7，因为字符串结束标志'\0'占用存储空间，但它不计入字符串的实际长度。所以定义字符数组长度时，需要比实际字符个数多1。

如果省略对数组长度的声明，例如：

```
char str[ ]={'S','t','u','d','e','n','t', '\0'};
```

系统默认的str数组长度为8。而对于

```
char str[ ]={ 'S','t','u','d','e','n','t'};
```

系统默认的str数组长度为7。由于初始化列表的末尾没有字符串结束标志'\0'，也没有多余的空间供系统自动添加字符串结束标志'\0'，因此，这时定义的str仅仅是一个长度为7的字符数组，不能把它当作字符串来使用。由此可见，一个一维的字符数组并不一定是一个字符串，只有当字符数组的最后一个元素值为'\0'时，它才构成字符串。所以，按上面这种方式给字符数组赋初值时，必须人为地加入'\0'，才能将其作为字符串来使用。

2. 用字符串常量对数组进行初始化

C语言允许用字符串常量直接初始化一个字符数组。例如：

```
char str[8]={"student"};
```

也可以省略大括号，直接写成

```
char str [8]="student";
```

这时，数组定义的长度应大于或等于字符串中有效字符个数再加一个'\0'。而下面的语句

```
char str [7]={"student"};
```

是不正确的。因为存储字符串"student"至少需要8字节的存储单元，而数组的长度为7，无法存储字符串结束标志'\0'，从而系统无法正常处理字符串。

对于用二维字符数组存放多个字符串的情况，第二维的长度不能省略，应按最长的字符串长度来定义，第一维的长度代表要存储的字符串的个数，可以省略。

例如：

```
char weekday[7][10]={ "Sunday","Monday","Tuesday","Wednesday"," Thursday" ,
                      "Friday" ," Saturday "};
```

可以写成：

```
char weekday[ ][10]={ "Sunday","Monday","Tuesday","Wednesday"," Thursday" ,
                      "Friday" ," Saturday "};
```

但不能写成：

```
char weekday[ ][ ]={ "Sunday","Monday","Tuesday","Wednesday"," Thursday" ,
                     "Friday" ," Saturday "};
```

6.4.3 字符数组的输入与输出

在定义字符数组后，有三种方法对其进行输入与输出操作。

1. 单个字符的输入与输出

如果已知字符的个数，则可以使用 scanf()函数进行字符串的输入与输出：

```
1       #include <stdio.h>
2       int main()
3       {
4           int i=0,j;
5           char a[10];
6           for (i=0; i<10;i++)
7           {
8               scanf("%c",&a[i]);
9           }
10          for (i=0;i<10;i++)
11              {
12              printf("%c",a[i]);
13          }
14          printf("\n");
15          return 0;
16      }
```

用 getchar()与 putchar()函数改写的程序如下：

```
1       #include <stdio.h>
2       #include <string.h>
3       int main()
4       {
5           int i,j;
6           char a[10];
7           for (i=0;i<10;i++)
8           {
9               a[i]=getchar();
10          }
11              for (i=0;i<10;i++)
12          {
13              putchar(a[i]);
14          }
15          printf("\n");
16          return 0;
17      }
```

【运行结果】

运行结果如图 6.8 所示。

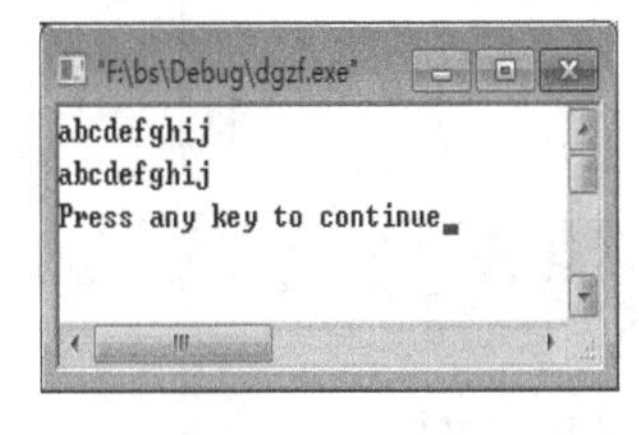

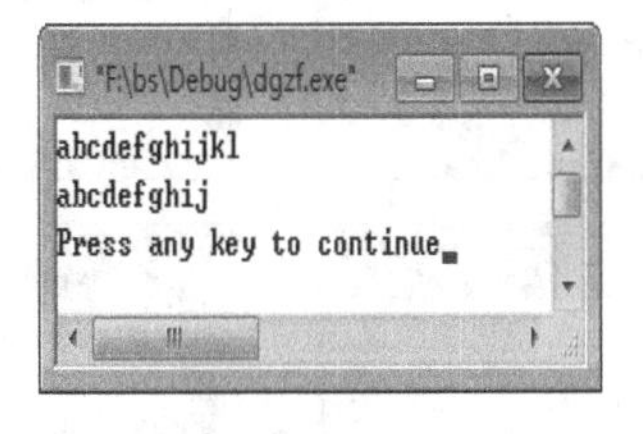

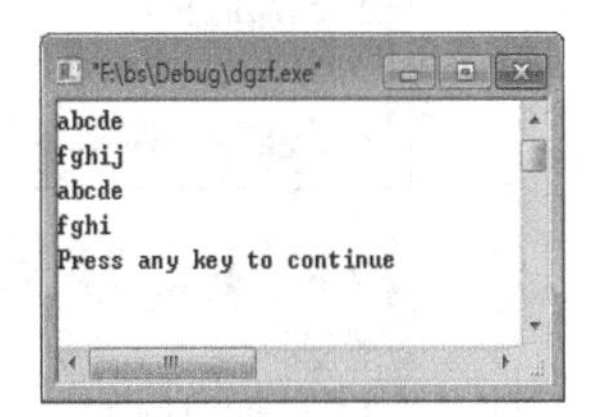

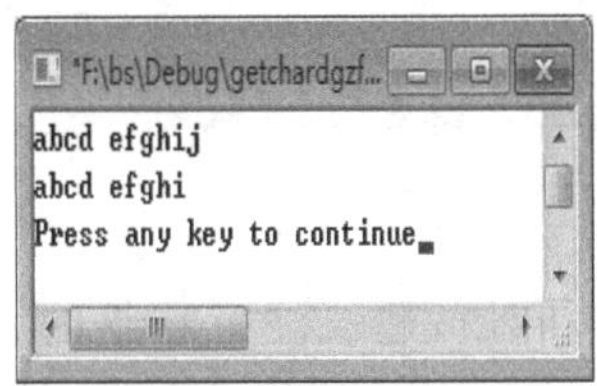

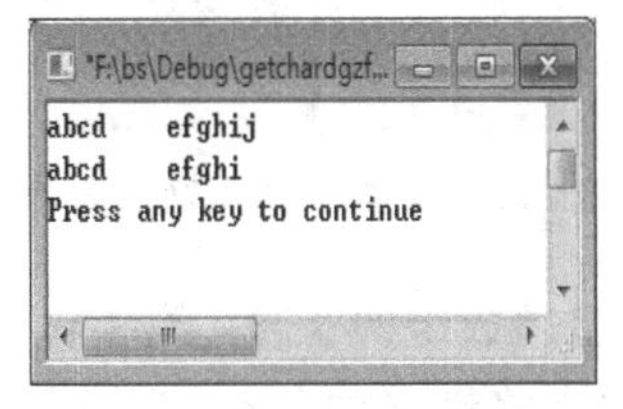

图 6.8　单个字符输入与输出运行结果

【结果分析】

如果连续输入的 10 个字符后按回车键，系统将 10 个字符依次赋给 10 个数组元素；如果连续输入多于 10 个的字符后按回车键，系统将前 10 个字符依次赋给 10 个数组元素；如果输入少于 10 个字符按回车键，系统将等待继续输入，但结果系统把中间的回车键作为一个字符赋给数组元素，而第 10 个有效字符无法存储；如果字符串中有空格或制表符，系统将其作为字符依次赋给 10 个数组元素；所以不建议这样通过字符个数进行字符数组的输入与输出。

2. 将字符串作为一个整体输入与输出

例如：

```
1     #include <stdio.h>
2     int main()
3     {
4         int i=0,j;
5         char a[10];
6         scanf("%s",a);          //系统自动在字符串末尾加结束标志'\0'
7         printf("%s",a);         //到第一个字符串结束标志'\0',认为字符串结束
8         printf("\n");
9         return 0;
10    }
```

【运行结果】

运行结果如图 6.9 所示。

【结果分析】

如果连续输入的 10 个字符后按回车键，系统将 10 个字符依次赋给 10 个数组元素；如果输入少于 10 个字符按回车键，只接收回车键前的几个字符；如果输入多于 10 个字符

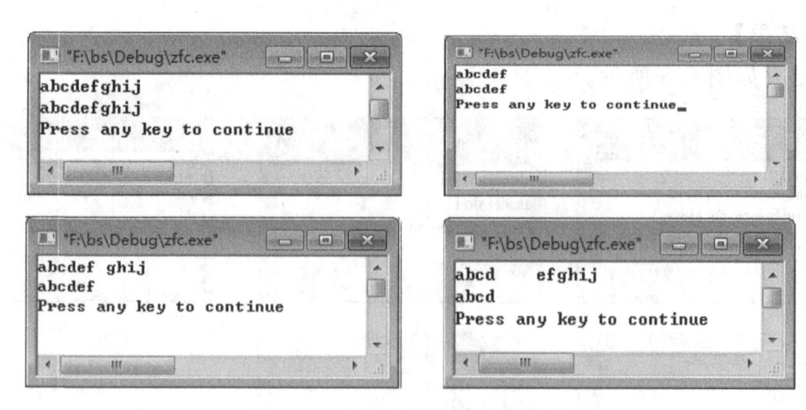

图 6.9 字符串整体输入与输出

按回车键，有时是正确的，但已超过数组的长度，会带来一些麻烦，建议注意数组的大小；如果在字符中间有空格，只接收空格键前的几个字符；如果在字符中间有制表符(跳格)，只接收制表符前的几个字符；系统认为遇到空格、回车、制表符这些空白字符时字符串输入结束。当字符串中不包含有这些空白字符时，用%s 整体输入与输出字符串比较方便。

3. 用字符串处理函数 gets()和 puts()输入与输出字符串

如下改写上面的程序：

```
1    #include <stdio.h>
2    #include <string.h>
3    int main()
4    {
5        int i;
6        char a[10];
7        gets(a);
8        puts(a);
9        printf("\n");
10       return 0;
11   }
```

【运行结果】

运行结果如图 6.10 所示。

【结果分析】

空格、制表符作为字符串中的一个字符处理，按回车键作为字符串输入结束的终止符，不作为字符串的一部分，当字符串中包含有空格、制表符这些空白字符时，用 gets()与 puts()函数整体输入输出字符串比较方便。

【编程提示】

(1) scanf()函数按%d 或%s 格式输入字符串时，忽略空格、制表符、回车等空白字符，读到这些字符时，系统认为读入结束，因此 scanf()函数不能输入带空格的字符串。gets() 函数将空格、制表符作为字符串中的一个字符处理，因此 gets() 函数适合用于输

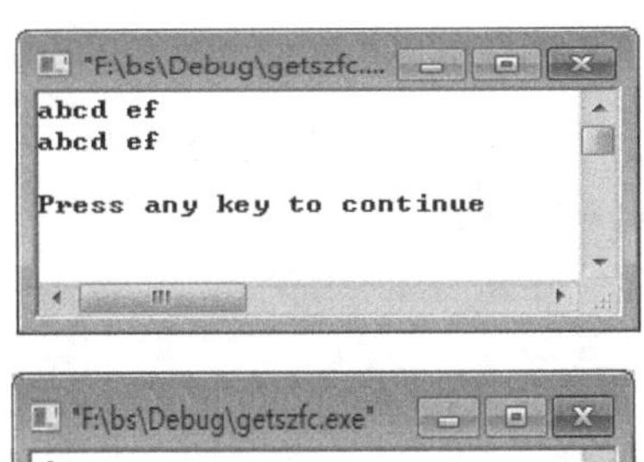

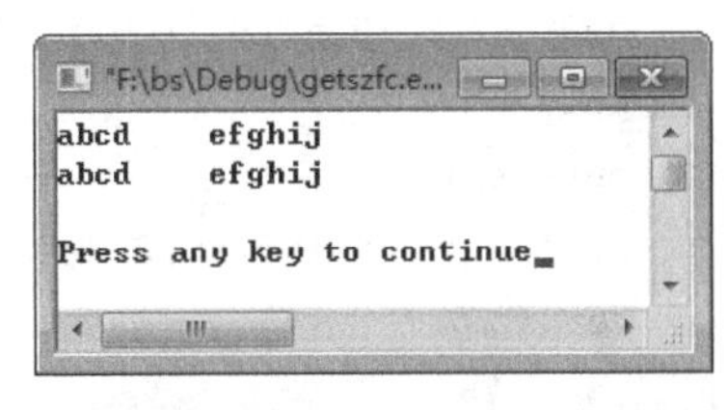

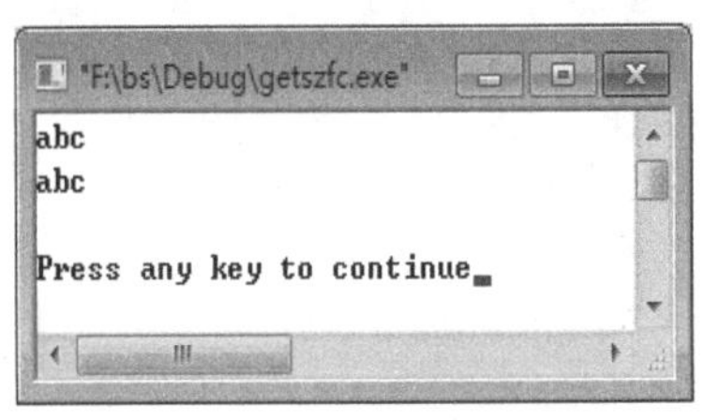

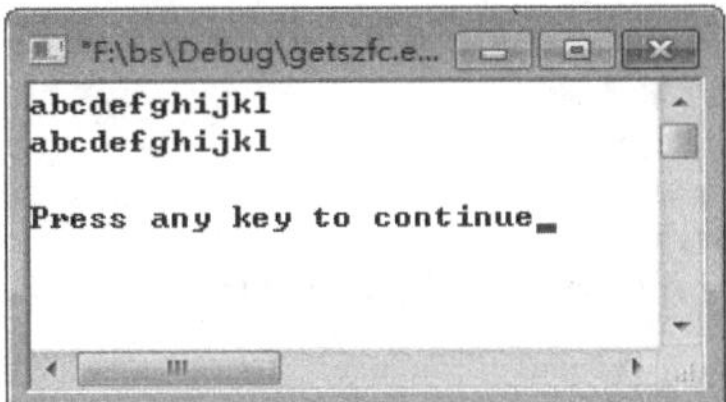

图 6.10　带空白字符的字符串整体输入与输出

入带空格的字符串。

(2) scanf()函数在读取一个字符串时不会读走回车符，回车符仍留在缓冲区中，所以在其后再输入字符型数据时，必须先使用 getchar()将留在缓冲区中的回车符读走。gets()函数在读取一个字符串时，把回车符作为字符串的终止符，输入结束将其从缓冲区读走，不作为字符串的一部分。

6.4.4　字符串处理函数

字符串的适用范围比较广泛，在 C 语言中提供了大量与字符串处理操作相关的库函数，应用这些函数可以使读者对字符串的操作更简单方便。这些功能都需要引用头文件 string.h，即在文件头添加“#include <string.h>”。下面介绍几种常见的字符串处理函数。

1. 输出字符串函数 puts()

puts()函数的作用是将指定字符数组中的字符串输出，遇到"\0"停止。格式为：

```
puts(字符数组名)
```

说明：

puts()函数输出一个字符串后自动换行。

【例 6-7】 字符串的输出。

【程序代码】

```
1       #include <stdio.h>
2       #include <string.h>
3       int main()
4       {
5           char str1[20]="how are you";
```

```
6        char str2[20]="hello world";
7        puts(str1);
8        puts(str2);
9        printf("str1=%s,str2=%s\n",str1,str2);
10       return 0;
11   }
```

【运行结果】

```
how are you
hello world
str1=how are you,str2=hello world
```

【程序分析】

puts()函数的作用等同于printf("%s \n",字符数组名),其中字符数组要求存储的是包含'\0'在内的字符串,同时字符串中可以包含空格和转义字符。不同的是puts()函数一次只能输出一个字符串,printf()函数可以一次输出多个字符串。

2. 输入字符串函数gets()

gets()函数的作用是将从光标位置开始到回车键结束的一个字符串输入到字符数组。格式为:

```
gets(字符数组名)
```

说明:

gets()函数一次只能输入一个字符串,回车结束。

【例6-8】 字符串的输入。

【程序代码】

```
1    #include <stdio.h>
2    #include <string.h>
3    int main()
4    {
5        char str1[20],str2[20];
6        int n;
7        printf("请输入第一个字符串:");
8        gets(str1);
9        printf("您输入的第一个字符串是:%s\n",str1);
10       printf("请输入一个n值和第二个字符串:");
11       scanf("%d",&n);
12       gets(str2);
13       printf("您输入的n值是:%d\n",n);
14       printf("您输入的第二个字符串是:%s\n",str2);
15       return 0;
16   }
```

【运行结果】

```
请输入第一个字符串: hello world
您输入的第一个字符串是: hello world
请输入一个n值和第二个字符串: 100 how are you
您输入的n值是: 100
您输入的第二个字符串是:  how are you
```

【程序分析】

gets()函数的作用等同于 scanf("%s \n",字符数组名),可以接收一个字符串给字符数组,不同的是 gets()函数一次只能接收一个字符串,scanf()函数可以一次接收多个字符串。gets()函数接收的字符串中可以包含空格,scanf()函数接收的字符串中不可以包含空格。

【结果分析】

从运行结果看,第一个 gets()函数前面没有输入语句,可以接收一个整行字符,包括中间的空格。第二个 gets()函数前有一个 scanf()函数,把输入的 100 数值与后面字符串中间的空格作为第二个字符串的第一个字符。

如果第一个 gets()函数同前,输入数字后按回车符,则结果为:

```
请输入第一个字符串:      hello world
您输入的第一个字符串是: hello world
请输入一个n值和第二个字符串:     100
您输入的n值是: 100
您输入的第二个字符串是:
```

思考:为什么不可以按回车符后输入第二个字符串?第二个字符串的内容是什么?

3. 字符串连接函数 strcat()

strcat()函数的作用是实现字符串的连接,即把字符串 2 连接到字符串 1 的后面,结果放在字符数组 1 中。格式为:

```
strcat(字符数组名 1,字符数组名 2)
```

说明:

(1) 实现过程是从第一个字符串中找到字符串结束标志符号'\0',从该位置开始复制第二个字符串,直到遇到第二个字符串中的字符串结束标志符号'\0'结束。

(2) 字符数组 1 必须足够大,能放下连接后的新字符串。

(3) 连接后原第一个字符串后的'\0'取消。

【例 6-9】 字符串的连接。

【程序代码】

```
1    #include <stdio.h>
2    #include <string.h>
3    int main()
4    {
5        char str1[40]="beijing and ";
6        char str2[ ]="shanghai";
7        printf("%s\n",strcat(str1,str2));
```

```
8        return 0;
9    }
```

【运行结果】

```
beijing and shanghai
```

4. 字符串复制函数 strcpy()

字符串不能像变量一样直接用赋值号进行字符串之间的赋值，需要使用循环将每个字符进行复制，并在最后加上字符串结束标志'\0'。为了简化操作，C 语言提供了 strcpy()函数。

strcpy()函数的作用是实现字符串的复制，即把字符串 2 中的字符串复制到字符数组 1 中。格式为：

```
strcpy(字符数组名 1,字符串 2)
```

说明：

(1) 字符数组 1 必须足够大，以能放下字符串 2。

(2) 字符串 2 既可以是字符数组，也可以是字符串常量。

(3) 不能用赋值语句将一个字符串或字符数组直接赋给一个字符数组，例如下面语句是不合法的。

```
str1="beijing";          //错误语句,不能将字符串常量赋值给字符数组
str2=str1;               //错误语句,不能将一个字符数组整体赋值给另一个字符数组
```

错误原因是数组名是数组的首地址，是一个常量，不可以给常量赋值。

(4) 为了适应用户的复杂需求，还有一个功能相似的函数 strncpy(字符数组名 1，字符串 2，复制长度 n)。

例如语句：

```
strncpy(str1,str2,3);  //将字符串 str2 中前 3 个字符复制到字符串 str1 中,
                       //取代 str1 中原有的最前面 3 个字符,复制的字符个数
                       //应该少于 str1 中原有的字符(不包括'\0')
```

5. 字符串比较函数 strcmp()

由于两个字符串的比较逻辑相对复杂，所以不能用比较运算符来进行比较，可以使用 strcmp()函数来实现两个字符串的比较。格式为：

```
strcmp(字符串 1,字符串 2)
```

功能：比较字符串 1 和字符串 2。

比较规则：对两个字符串从左向右依次比较对应位置上的字符(按 ASCII 码值进行比较)，直到出现不同的字符或遇到字符串结束标志'\0'为止。如果全部的字符都相同，认为两个字符串相等，函数值为 0，否则以第一个不同的字符决定两个字符串的大小。如果

字符串 1 大于字符串 2，函数值为一个正整数；如果字符串 1 小于字符串 2，函数值为一个负整数。

【例 6-10】 字符串的比较。

【程序代码】

```
1     #include <stdio.h>
2     #include <string.h>
3     int main()
4     {
5         char c1[ ]={"ABCDE"},c2[ ]="ABCF",c3[ ]="ABC";
6         int t1,t2;
7         t1=strcmp(c1,c2);
8         t2=strcmp(c1,c3);
9         printf("t1=%d,t2=%d\n",t1,t2);
10        return 0;
11    }
```

【运行结果】

```
t1=-1, t2=1
```

【编程提示】

两字符串的比较不能用“if(c1==c2) printf("两串相等");”，只能用比较函数“if(strcmp(c1,c2)==0) printf("两串相等");”。

6. 字符串长度函数 strlen()

格式为：

```
strlen(字符数组名)
```

功能：计算字符串的实际长度(不包括'\0')。

实现过程：从字符串的头部开始向右扫描至'\0'为止，返回其长度。

7. 大写字母转换为小写字母函数 strlwr()

格式为：

```
strlwr(字符串)
```

功能：将字符串中的大写字母转换成小写字母。

8. 小写字母转换为大写字母函数 strupr()

格式为：

```
strupr(字符串)
```

功能：将字符串中的小写字母转换为大写字母。

6.5 程序举例

【例 6-11】 用数组处理 Fibonacci(斐波那契)数列。13 世纪意大利数学家斐波那契在他的《算盘全书》中提出这样一个问题：有人想知道一年内一对兔子可繁殖成多少对，便筑了一道围墙把一对兔子关在里面。已知一对兔子每一个月可以生一对小兔子，而一对兔子出生后第二个月就开始生小兔子。假如一年内没有发生死亡，则一对兔子一年内能繁殖成多少对？

【问题解析】

以一对新出生小兔子分析，第一个月小兔子没有繁殖能力，兔子对数为 1，第二个月小兔长成成兔，又生了一对小兔，兔子对数为：1 对成兔，1 对小兔，第三个月又有一对小兔长成成兔，原有成兔又生了 1 对小兔，兔子对数为：2 对成兔，1 对小兔，依此类推可以列出一年内兔子对数表，如表 6.4 所示。

表 6.4 兔子繁殖对数表

月份	1	2	3	4	5	6	7	8	9	10	11	12
成兔对数	1	1	2	3	5	8	13	21	34	55	89	144
小兔对数	0	1	1	2	3	5	8	13	21	34	55	89
总对数	1	2	3	5	8	13	21	34	55	89	144	233

由表 6.4 可以推出，成兔对数、小兔对数都符合 Fibonacci 数列，即从第 3 项开始，每一项是前两项之和，每个月的兔子总对数是成兔对数和小兔对数之和。由此可以设计用三个数值型的一维数组分别存储成兔、小兔、兔子总对数，用循环计算每个月的成兔、小兔、兔子总对数。

【程序代码】

```
1    #include <stdio.h>
2    #define N 12
3    int main()
4    {
5        int f1[N]={1,1},f2[N]={0,1},f3[N];
6        int i,j;
7        for(i=2;i<N;i++)
8        {
9            f1[i]=f1[i-1]+f1[i-2];   //计算每月成兔对数
10           f2[i]=f2[i-1]+f2[i-2];   //计算每月小兔对数
11       }
12       for(i=0;i<N;i++)
13       {
```

```
14              f3[i]=f1[i]+f2[i];          //计算每月兔子总对数
15          }
16          printf("兔子繁殖对数为:\n");
17          printf("月份:      ");
18          for (i=0;i<N;i++)
19          {
20              printf("%5d",i+1);          //输出12个月
21          }
22          printf("\n");
23          printf("成兔对数为: ");
24          for (i=0;i<N;i++)
25          {
26              printf("%5d",f1[i]);        //输出每月成兔对数
27          }
28          printf("\n");
29          printf("小兔对数为: ");
30          for (i=0;i<N;i++)
31          {
32              printf("%5d",f2[i]);        //输出每月小兔对数
33          }
34          printf("\n");
35          printf("兔子总对数为: ");
36          for (i=0;i<N;i++)
37          {
38              printf("%5d",f3[i]);        //输出每月兔子总对数
39          }
40          printf("\n");
41          printf("年末总兔子对数为: ");
42          printf("%d\n",f3[N-1]);
43          return 0;
44      }
```

【运行结果】

```
兔子繁殖对数为:
月份:          1    2    3    4    5    6    7    8    9   10   11   12
成兔对数为:     1    1    2    3    5    8   13   21   34   55   89  144
小兔对数为:     0    1    1    2    3    5    8   13   21   34   55   89
兔子总对数为:   1    2    3    5    8   13   21   34   55   89  144  233
年末总兔子对数为: 233
```

【例 6-12】 数组的综合应用。从键盘上输入3个学生的学号、姓名以及4门课的成绩存放到数组中,输出所有学生的信息。

【问题解析】

学生的学号、姓名是字符型数据,可以定义两个字符数组来分别存储处理,3个学生4

门课的成绩是实型数据，可以定义一个实型的二维数组来存储处理。输入部分可以分步进行，输出可以按学生统一输出其所有信息。

【程序代码】

```
1       #include <stdio.h>
2       #include <string.h>
3       #define M 3
4       #define N 4
5       int main()
6       {
7           char num[M][20],name[M][20];
8           float score[M][N];
9           int i,j;
10          printf("请输入%d个学生的学号:\n",M);
11          for(i=0;i<M;i++)                //输入M个学生的学号
12          {
13              gets(num[i]);
14          }
15          printf("请输入%d个学生的姓名:\n",M);
16          for(i=0;i<M;i++)                //输入M个学生的姓名
17          {
18              gets(name[i]);
19          }
20          printf("请输入%d个学生的%d门课的成绩:\n",M,N);
21          for (i=0;i<M;i++)
22              for (j=0;j<N;j++)
23              {
24                  scanf("%f",&score[i][j]);
25              }
26          printf("所有学生的信息为:\n");
27          for (i=0;i<M;i++)
28          {
29              printf("%15s",num[i]);
30              printf("%15s",name[i]);
31              for (j=0;j<N;j++)
32              {
33                  printf("%5.1f ",score[i][j]);
34              }
35              printf("\n");
36          }
37          return 0;
38      }
```

【运行结果】

```
请输入3个学生的学号:
201507044101
201507044102
201507044103
请输入3个学生的姓名:
张玉明
李莉
王军
请输入3个学生的4门课的成绩:
66 78 80 95
76 88 85 90
85 77 94 86
所有学生的信息为:
  201507044101         张玉明 66.0  78.0  80.0  95.0
  201507044102           李莉 76.0  88.0  85.0  90.0
  201507044103           王军 85.0  77.0  94.0  86.0
```

【例 6-13】 在例 6-12 程序的基础上,编程计算:(1)每个学生的总分和平均分;(2)每门课程的总分和平均分。

【问题解析】

在例 6-12 程序基本不变的情况下,可以增加 4 个一维数组分别存储每个学生的总分和平均分、每门课程的总分和平均分。

【程序代码】

```
1       #include <stdio.h>
2       #include <string.h>
3       #define M 3
4       #define N 4
5       int main()
6       {
7           char num[M][20]={"201507014101","201507014102","201507014103"},
            name[M][20]={"张玉明","李莉","王军"};
8           float score[M][N]={{66,78,80,95},{76,88,85,90},{85,77,94,86}};
9           float ssum[M],saver[M],csum[N],caver[N];
10          int i,j;
11          for (i=0;i<M;i++)               //计算每个学生的总分和平均分
12          {
13              ssum[i]=0;
14              for (j=0;j<N;j++)
15              {
16                  ssum[i]=ssum[i]+score[i][j];
17              }
18              saver[i]=ssum[i]/N;
19          }
20          for (j=0;j<N;j++)               //计算每门课程的总分和平均分
21          {
22              csum[j]=0;
23              for (i=0;i<M;i++)
24              {
```

```
25                csum[j]=csum[j]+score[i][j];
26            }
27            caver[j]=csum[j]/M;
28        }
29        printf("     学号          姓名      数学      英语   计算机   物理
          总分      平均分:\n");
30        for (i=0;i<M;i++)
31        {
32            printf("%15s",num[i]);
33            printf("%10s",name[i]);
34            for (j=0;j<N;j++)
35            {
36                printf("%8.1f",score[i][j]);
37            }
38            printf("%8.1f",ssum[i]);
39            printf("%8.1f",saver[i]);
40            printf("\n");
41        }
42        printf("课程总分:               ");
43        for (i=0;i<N;i++)
44        {
45            printf("%8.1f",csum[i]);
46        }
47        printf("\n");
48        printf("课程平均分:               ");
49        for (i=0;i<N;i++)
50        {
51            printf("%8.1f",caver[i]);
52        }
53        printf("\n");
54        return 0;
55    }
```

【运行结果】

```
     学号          姓名    数学    英语  计算机   物理    总分  平均分:
 201507014101   张玉明    66.0    78.0    80.0    95.0   319.0    79.8
 201507014102     李莉    76.0    88.0    85.0    90.0   339.0    84.8
 201507014103     王军    85.0    77.0    94.0    86.0   342.0    85.5
课程总分:                227.0   243.0   259.0   271.0
课程平均分:               75.7    81.0    86.3    90.3
```

【例 6-14】 字符数组的应用。从键盘上随机输入 5 个国家的名称,要求按字典中的顺序输出。

【问题解析】

国家的名称是字符型数据,可以定义一个字符数组,5 个国家的名称是 5 个字符串,可以定义一个二维数组来存储和处理。循环输入 5 个国家的名称，对 5 个国家的名称进行排序，按字典中的先后顺序输出。

【程序代码】

```
1     #include <stdio.h>
2     #include <string.h>
3     #define N 5
4     int main()
5     {
6         char name[N][20],str[20];
7         int i,j;
8         printf("请输入 5 个国家的名称:\n");
9         for(i=0;i<N;i++)
10        {
11            gets(name[i]);
12        }
13        for (i=0;i<N-1;i++)
14        {
15            for (j=i+1;j<N;j++)
16            {
17                if(strcmp(name[j],name[i])<0)
18                {
19                    strcpy(str,name[j]);
20                    strcpy(name[j],name[i]);
21                    strcpy(name[i],str);
22                }
23            }
24        }
25        printf("字典中的先后顺序为:\n");
26        for (i=0;i<N;i++)
27        {
28            puts(name[i]);
29        }
30        printf("\n");
31        return 0;
32    }
```

【运行结果】

```
请输入5个国家的名称:
china
america
russia
germany
england
字典中的先后顺序为:
 america
 china
 england
 germany
 russia
```

习　　题

1. 以下程序中有错误的一行是(　　)。

```
(1)    main()
(2)    {
(3)        int a[5]={1};
(4)        int i;
(5)        scanf("%d",&a);
(6)        for(i=1;i<5;i++)
(7)            a[0]=a[0]+a[i];
(8)        printf("%f\n",a[0]);
(9)    }
```

A. 3　　　B. 6　　　C. 7　　　D. 5

2. 有以下程序：

```
#include <stdio.h>
main()
{
    int a[5]={0},i,k=3;
    for(i=0;i<k;i++) a[i]=a[i]+1;
    printf("%d\n",a[k]);
}
```

该程序的输出结果是(　　)。

A. 不定值　　　B. 2　　　C. 1　　　D. 0

3. 若有声明语句“int a[][3]={1,2,3,4,5,6,7};”,则 a 数组第一维的大小是(　　)。

A. 2　　　B. 3　　　C. 4　　　D. 无确定值

4. 若有声明语句“int a[3][4];”,则对数组 a 元素非法引用的是(　　)。

A. a[0][2*1]　　　B. a[1][3]　　　C. a[4-2][0]　　　D. a[0][4]

5. 以下程序的输出结果是(　　)。

```
#include <stdio.h>
main()
{
    int a[3][3]={1,2,3,4,5,6},i,j,s=0;
    for(i=1;i<3;i++)
        for (j=0;j<i;j++)
            s+=a[i][j];
    printf("%d\n",s);
}
```

A. 14　　B. 4　　C. 20　　D. 21

6. 以下程序的运行结果是(　　)。

```
#include <stdio.h>
#define N 10
main()
{
    int aa[N]={1,2,3,4,5,6,7,8,9,10};
    int i,j,t;
    for (i=0;i<N-1;i++)
    {
        for (j=i+1;j<N;j++)
        {
            if(aa[j]>aa[i])
                { t=aa[j]; aa[j]=aa[i]; aa[i]=t;}
        }
    }
    for(i=0;i<10;i++)
        printf("%d ",aa[i]);
    printf("\n");
}
```

程序运行后的输出结果是(　　)。

A. 1 2 3 4 5 6 7 8 9 10　　B. 10 9 8 7 6 5 4 3 2 1

C. 1 2 3 8 7 6 5 4 9 10　　D. 1 2 10 9 8 7 6 5 4 3

7. 对两个数组 a 和 b 进行如下初始化:

```
char a[]="ABCDEF";
char b[]={'A','B','C','D','E','F'};
```

则以下叙述正确的是(　　)。

A. 数组 a 与数组 b 完全相同

B. 数组 a 与数组 b 占用的存储空间相同

C. 数组 a 与数组 b 中都存放字符串

D. 数组 a 与数组 b 存储空间的有效字符相同

8. 以下程序的输出结果是(　　)。

```
#include <stdio.h>
#include <string.h>
main()
{
    char str[12]={'s','t','r','i','n','g'};
    printf("%d\n",strlen(str));
}
```

A. 6　　B. 7　　C. 11　　D. 12

9. 判断字符串 s1 是否大于字符串 s2,应当使用(　　)。

A. if(s1>s2)　　B. if(strcmp(s1,s2))

C. if(strcmp(s2,s1)>0)　　D. if(strcmp(s1,s2)>0)

10. 已知字母 A 的 ASCII 码值是 65,且有下面的程序段:

```
#include <stdio.h>
main()
{
    char str[5]={65,66,67,68,69};
    int i;
    for(i=0;i<5;i++)
        printf("%c",str[i]);
    printf("\n");
}
```

则程序段的输出结果是(　　)。

A. 1 2 3 4 5　　B. 0 1 2 3 4　　C. A B C D E　　D. 65 66 67 68 69

第7章 函　　数

通过前几章的学习，读者已经对C语言中的基本语句及语法有了较深入的了解。在C程序开发的过程中，除了考虑程序的可执行性外，还需要考虑代码的重用性、简洁性和易用性。因此，在设计C语言程序时，需要将程序按照功能进行划分，而不是全部写在一个main函数中。这样使得程序代码简洁，易于后期维护与理解。本章将对函数的定义、函数的调用、变量的作用域、变量的存储方式等内容进行全面介绍，通过本章对函数的学习，读者可以从中体会到利用函数进行编程的好处。

7.1　函数的概念

【引例】 计算一个数的阶乘(n!)。

【程序代码】

```
1     #include <stdio.h>
2     void main()
3     {
4         int i,n;
5         double p=1;
6         scanf("%d",&n);
7         for(i=1;i<=n;i++)
8         {
9             p =p * i;
10        }
11        printf("p=%lf\n",p);
12    }
```

存在问题：程序运行一次只能求一个数的阶乘，如果数据变化，需再运行。

追加提问：求多个数的阶乘运算，如3!+9!-5!+4!。

思路：分别计算4个数的阶乘，再进行加减运算。在程序中存在4个基本相同的代码段，只是循环次数不同。如果求阶乘的次数再多，就需要多次重复编写类似的代码段，这样会使程序冗长，不精练，可以考虑把重复的代码段单独写成一个函数。

利用函数调用实现的程序代码如下：

```
1    #include <stdio.h>
2    double fact(int n)
3    {
4        int i;
5        double p=1;
6        for(i=1;i<=n;i++)
7        {
8            p =p * i;
9        }
10       printf("p=%lf\n",p);
11       return p;
12   }
13   void main()
14   {
15       double s=0;
16       s=fact(3)+fact(9)-fact(5)+fact(4);
17       printf("s=%lf\n",s);
18   }
```

注意：求阶乘时一定要注意数据范围。

前面章节的程序都是规模较小的程序，而在实际应用中，多数软件的程序功能较多，规模较大，把所有的程序代码都写在一个主函数中，就会使主函数变得庞大繁杂，思路不清，阅读和维护程序困难加大，且不便于团队合作。为了降低开发大规模软件的复杂度，在结构化程序设计中，程序员常常把一个较大的程序按照功能的不同，分为若干个小的程序模块，每个模块完成一个相对独立的功能。每一个模块可以包括一个或多个函数，每个函数实现一个特定的功能。这样的功能分解是一个自顶向下、逐步细化的过程，求解过程正好相反，是一个自底向上、逐个求解的过程。

软件开发的过程如同产品的生产，例如计算机制造过程就是先按功能需求分解为主板、CPU、硬盘、电源等，对各个功能元件单独设计、生产、调试、测试，再组装成一个完整的计算机，并进行总体调试。这些功能元件既可以是自己设计生产，也可以是现成的标准产品。同样，在进行软件开发时，既可以自己编写函数来实现每个功能模块，也可以调用现有的函数。

模块化程序设计体现了“分而治之”的思想，即把较大的任务分解成若干个较小的任务，并提炼出公用任务；这种设计还便于团队合作，每人编写一段功能相对独立的小程序，然后把多个小程序合并成一个大程序，这样多人分工合作，可以缩短程序设计周期，提高程序设计效率。

一个典型的C程序结构如图7.1所示，具体说明如下：

(1) 一个C程序由一个或多个程序模块组成，每个程序模块可作为一个C语言源程序，这样便于分别编写和调试程序，提高开发效率。一个C语言源程序可以供多个C程序共享。

(2) 一个C语言源程序由一个或多个函数及其他相关内容组成，一个源程序是一个

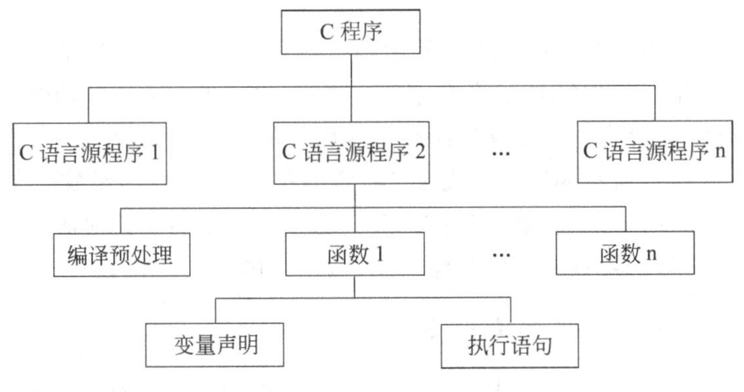

图 7.1 C 程序结构

编译单位,可单独编写、编译、调试等。

(3) 每个函数都是平行的,是相互独立的。即函数不可以嵌套定义,但可以相互调用或嵌套调用,其他函数不可以调用主函数,但是操作系统可以调用主函数。

(4) 一个 C 程序有且只有一个主函数,C 程序的执行总是从主函数开始,在执行的过程中可以调用其他函数,跳转到其他函数去执行,其他函数还可以相互调用,但最终必须从主函数结束整个 C 程序。

由此可见,函数是 C 语言中模块化程序设计的最小单位,是完成特定功能的一段程序代码,在一定范围内具有唯一的函数名。使用函数可使程序结构清晰,可读性好,减少重复编写代码的工作量。设计得当的函数还可以隐藏掉部分不需要知道的具体操作细节,从而使整个程序结构更加清晰。

7.2 函数定义与返回值

在 C 语言中,函数和变量一样,必须做到“先定义,后使用”。

7.2.1 函数类型

在 C 语言中,函数是构成程序的基本模块。程序的执行总是从主函数的入口开始,从主函数的出口结束,中间循环、迭代地调用一个又一个的函数。每个函数分工明确,各司其职,对这些函数而言,主函数像是一个主管。但从不同角度可以对函数进行不同的分类。

1. 从函数定义的角度分类

(1) 库函数。库函数是由 C 的类库提供、系统定义好的函数。符合 ANSI C 标准的 C 语言的编译器,都必须提供这些库函数。用户调用库函数,无须定义和声明,只需要在程序的源文件中包含库函数的头文件即可,例如,scanf()、printf()、getchar()、putchar()、

gets()、puts()等。

此外，还有第三方函数库可供用户使用，它们不在 ANSI C 标准范围内，是由其他厂商自行开发的 C 语言函数库，能扩充 C 语言在图形、数据库等方面的功能。

(2) 用户自定义函数。库函数是针对所有用户的，如果库函数不能满足程序设计的需求，那么就可以自行编写函数来完成自己特定的功能需求，这类函数称为用户自定义函数。在开发团队内部，可采取“拿来拿去主义”，既可以使用团队其他成员编写好的函数，也可以把自己编写好的函数共享给其他成员。如上例的 fact()函数。

2. 从函数执行结果的角度分类

(1) 有返回值函数。这类函数执行完成后，会向主调函数返回一个执行结果，这个结果称为函数返回值，如前面的求阶乘的 fact()函数。

(2) 无返回值函数。这类函数执行完成后，无须向主调函数返回一个执行结果，只需执行本函数，不反馈执行结果，如下面程序中的 printstar()和 print_message()函数。

【例 7-1】 打印如下图案。

```
*************
    hello!
*************
```

【程序代码】

```
1     #include <stdio.h>
2     printstar()
3     {
4         printf("\n\t*************\n\n");
5     }
6     print_message()
7     {
8         printf("\t  hello!\n");
9     }
10    void main()
11      {
12        printstar();
13        print_message();
14        printstar();
15    }
```

3. 从函数调用数据传输的角度分类

(1) 有参函数。函数定义和声明中都有参数，如定义函数 long fact(int n)中的参数 n 称为形式参数(简称形参)，函数调用时，也需要给定参数，如 fact(3)中的 3 就是实际参数(简称实参)。函数执行时会把实参传给形参，这种有参数的函数称为有参函数。

(2) 无参函数。有些函数不需要传递数据，如例 7-1 中只需要函数调用打印图案即可,在函数定义和声明中都没有参数,这些函数称为无参函数。

7.2.2 函数定义

函数的标准定义形式为:

```
函数返回值类型  函数名([形式参数列表])
{
    函数体
}
```

【例 7-2】 用子函数求两个整数中的大数。

【程序代码】

```
1    int max(int x,int y)            /*函数定义*/
2    {
3        if(x>=y)
4            return x;
5        else
6            return y;
7    }
```

说明:

(1) 函数返回值类型:指定函数返回值的数据类型,如例 7-2 第一行中的 int,表示调用 max 函数后返回一个整型的函数值。如果函数执行后不需要返回值,可以指定函数返回值为 void 类型(或称"空类型")。如果省略函数返回值类型,则默认函数返回值的类型为 int。

(2) 函数名:C 语言规定,函数必须指定函数名,函数名可以是合法的标识符,例如,函数名 max。

(3) 形式参数列表:形式参数列表是一组用逗号隔开的形式参数,它规定了函数在被调用时,应该向函数内传递的参数。有参函数的形式参数必须与实际参数一一对应(个数、顺序、数据类型)。无参函数的形式参数列表可以写成 void,也可以省略不写。

(4) 函数体:大括号内的部分。大括号是函数体的开始和结束标志,不可省略。如果一个函数包括多个大括号,则最外层的大括号为函数体的范围。函数体一般包括声明部分和语句部分,也可以是空的,什么工作都不做,只做一个标志(只说明这里存在一个函数或需完成的功能,通常在开发前期使用)。空函数在程序设计中常常是有用的。

(5) 函数返回值:函数执行后,一般使用 return 语句将函数的返回值返回给主调函数。其一般形式为:

```
return 表达式;
```

或

```
return(表达式);
```

例如，例 7-2 的

```
return x;
```

和

```
return y;
```

【编程提示】

（1）函数可以有多个 return 语句，但每次调用函数只能执行一个 return 语句，因为函数执行到 return 语句，就会结束所在函数的执行，跳转到主调函数，不会再执行函数体中的其他语句，因此函数只能有一个返回值。

（2）在定义函数时指定的函数返回值类型应该和 return 语句中表达式类型一致。

（3）对于不带返回值的函数，应定义函数为 void 类型，此时在函数体中不得出现 return 语句。

（4）函数返回值的类型与指定的函数类型不同时，函数类型决定返回值的类型。

思考：将例 7-2 中 max 函数中定义的变量 x、y 改为 float，函数返回值的类型与指定的函数类型不同，上机验证其运行结果有何不同？

7.3 函数调用

在 C 语言中，定义函数的目的就是为了调用函数，实现其预期的功能。

7.3.1 函数调用的形式

函数调用的一般形式为：

函数名（[实际参数列表]）

无参函数的调用不需要实际参数列表；有参函数的调用需要按照形式参数列表的类型和形式参数的个数传递实际参数列表。实际参数可以是常量、变量、表达式或函数返回值，实际参数之间用逗号分开。

函数的调用方式分为以下三种：

（1）函数调用语句：把函数调用单独作为一条语句。一般无返回值函数直接采用函数调用语句，如输入函数语句“scanf("%f,%f",&a,&b);”和输出函数语句“printf("max=%5.2f\n",max);”。

（2）表达式：函数调用作为表达式的一部分。有返回值函数可以作为表达式的一部分，例如语句“max=max(a,b);”的功能是把求最大值函数的返回值赋值给最大值变量。

（3）函数的参数：函数调用作为另一个函数的参数。有返回值函数可以作为另一个函数的参数，如在语句“printf("max=%5.2f\n",max(a,b));”中，求最大值函数的返回值作为输出函数的输出项。

注意：调用函数并不一定要求包括分号，只有作为函数调用语句时才需要分号。如果作为函数表达式或函数参数，则不能加分号。

7.3.2 函数调用时的参数传递

例 7-2 不是一个可执行的程序，没有被其他函数所调用，不能完成任何功能。下面将调用其他函数的函数称为主调函数，被其他函数调用的函数称为被调函数，在调用函数过程中，不仅有程序执行的跳转，同时还有参数的传递。

【例 7-3】 编写主函数，调用例 7-2 求最大值函数。

```
1    #include <stdio.h>
2    int main()
3    {
4        int a,b;
5        scanf("%d,%d",&a,&b);           /* 从键盘随机接收两个数 */
6        printf("max=%d\n",max(a,b));  /* 求最大值函数调用作为输出函数的输出项 */
7    }
```

在本例中，主函数把求最大值的任务交给子函数来完成，主函数只负责调用子函数，把实参 a 和 b 的值传给子函数，并将子函数的返回值作为输出函数的输出项输出。至于子函数接收数据后，如何计算并不关心，这样做使主函数的结构更加紧凑，层次更加清晰。

下面通过分析例 7-2 和例 7-3 来说明函数调用时程序的执行过程与参数传递。

程序运行后，一定从主函数开始执行，假设执行到第 5 行输入函数，键盘随机输入的两个整数是 6 和 8，则 a 的值为 6，b 的值为 8，执行到第 6 行输出函数时，程序跳转到子函数，同时把实参 a 的值复制一份赋给形参 x，把实参 b 的值复制一份赋给形参 y，参数传递后开始执行子函数，由于 if(x>=y)条件不满足，则执行 else 后面的语句 return y;结束子函数的执行，把形参 y 的值作为函数值返回主函数，作为输出函数的输出项，输出最大数 8，最后从主函数结束整个程序。

【程序分析】

(1) 在定义被调函数时指定的形式参数，在被调用前，并不分配存储空间，只有在调用时，才为形式参数临时分配内存单元。

(2) 在调用函数时，将实际参数的值传递给对应的形式参数，如图 7.2 所示，把实参 a 的值复制一份赋给形参 x，把实参 b 的值复制一份赋给形参 y。

(3) 在执行被调函数期间，由于形式参数有值，可以进行各种运算。一直执行到 return 语句，结束被调函数的执行，把函数返回值带回主调函数。

(4) 被调函数执行结束，形式参数所占内存空间被释放，实际参数在主调函数中，实际参数的值一直保留到主调函数结束。

(5) 简单变量的形式参数和实际参数是在不同时间，在不同的内存中分配的存储空间，在调用函数时只能把实际参数的值单方向传递给形式参数，被调函数结束后不可以把

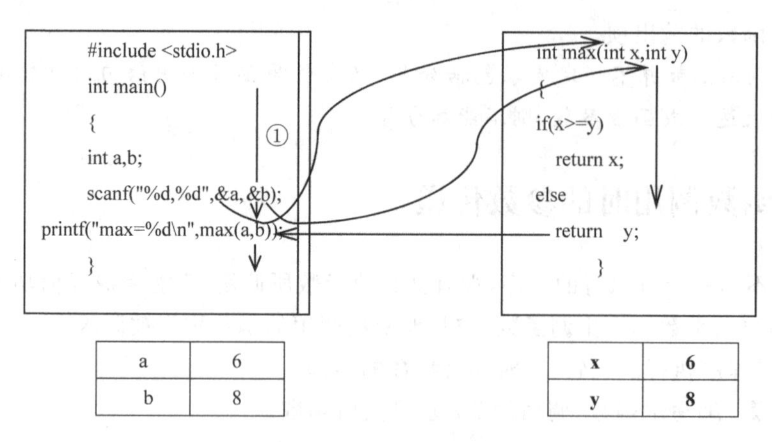

图 7.2　函数调用过程

形式参数的值传递给实际参数，只能通过 return 语句返回主调函数一个值。

7.4　函 数 声 明

在 C 语言中，使用函数前，也需要先对函数进行声明。函数声明又称为函数原型。函数声明是 C 语言后引进的标准，目的是通知编译系统，以便在遇到函数调用时，编译系统能正确识别函数并检查调用是否合法，保障程序的稳定。

1. 函数的声明

在一个函数(主调函数)调用另一个函数(被调函数)时，对被调函数有如下要求：

(1) 被调函数必须是已定义的函数，可以是库函数或用户自定义函数。

(2) 如果被调函数是库函数，应该在本文件开头用＃include 命令将有关库函数所需信息“包含”到本文件中。例如，前面已经用过的＃include <stdio. h>，其中 stdio. h 是一个头文件，在该文件中包含了输入输出库函数的声明。如果不加该包含语句，就无法使用输入输出库函数(scanf()和 printf()除外)。同样，用到数学函数就需要包含 math. h，用到字符串函数就需要包含 string. h。这里. h 是头文件的后缀，表示头文件。

(3) 如果被调函数是用户自定义函数，而且被调函数在同一文件的主调函数之后，此时在主调函数中应该对被调函数进行声明。

【例 7-4】 输入两个实数，要求输出其中的大数。要求用子函数求大数。

将前面的被调函数和主调函数合在一起，并修改程序为：

```
1      #include <stdio.h>
2      float max(float x,float y)                /* 函数定义 */
3      {
4          if(x>=y)
```

```
5               return x;
6           else
7               return y;
8       }
9       void main()
10      {
11          float a,b;
12          scanf("%f,%f",&a,&b);
13          printf("max=%5.2f\n",max(a,b));  /* 函数调用 */
14      }
```

运行结果是正确的。

如果把子函数移到主函数之后，在 Visual C++ 6.0 下编译程序时，会显示如下出错信息：

```
error C2065: 'max': undeclared identifier
error C2373: 'max': redefinition; different type modifiers
```

出错原因就是被调函数在同一文件的主调函数之后，在主调函数中未对被调函数进行声明。

函数的声明格式如下：

```
函数类型 函数名 (形式参数列表);
```

从格式上来看，函数声明和函数定义中的函数首部相似，但有所不同的是，函数的声明语句后面必须有分号，而函数的定义首部没有分号。另外，函数声明的形式参数列表可以没有形参名，即有两种形式：

```
函数类型 函数名(参数类型 1 参数名 1,参数类型 2 参数名 2, …,参数类型 n 参数名 n);
```

或

```
函数类型 函数名(参数类型 1,参数类型 2, …,参数类型 n);
```

2. 函数声明与函数定义的区别

函数声明是声明函数的原型，即说明函数名称、函数类型、参数类型、参数个数和参数顺序。在编译时，系统会依次检查各项的合法性，在检查函数调用时，要求函数名称、函数类型、参数类型、参数个数和参数顺序必须与函数声明一致，实参类型必须与函数声明中的形参类型相同或赋值兼容，否则就按出错处理。

函数定义除了具有函数声明的内容外，还必须有函数的功能，即代码段。也就是函数具体要完成的功能取决于它的函数体。

在程序中，如果主调函数在被调函数之前，必须先在主调函数中对被调函数进行声明。如修改例 7-4 的程序为：

```
1       #include <stdio.h>
```

```
2      void main()
3      {
4          float max(float x,float y);          /* 函数声明 */
5          float a,b;
6          scanf("%f,%f",&a,&b);
7          printf("max=%5.2f\n",max(a,b));
8      }
9      float max(float x,float y)               /* 函数定义 */
10     {
11         if(x>=y)
12             return x;
13         else
14             return y;
15     }
```

在主调函数中增加对被调函数的声明,运行结果是正确的。

如果某一功能重复实现三次以上,就应考虑将其写成函数,这样不仅能使程序结构更清晰,而且有利于模块的重用,既方便自己,也方便他人。从根本上讲,函数设计要遵循"信息隐藏"的指导思想,即把与函数有关的代码和数据对程序的其他部分隐藏起来。一般函数设计需要遵循以下基本原则:

(1) 函数的规模要小,尽量控制在50行代码左右,这样函数更容易维护,出错概率更小。

(2) 函数的功能尽可能单一,不要设计具有多种用途的函数。

(3) 每个函数只有一个入口,一个出口,尽量不要使用全局变量向函数传递信息。

(4) 在函数入口处,最好对参数的有效性进行检查。

(5) 在执行某些敏感性操作,如开平方、除法运算、函数参数传递等,在操作之前,最好对操作数进行合法性检查。

(6) 不能认为调用一个函数就总会成功,要考虑到可能不成功的情况,做出相应的处理。

(7) 当函数需要返回值时,应确保函数中的所有控制分支都有返回值。如果函数没有返回值就声明为void。

【例7-5】 小学生加法考试。先随机输入两个加数,然后显示一道加法运算题,学生输入答案以后,显示答题结果。如果答案正确,输出:"恭喜!答对了!"否则输出:"答错了!继续努力!"

【问题解析】

为了使程序结构更清晰,可以考虑在主函数中出题,调用子函数来答题,根据返回结果,再调用输出函数给出对错信息。

答题函数功能:计算两整型数之和,如果用户输入的答案正确,则返回1,否则返回0。

函数参数:整型变量x和y,分别代表被加数和加数。

函数返回值：当 x 加 y 的结果与用户输入的答案相同时，返回 1，否则返回 0。

输出函数功能：根据不同答题结果的返回值，给出不同的结果信息。

【程序代码】

```
1    #include <stdio.h>
2    int test(int x, int y)
3    {
4        int answer;
5        scanf("%d",&answer);
6        if (x+y ==answer)
7            return 1;
8        else
9            return 0;
10   }
11   void print(int flag)
12   {
13       if (flag)
14           printf("恭喜!答对了!\n");
15       else
16           printf("答错了! 继续努力!\n");
17   }
18   void main()
19   {
20       int x,y,t;
21       printf("请输入被加数 x 的值: ");
22       scanf("%d", &x);
23       printf("请输入加数 y 的值: ");
24       scanf("%d", &y);
25       printf("请计算%d+%d=", x, y);
26       t=test(x,y);
27       print(t);
28   }
```

【运行结果】

```
请输入被加数x的值: 12
请输入加数y的值: 34
请计算12+34=46
恭喜! 答对了!
```

【答错的运行结果】

```
请输入被加数x的值: 12
请输入加数y的值: 34
请计算12+34=55
答错了! 继续努力!
```

思考：上面的程序只能答题一次，如果允许多次答题，直到答对为止，应该怎样修改？

【问题解析】 前面的答题部分、输出对错信息部分，程序不变，只是答题次数不限，直到答对为止。可以考虑把调用答题的子函数放在直到型循环中。所以两个子函数可以不做修改，只修改主函数。

【程序代码】

```
1      void main()
2      {
3          int x,y,t;
4          printf("请输入被加数 x 的值: ");
5          scanf("%d", &x);
6          printf("请输入加数 y 的值: ");
7          scanf("%d", &y);
8          do
9          {
10             printf("请计算%d+%d=", x, y);
11             t=test(x,y);
12             print(t);
13         }while(t ==0);
14     }
```

【运行结果】

```
请输入被加数x的值: 12
请输入加数y的值: 34
请计算12+34=55
答错了! 继续努力!
请计算12+34=67
答错了! 继续努力!
请计算12+34=57
答错了! 继续努力!
请计算12+34=46
恭喜! 答对了!
```

思考：上面的程序不让无限制地答题，最多给三次答题机会，又应该如何修改？

【问题解析】

答题部分、输出对错信息部分，程序不变，只是答题次数最多三次。可以考虑修改调用答题子函数的循环次数。所以两个子函数可以不做修改，只修改主函数。

主函数修改为：

```
1      void main()
2      {
3          int x,y,t,n=0;
4          printf("请输入被加数 x 的值: ");
5          scanf("%d", &x);
6          printf("请输入加数 y 的值: ");
7          scanf("%d", &y);
8          do
9          {
10             printf("请计算%d+%d=", x, y);
```

```
11            t=test(x,y);
12            print(t);
13            n++;
14        }while(t ==0 && n<3);
15    }
```

如果三次以内答案正确,正常结束,如果三次答题全答错,则不允许再次答题,运行结果为:

```
请输入被加数x的值: 12
请输入加数y的值: 34
请计算12+34=55
答错了! 继续努力!
请计算12+34=67
答错了! 继续努力!
请计算12+34=78
答错了! 继续努力!
```

思考:在一些考试中,往往是计算机随机生成的数,不是现场输入数据。比如出 10 个题,答对一个得 10 分,满分 100 分,又该如何修改呢?

【问题解析】

答题部分、输出对错部分,程序不变,需要用一个真正能产生随机数的函数,循环 10 次数,生成 20 个随机数,出 10 道题,每题只答一次,答案正确,加 10 分,正确次数加 1,答案错误,错误次数加 1。

【程序代码】

```
1     #include <stdio.h>
2     #include <stdlib.h>
3     #include <time.h>
4     int test(int x, int y)
5     {
6         int answer;
7         scanf("%d",&answer);
8         if (x+y ==answer)
9             return 1;
10        else
11                return 0;
12    }

13    void print(int flag)
14    {
15        if (flag)
16            printf("恭喜!答对了!\n");
17        else
18            printf("答错了!继续努力!\n");
19    }

20    void main()
21    {
```

```
22              int x,y,t,m=0,n=0,i;
23          int score =0;
24          for (i=0;i<10;i++)
25          {
26          //函数 time()返回以秒计算的当前时间值,该值被转换为无符号整数并用作随机数
            //发生器的种子
27              srand(time(NULL));
28              x =rand()%100 +1;                //产生一个[1,100]的数
29              y =rand()%100 +1;
30              printf("请计算%d+%d=", x, y);
31              t =test(x, y);
32              print(t);
33              if (t==1)
34              {
35                  m++;
36                  score =score +10;
37              }
38              else
39                  n++;
40          }
41          printf("答对%d题,答错%d,最后得分%d", m,n,score);
42      }
```

【运行结果】

```
请计算38+16=54
恭喜! 答对了!

请计算61+19=80
恭喜! 答对了!

请计算81+74=155
恭喜! 答对了!

请计算17+34=66
答错了! 继续努力!

请计算43+85=128
恭喜! 答对了!

请计算65+20=85
恭喜! 答对了!

请计算82+94=176
恭喜! 答对了!

请计算1+49=50
恭喜! 答对了!

请计算18+55=70
答错了! 继续努力!

请计算50+35=85
恭喜! 答对了!
答对8题, 答错2, 最后得分80
```

7.5 函数的嵌套与递归调用

7.5.1 函数的嵌套调用

在C语言中,函数是平行的、独立的,也就是说各函数之间平等,不能在一个函数中再定义另一个函数,即不能嵌套定义函数,但一个函数可以调用其他函数,也可以被其他函数所调用,即函数的嵌套调用,函数的嵌套调用关系如图7.3所示。

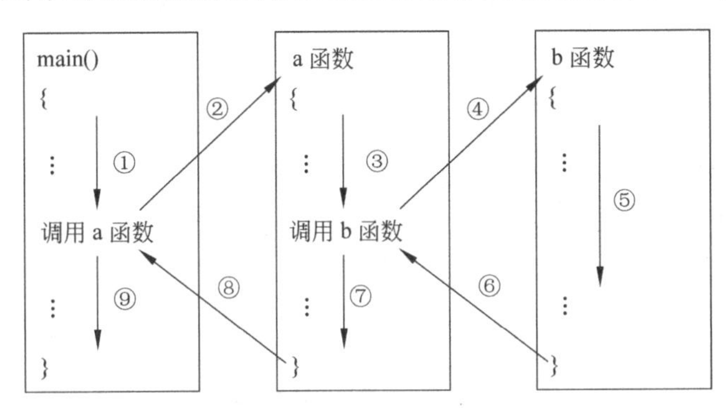

图7.3 函数嵌套调用关系图

图7.3表示了两层的嵌套,其执行过程为:

(1) 从主函数开始执行。

(2) 在主函数中,执行到调用a函数,跳转到a函数去执行。

(3) 在a函数中,执行到调用b函数,跳转到b函数去执行。

(4) 执行完b函数,返回到调用b函数的a函数的位置。

(5) 继续执行a函数中尚未执行的部分,直到执行完a函数。

(6) 返回到调用a函数的主函数的位置。

(7) 继续执行主函数中尚未执行的部分,直到结束。

【例7-6】 编程计算圆的周长、面积;球体、圆柱体、圆锥体的体积,采用如图7.4所示的菜单方式选择。

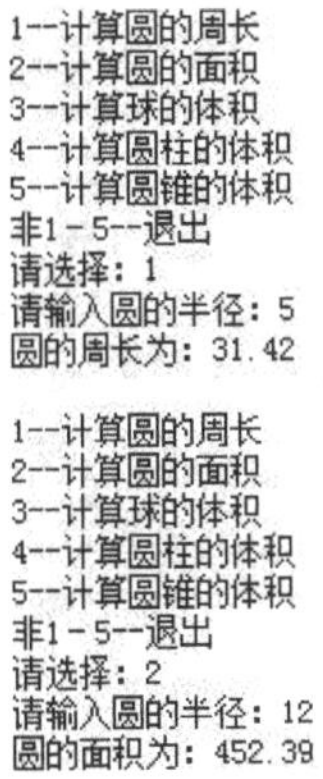

【问题解析】

本例通过5个函数分别计算圆的周长、面积;球体、圆柱体、圆锥体的体积,通过一个函数选择调用5个已有函数计算,主函数中只出现主菜单,输入正确选择后,子函数分别计算,如果输入选择错误,则结束程序。

```
1--计算圆的周长
2--计算圆的面积
3--计算球的体积
4--计算圆柱的体积
5--计算圆锥的体积
非1-5--退出
请选择: 1
请输入圆的半径: 5
圆的周长为: 31.42

1--计算圆的周长
2--计算圆的面积
3--计算球的体积
4--计算圆柱的体积
5--计算圆锥的体积
非1-5--退出
请选择: 2
请输入圆的半径: 12
圆的面积为: 452.39
```

图7.4 菜单方式选择

【程序代码】

```
1    #include <stdio.h>
2    #include <math.h>
```

```
3     #define PI 3.1415926
4     double cl()
5     {
6         float r;
7         double cl;
8         printf("请输入圆的半径：");
9         scanf("%f",&r);
10        cl=2*PI*r;
11        return cl;
12    }
13    double cs()
14    {
15        float r;
16        double cs;
17        printf("请输入圆的半径：");
18        scanf("%f",&r);
19        cs=PI*r*r;
20        return cs;
21    }
22    double bv()
23    {
24        float r;
25        double bv;
26        printf("请输入球的半径：");
27        scanf("%f",&r);
28        bv=4.0/3.0*PI*r*r*r;
29        return bv;
30    }
31    double cv()
32    {
33        float r,h;
34        double cv;
35        printf("请输入圆柱的半径和高：");
36        scanf("%f,%f",&r,&h);
37        cv=PI*r*r*h;
38        return cv;
39    }

40    double cov()
41    {
42        float r,h;
43        double cov;
```

```
44        printf("请输入圆锥的半径和高：");
45        scanf("%f,%f",&r,&h);
46        cov=PI*r*r*h/3.0;
47        return cov;
48    }

49    void sele(int n)
50    {
51        switch(n)
52        {
53        case 1:                                /*计算圆的周长*/
54            printf("圆的周长为：%.2f\n",cl());
55            break;
56        case 2:                                /*计算圆的面积*/
57            printf("圆的面积为：%.2f\n",cs());
58            break;
59        case 3:                                /*计算球的体积*/
60            printf("球的体积为：%.2f\n",bv());
61            break;
62        case 4:                                /*计算圆柱的体积*/
63            printf("圆柱的体积为：%.2f\n",cv());
64            break;
65        case 5:                                /*计算圆锥的体积*/
66            printf("圆锥的体积为：%.2f\n",cov());
67            break;
68        }
69    }

70    int main()
71    {
72        int n;
73        while(1)
74        {
75            printf("1--计算圆的周长\n");
76            printf("2--计算圆的面积\n");
77            printf("3--计算球的体积\n");
78            printf("4--计算圆柱的体积\n");
79            printf("5--计算圆锥的体积\n");
80            printf("非 1-5--退出\n");
81            printf("请选择：\n");
82            scanf("%d",&n);
83            if(n<1 || n>5)
```

```
84                  break;
85              else
86                  sele(n);
87          }
88          return 0;
89      }
```

【程序分析】

在程序中,被调函数都在主调函数前,所以可省略对被调函数的声明。在主函数中,调用 sele()函数,在 sele()函数中根据选择分别调用计算圆周长的 cl()函数、计算圆面积的 cs()函数、计算球体积的 bv()函数、计算圆柱体积的 cv()函数以及计算圆锥体积的 cov()函数。

思考:是否可以不用函数的嵌套调用,直接把 sele()函数的内容放在主函数中来实现?比较其优缺点。

7.5.2 函数的递归调用

如果一个对象部分由它自己组成或按自己定义,则称其为递归。

在日常生活中,字典就是一个典型的递归问题,在字典中的任何一个词汇都是由其他词汇解释或定义的,其他词汇在被定义或解释时又会直接或间接地用到那些由它们定义的词汇。

在 C 语言中,在调用一个函数的过程中又出现直接或间接地调用函数本身,这种调用称为函数的递归调用。

【例 7-7】 利用递归调用的方法求阶乘。

【问题解析】

数学中求阶乘是指从 1 乘以 2 乘以 3 乘以 4,一直乘到所要求的数。可写成 n! = n*(n-1)*(n-2)*…*3*2*1,还可以 n! =n*(n-1)!,(n-1)! =(n-1)*(n-2)!,……,2! =2*1!,直到 1! =1,再依次由 1! 递推出 2!,由 2! 递推出 3!,…,由(n-1)! 递推出 n!,所以阶乘也是一个递归求解的典型实例。这种递推关系也可以用如下递归公式表示:

$$n! = \begin{cases} 1 & n=0,1 \\ n\times(n-1)! & n\geqslant 2 \end{cases}$$

【程序代码】

```
1     #include <stdio.h>
2     long fact(int n);
3     int main()
4     {
5         int n;
6         long p;
7         printf("\n\t 请输入 n 的值: ");
```

```
8          scanf("%d",&n);
9          p=fact(n);
10         printf("\t%d!=%ld\n",n,p);
11         return 0;
12     }

13     long fact(int n)
14     {
15         long f;
16         if(n<0)
17             printf("数据输入错误");
18         else if(n==0||n==1)
19                 f=1;
20             else
21                 f=n* fact(n-1);
22         return f;
23     }
```

【运行结果】

```
请输入n的值: 5
5!=120
```

【程序分析】

递归函数 fact(5)的执行过程如图 7.5 所示。

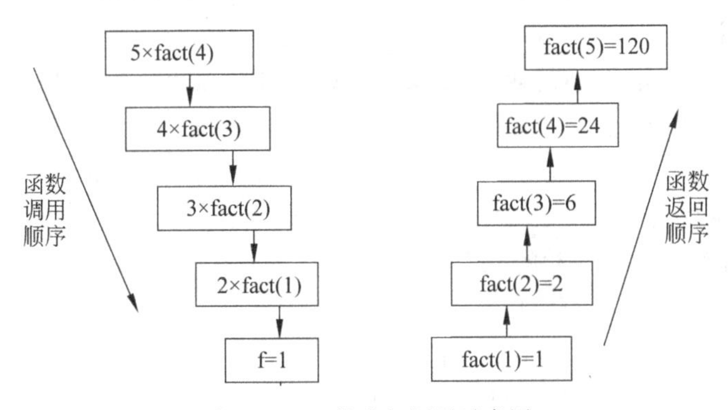

图 7.5　5! 的递归调用示意图

递归步骤为:

(1) 计算 5!,主函数调用 fact(5),在 fact(5)中并没有直接计算 5!,而是计算 5 * fact(4)。

(2) 在 fact(4)中并没有直接计算 4!,而是计算 4 * fact(3)。

(3) 在 fact(3)中并没有直接计算 3!,而是计算 3 * fact(2)。

(4) 在 fact(2)中并没有直接计算 2!,而是计算 2 * fact(1)。

(5) 在 fact(1)中递归终止条件成立,返回 fact(1)的值 1 给调用它的 fact(2)。

(6) 在 fact(2)中,计算 2 * fact(1),返回 fact(2)的值 2 给调用它的 fact(3)。

(7) 在 fact(3)中,计算 3 * fact(2),返回 fact(3)的值 6 给调用它的 fact(4)。

(8) 在 fact(4)中,计算 4 * fact(3),返回 fact(4)的值 24 给调用它的 fact(5)。

(9) 在 fact(5)中,计算 5 * fact(4),返回 fact(5)的值 120 给调用它的主函数。

(10) 在主函数中输出 5! 的值 120。

7.6 数组作为函数参数

数组可以作为函数的参数使用,进行数据传递。数组作函数参数有两种形式:一种是数组元素作为函数参数,另一种是数组名作为函数参数。

7.6.1 数组元素作为函数参数

数组元素可以作为函数的实参,但不能作为形参。因为形参是在函数被调用时临时分配存储空间,不可以为一个数组元素单独分配内存单元。在定义数组时,系统为数组整体在内存中分配一段连续的存储空间。用数组元素作函数实参,作用与普通变量完全相同,把实参的值传给形参,属于"单向值传递"。

【例 7-8】 将两个各有 10 个元素的数组 a、b 逐项对应比较,分别统计出相应元素大于、等于、小于的次数(如果数组 a 中的数组元素大于数组 b 中的数组元素的次数多,则认为 a>b),并输出数组 a、b 的关系。

【问题解析】

建立比较两个元素大小的函数,large(x,y)。如果 x>y,标记 f=1;若 x=y,标记 f=0;x<y,标记 f=−1。

主函数实现:

(1) 输入两数组。

(2) 循环判断 a[i]与 b[i]的元素关系。

$$\text{用 large}(a[i],b[i])=\begin{cases} f=1 & n=+1 \\ f=0 & m=+1 \\ f=-1 & k=+1 \end{cases}$$

(3) 输出。

【程序代码】

```
1      #include <stdio.h>
2      int large(int x,int y)
3      {
4          int f;
5          if(x>y) f=1;
6          else if (x==y) f=0;
7              else f=-1;
```

```
8          return(f);
9      }

10     int main()
11     {
12         int a[10],b[10],i,n=0,m=0,k=0,z;
13         printf("输入数组 a:\n");
14         for (i=0;i<10;i++)
15             scanf("%d",&a[i]);
16         printf("\n 输入数组 b:\n");
17         for(i=0;i<10;i++)
18             scanf("%d",&b[i]);
19         printf("\n");
20         for(i=0;i<10;i++)
21         {
22             z=large(a[i],b[i]);
23             if(z==1)
24                 n=n+1;
25             else if(z==0)
26                        m=m+1;
27                      else k=k+1;
28         }
29         printf("a[i]>b[i]有%d个,相等有%d个,小于有%d个\n",n,m,k);
30         if(n>k)
31             printf("a 数组>b 数组");
32         else if(n==k)
33                 printf("a 数组=b 数组");
34             else
35                 printf("a 数组<b 数组\n");
36     return 0;
37     }
```

【运行结果】

```
输入数组a:1 3 5 7 9 2 4 6 8 10

输入数组b:2 4 6 8 10 9 7 5 3 1

a[i]>b[i]有3个，相等有0个，小于有7个
a数组<b数组
```

【例 7-9】 利用数组元素作函数实参,求 5 个数当中的最大数。

【问题解析】

用函数调用,主函数中定义一个大小为 5 的数组,随机接收 5 个数据,设计一个求最大值的函数,用数组元素作为实参依次调用子函数求两个数中的大数。

【程序代码】

```
1    #include <stdio.h>
2    int max(int x,int y)                       /* 函数定义 */
3    {
4        if(x>=y)
5            return x;
6        else
7            return y;
8    }
9    int main()
10   {
11       int i,m,x[5];
12       printf("请输入 5 个数组元素: \n");
13       for(i=0;i<5;i++)
14           scanf("%d",&x[i]);
15       m=x[0];
16       for(i=1;i<5;i++)
17       {
18           if(max(m,x[i])>=m)
19               m=max(m,x[i]);
20       }
21       printf("max=%d\n",m);
22       return 0;
23   }
```

【运行结果】

```
请输入5个数组元素:
12 34 67 88 54
max=88
```

7.6.2 一维数组作为函数参数

用数组元素作为实参，向形参传递的是数组元素的值，而用数组名作为函数实参，向形参(数组名或指针变量)传递的是数组的首地址。关于指针的内容将在后面章节讲到。

一维数组作为函数参数包括函数定义和函数调用两部分。

函数定义的形式为：

```
函数返回值类型  函数名(数据类型 一维形参数组名[数组长度],[形参类型说明表])
{
    函数体
}
```

函数调用的形式为：

函数名(一维数组名,实参列表);

【例 7-10】 用一维数组名作为函数参数,修改第 6 章的引例,计算一个班学生 C 语言程序设计课程的平均成绩。

【问题解析】

在主函数中,定义一个一维数组,用于存放学生成绩,编写一个求平均值的子函数,在子函数中求平均值,并返回,最后在主函数中输出平均成绩。

【程序代码】

```
1      #include <stdio.h>
2      #define N 10
3      int main()
4      {
5          float aver(float score[N]);          /* 函数声明 */
6          int i;
7          float score[N],average;
8          printf("请输入%d个成绩:\n",N);
9          for (i=0;i<N;i++)
10         {
11             scanf("%f",&score[i]);
12         }
13         average=aver(score);                 /* 函数调用-数组名作实参 */
14         printf("平均成绩为: %5.2f\n",average);
15         return 0;
16     }
17     float aver(float score[N])               /* 定义函数-数组作形参 */
18     {
19         int i;
20         float average,sum=0;
21         for (i=0;i<N;i++)
22         {
23                 sum=sum+score[i];
24         }
25         average=sum/N;
26         return average;
27     }
```

【运行结果】

```
请输入10个成绩:
90 88 87 76 67 77 86 99 83 95
平均成绩为: 84.80
```

【程序分析】

(1) 实参与形参都用数组名,数组名表示数组在内存中的起始地址。例如,数组 a 在内存中从 2000 地址开始存放，则 a 的值为 2000。2000 是地址值，是指针类型的数据（第 10 章中将介绍指针类型），不能把它看成是整型或其他类型数据。

（2）实参是数组名，形参也应定义为数组形式，形参数组的长度可以省略，但[ ]不能省，否则就不是数组形式了。

说明：

（1）实参和形参均可以使用数组。

（2）用数组名作为函数参数，应在主调函数和被调函数中分别定义数组，不能只在一方定义。

（3）实参和形参，类型应一致，大小可以不一致。

（4）如果指定形参数组的大小，则实参数组的大小必须小于或等于形参数组，也可不指定形参数组的大小，另设一个参数作为数组元素个数。

修改上例函数定义为：

```
float average(float array[ ],int n);
```

函数调用为：

```
average(score,10);
```

（5）用数组名作函数参数时，不是“值传送”，而是“地址传送”，即把实参起始地址传送给形参，这样两个数组共同占用同一段内存单元。两个数组相应数组元素的内存单元是相同的。这样只要其中一个发生改变，另一个也已经改变，这与“值传送”不同。

7.6.3 二维数组作为函数参数

二维数组作为函数参数也包括函数定义和函数调用两部分。

函数定义的形式为：

```
函数返回值类型  函数名(数据类型 二维形参数组名[数组长度][数组长度],[形参类型说明表])
{
    函数体
}
```

函数调用的形式为：

```
函数名(二维数组名,实参列表);
```

【例 7-11】 在例 6-13 的基础上，用二维数组作为函数参数进行编程计算：(1)每个学生的总分和平均分；(2)每门课程的总分和平均分。

【问题解析】

学生的学号、姓名是字符型数据，可以定义两个字符数组来分别存储处理，3 个学生 4 门课的成绩是实型数据，可以定义一个实型的二维数组来存储处理，并且用一个二维数组来存储包括总分和平均分在内的学生所有成绩。3 个学生 4 门课，再加上两个总分和平均分，应该定义一个 5 行 6 列的二维数组。

【程序代码】

```
1    #include <stdio.h>
2    #include <string.h>
3    #define M 5
4    #define N 6
5    void stusa(float score[M][N]);
6    void cousa(float score[M][N]);
7    int main()
8    {
9        char num[M][20]={"201507014101","201507014102","201507014103"},
               name[M][20]={"张玉明","李莉","王军"};
10       float score[M][N]={{66,78,80,95},{76,88,85,90},{85,77,94,86}};
11       int i,j;
12       stusa(score);                         //调用函数计算每个学生的总分和平均分
13       cousa(score);                         //调用函数计算每门课的总分和平均分
14       printf("     学号          姓名     数学     英语 计算机 物理
             总分     平均分:\n");
15       for (i=0;i<M;i++)
16       {
17           if(i==M-2)
18               printf("课程总分:              ");
19           if(i==M-1)
20               printf("课程平均分:              ");
21           if(i<M-2)
22           {
23               printf("%15s",num[i]);
24               printf("%10s",name[i]);
25           }
26           for (j=0;j<N;j++)
27           {
28           printf("%8.1f",score[i][j]);
29           }
30           printf("\n");
31       }
32       printf("\n");
33       return 0;
34   }

35   void stusa(float score[M][N])             //定义函数计算每个学生的总分和平均分
```

```
36  {
37      int i,j;
38      for(i=0;i<M-2;i++)
39      {
40          score[i][N-2]=0;
41          for(j=0;j<N-2;j++)
42          {
43              score[i][N-2]=score[i][N-2]+score[i][j];
44          }
45          score[i][N-1]=score[i][N-2]/(N-2);
46      }
47  }

48  void cousa(float score[M][N])           //定义函数计算每门课程的总分和平均分
49  {
50      int i,j;
51      for (j=0;j<N-2;j++)
52      {
53          score[M-2][j]=0;
54          for (i=0;i<M-2;i++)
55          {
56              score[M-2][j]=score[M-2][j]+score[i][j];
57          }
58          score[M-1][j]=score[M-2][j]/(M-2);
59      }
60  }
```

【运行结果】

```
   学号           姓名    数学   英语   计算机  物理   总分   平均分:
 201507014101    张玉明   66.0   78.0   80.0   95.0  319.0   79.8
 201507014102     李莉    76.0   88.0   85.0   90.0  339.0   84.8
 201507014103     王军    85.0   77.0   94.0   86.0  342.0   85.5
课程总分:                 227.0  243.0  259.0  271.0    0.0    0.0
课程平均分:                75.7   81.0   86.3   90.3    0.0    0.0
```

【例 7-12】 用函数调用改写例 6-14 字符数组的应用。从键盘上随机输入 5 个国家的名称,要求按字典中的顺序输出。

【问题解析】

国家的名称是字符型数据,可以定义一个字符数组,5 个国家的名称是 5 个字符串,可以定义一个二维数组来存储处理。循环输入 5 个国家的名称,对 5 个国家的名称进行排序用子函数来实现,按字典中的先后顺序输出。

【程序代码】

```
1   #include <stdio.h>
2   #include <string.h>
```

```
3      #define N 5
4      void sortname(char name[N][20]);
5      int main()
6      {
7          char name[N][20];
8          int i;
9          printf("请输入 5 个国家的名称:\n");
10         for(i=0;i<N;i++)
11         {
12             gets(name[i]);
13         }
14         sortname(name);
15         printf("字典中的先后顺序为:\n");
16         for (i=0;i<N;i++)
17         {
18             puts(name[i]);
19         }
20         printf("\n");
21         return 0;
22         }
23     void sortname(char name[N][20])
24     {
25         int i,j;
26         char str[20];
27         for(i=0;i<N-1;i++)
28         {
29             for(j=i+1;j<N;j++)
30             {
31                 if(strcmp(name[j],name[i])<0)
32                 {
33                     strcpy(str,name[j]);
34                     strcpy(name[j],name[i]);
35                     strcpy(name[i],str);
36                 }
37             }
38         }
39     }
```

【运行结果】

```
请输入5个国家的名称:
china
america
russia
germany
england
字典中的先后顺序为:
america
china
england
germany
russia
```

7.7 变量的作用域和存储类型

7.7.1 变量的作用域

变量的作用域是指变量在程序中可以被使用的范围。根据变量作用域的不同,可以将变量分为局部变量和全局变量。

在C程序中,用大括号括起来的区域,称为语句块。常见的有复合语句块、函数体。在语句块体内定义的变量,仅在该语句块中起作用,这部分变量称为局部变量。在语句块外部定义的变量称为全局变量,全局变量的作用域是从定义语句开始到它所在的C程序文件结束。

```
1     float p,q;                 // 全局变量 p,q 从此处开始到它所在程序文件结束有效
2     main ()
3     {
4       int a,b;                 // 局部变量 a,b 只在主函数范围内有效
5         ⋮
6     }

7     int x,y;                   // 全局变量 x,y 从此处开始到它所在程序文件结束有效
8     float fun1(int x)
9     {
10        int y,z;               //局部变量 x,y,z 只在 fun1 函数范围内有效
11          ⋮
12    }

13    float fun2()
14    {
15        int i,j,k;             //局部变量 i,j,k 在 fun2 函数范围内有效
16          ⋮
17        {
18          int m,n;             //局部变量 m,n 只在复合语句块内有效
19            ⋮
20        }
21    }
```

说明:

(1) 局部变量只在定义它的语句块中起作用,执行到定义语句时为其分配存储空间,在语句块结束时释放存储空间。

(2) 不同语句块中可以使用同名的局部变量,它们代表不同的对象。如上面的主函

数、fun1 函数、fun2 函数中可以用相同名字的局部变量。

(3) 形参也是局部变量。如 fun1 函数中的局部变量 x，只在 fun1 函数范围内起作用。

(4) 当语句块嵌套时，如果内层与外层语句块有同名的局部变量，则在内层语句块中，将屏蔽外层的同名变量，跳出内层语句块后，恢复外层语句块的变量。

(5) 全局变量使函数之间的数据交换更容易，也更高效，但由于全局变量在它的作用域内可以被任何函数所访问并修改，这样会很难确定是哪个函数在什么地方修改了全局变量，给程序的调试和维护带来困难。

【例 7-13】 运行下列程序，分析其运行结果。

```
1       #include <stdio.h>
2       void sub(int a,int b)
3       {
4           int c;
5           a=a+b; b=b+a; c=b-a;
6           printf("sub:\ta=%d b=%d c=%d\n",a,b,c);
7       }

8       void main()
9       {
10          int a=1,b=1,c=1;
11          printf("main:\ta=%d b=%d c=%d\n",a,b,c);
12          sub(a,b);
13          printf("main:\ta=%d b=%d c=%d\n",a,b,c);
14          {
15              int a=2,b=2;
16              printf("comp:\ta=%d b=%d c=%d\n",a,b,c);
17          }
18          printf("main:\ta=%d b=%d c=%d\n",a,b,c);
19      }
```

【运行结果】

```
main:   a=1  b= 1  c= 1
sub:    a=2  b= 3  c= 1
main:   a=1  b= 1  c= 1
comp:   a=2  b= 2  c= 1
main:   a=1  b= 1  c= 1
```

【程序分析】

(1) 程序从主函数开始执行，在主函数中有初始化语句"int a=1,b=1,c=1;"，局部变量 a、b、c 只在主函数中起作用，输出语句输出"main: a=1 b=1 c=1"。

(2) 在主函数，执行到函数调用语句"sub(a,b);"，程序转到 sub()函数去执行，在 sub()函数中有同名的局部变量 a、b、c，只在 sub()函数中起作用。在函数调用过程中，

sub()函数的形参a、b接收主函数实参a、b的值1，再进行运算后，在sub()函数中，输出语句输出“sub： a=2 b= 3 c=1”。sub()函数运行结束，局部变量a、b、c的存储空间释放。返回调用它的主函数所在处。

(3) 在主函数，继续向下执行到输出语句，再次输出主函数中原有的值“main： a=1 b= 1 c=1”。

(4) 在主函数，继续向下执行到复合语句，在复合语句中，有同名的局部变量a、b只在复合语句中起作用，并将屏蔽主函数的同名的局部变量a、b，局部变量c仍是主函数中的c变量，所以在复合函数中，输出语句输出“comp： a=2 b= 2 c=1”。这里的局部变量a、b是复合语句的，局部变量c是主函数的。复合语句块运行结束，其局部变量a、b的存储空间释放。

(5) 在主函数，继续向下执行到输出语句，再次输出主函数中原有的值“main： a=1 b= 1 c=1”。

【例7-14】 全局变量和局部变量的作用域。

```
1     #include <stdio.h>
2     int a =5;
3     void fun(int x, int y)
4     {
5         int b,c;
6         b=a+x;
7         c=a-y;
8         printf("%d\t%d\t%d\n",a,b,c);
9     }
10    void main( )
11    {
12        int b=6,c=7;
13        fun(b,c);
14        printf("%d\t%d\t%d\n",a,b,c);
15        {
16            int a=9,b=8;
17            printf("%d\t%d\t%d\n",a,b,c);
18            {
19                c=10;
20                printf("%d\t%d\t%d\n", a,b,c);
21            }
22            printf("%d\t%d\t%d\n",a,b,c);
23        }
24        printf("%d\t%d\t%d\n",a,b,c);
25    }
```

【运行结果】

```
5       11      -2
5       6       7
9       8       7
9       8       10
9       8       10
5       6       10
```

【程序分析】

(1) 程序从主函数开始执行,在主函数中执行到函数调用语句“fun(b,c);”,程序转到 fun()函数去执行,在 fun()函数中有同名的局部变量 b、c。在函数调用过程中,fun()函数的形参 b、c 接收主函数实参 b、c 的值 6 和 7,利用全局变量 a,进行运算后,在 fun()函数中,输出语句输出 a、b、c 的值分别为 5、11、-2。fun()函数运行结束,局部变量 b、c 的存储空间释放。返回调用它的主函数所在处。

(2) 在主函数,执行输出语句输出 a、b、c 的值分别为 5、6、7。

(3) 在主函数,继续向下执行到复合语句,在复合语句中,有同名的局部变量 a、b 只在复合语句中起作用,并将屏蔽全局变量 a 和局部变量 b,局部变量 c 在复合语句中有效,所以在复合函数中,输出语句输出 a、b、c 的值分别为 9、8、7。

(4) 在主函数,再继续向下执行到内层复合语句,在内层复合语句中,重新给局部变量 c 赋新值,局部变量 c 的值变为 10,所以在内层复合函数中,输出语句输出 a、b、c 的值分别为 9、8、10。

(5) 结束内层复合语句,输出语句输出 a、b、c 的值仍分别是 9、8、10。

(6) 结束复合语句,输出语句输出 a、b、c 的值仍分别是 5、6、10。

【例 7-15】 一个一维数组放入 10 名学生成绩,编程求平均分、最高分和最低分。

【问题解析】

(1) 在主函数中可以进行数据的输入与输出。

(2) 为了使程序结构清晰,可以使用函数调用求平均分、最高分和最低分。因一个函数只能返回一个值,用 3 个函数有点浪费,可以考虑用全局变量。最高分和最低分用全局变量 Max 和 Min 来实现,平均成绩用函数返回值传递。

【程序代码】

```
1       #include <stdio.h>
2       #define N 10
3       float Max=0,Min=0;
4       float average(float score[N])
5       {
6           int i;
7           float aver,sum=score[0];
8           Max=Min=score[0];
9           for(i=1;i<N ;i++)
10          {
11              if(Max<score[i])
12                  Max=score[i];
```

```
13            else if(Min>score[i])
14                  Min=score[i];
15        sum=sum+score[i];
16        }
17        aver=sum/N;
18        return(aver);
19    }

20    void main( )
21    {
22        float aver,score[N];
23        int i;
24        printf("\n\t 请输入%d 个成绩:\n\t",N);
25        for(i=0;i<N;i++)
26            scanf("%f",&score[i]);
27        aver=average(score);
28        printf ("\t 最高分为: %.2f\n\t 最低分为: %.2f\n\t 平均分为: %.2f\n",Max,
               Min,aver);
29    }
```

【运行结果】

```
请输入10个成绩:
66 77 88 90 99 98 87 76 80 90
最高分为: 99.00
最低分为: 66.00
平均分为: 85.10
```

【程序分析】

(1) 程序中主函数成绩数组与子函数中的成绩数组是同名数组,但它们分别在各自定义函数中起作用,只不过,在函数调用时,实参数组名是把数组的首地址传给形参数组,所以形参数组和实参数组共用一段存储空间。

(2) 全局变量 Max 和 Min 在主函数和子函数中都起作用,增加了函数间数据联系的通道。但不提倡多用。为了便于区分全局变量和局部变量,习惯将全局变量的首字母大写。

7.7.2 变量的存储类型

在 C 语言中,变量和函数不仅有数据类型属性,还有存储类型属性。变量的存储类型是指编译器为变量分配内存的方式,变量的存储类型决定变量在内存中的存储空间,根据变量的存储类型,可以知道变量的作用域和生存期。

C 语言提供了以下 4 种不同的存储类型:

(1) 自动变量。

(2) 静态变量。

(3) 外部变量。

(4) 寄存器变量。

在C语言中,变量的标准定义形式一般是:

```
存储类型 数据类型 变量名表;
```

1. 自动变量

自动变量是最常见的变量,前面所讲的局部变量,如果不加其他关键字进行存储类型说明或用auto关键字进行存储类型说明的,都是自动变量。自动变量跟局部变量一样,在定义时,系统会在动态存储区给它们分配存储空间,当所在的语句块结束时,释放存储空间,退出语句块后不能再被访问。自动变量也称为动态局部变量。

自动变量的标准定义格式为:

```
auto 数据类型 变量名表;
```

例如:

```
auto int x,y;
```

由于自动变量极为常见,所以在C语言中把自动变量设为缺省的存储类型,即auto可以省略不写。反之,如果没有指定变量的存储类型,那么变量的存储类型就缺省为自动变量。

语句

```
auto  int x;
```

等价于语句

```
int x;
```

说明:

(1) 内存分配:调用函数或语句块时在动态存储区为其分配存储单元,函数或语句块执行结束,所占内存空间立即被释放。

(2) 变量的初值:定义变量时若没赋初值,自动变量的初值不确定。如果赋初值,则每次函数被调用时执行一次赋值操作。

(3) 生存期:所在函数或语句块执行期间。

(4) 作用域:自动变量所在的函数内或语句块内。

【例7-16】 分析并运行下列程序。

```
1      #include <stdio.h>
2      int fun(int a)
3      {
4           auto int b=0 ;
5           auto int c=3;
```

```
6       b=b+1; c=c+1;
7       return(a+b+c);
8    }
9    void main( )
10   {
11      int a=2,i;
12      for(i=0;i<3;i++)
13      printf("%5d ",fun(a));
14      printf("\n");
15   }
```

【运行结果】

```
7    7    7
```

【程序分析】

主函数循环 3 次，调用 3 次子函数，每次调用时把实参 a 的值传递给 fun()函数的形参 a，形参 b 和形参 c 是自动变量，每次调用均需初始化，故 3 次返回的值都是 7。

2. 静态变量

静态变量又称静态局部变量，如果不希望函数调用结束后，函数中局部变量的值被释放，仍然保留变量的值，可以将局部变量定义为局部静态变量。只需要用关键字 static 对变量的存储类型进行说明即可。

局部静态变量的标准定义形式是：

```
static 数据类型 变量名表;
```

例如：

```
static  int a,b;
```

说明：

(1) 内存分配：编译时，将其分配在内存的静态存储区中，在整个程序的运行期间都不释放，程序运行结束后释放该单元。因此，局部静态变量在函数被调用结束后，其值并不消失。

(2) 静态变量的初值：若定义时未赋初值，在编译时，系统自动赋初值为 0 或空；若定义时赋初值，则仅在编译时赋初值一次，程序运行后不再给变量赋初值。

(3) 生存期：整个程序的执行期间。

(4) 作用域：是它所在的函数内或程序段语句块内。

【例 7-17】 分析并运行下列程序。

```
1    #include <stdio.h>
2    int fun(int a)
3    {
4       auto int b=0;
```

```
5          static int c=3;
6          b=b+1; c=c+1;
7          return(a+b+c);
8      }

9      void main()
10     {
11         int a=2,i;
12         for(i=0;i<3;i++)
13             printf("%5d",fun(a));
14         printf("\n");
15     }
```

【运行结果】

```
7    8    9
```

【程序分析】

主函数循环3次，调用3次子函数，每次调用时把实参a的值传递给fun()函数的形参a，形参b是自动变量，形参c是局部静态变量，每次调用形参b，都要重新初始化，但是形参c保留原值，每一次调用函数都在上一次c值的基础上加1，故3次返回的值分别为7、8、9。

3. 外部变量

如果在所有函数之外定义的变量没有指定其存储类型，那么这种变量称为外部变量。外部变量是全局变量，外部变量的标准定义形式是：

```
extern 数据类型 变量名表;
```

例如：

```
extern  int a,b;
```

说明：

(1) 内存分配：编译时，系统将其分配在静态存储区，程序运行结束后释放该单元。

(2) 变量的初值：若定义变量时未赋初值，在编译时，系统自动赋初值为0。

(3) 生存期：整个程序的执行期间。

(4) 作用域：从定义处开始到本源文件结束。

此外，还可以用extern进行声明，以使其作用域扩大到该程序的其他文件中。

4. 寄存器变量

寄存器变量就是用寄存器存储的变量。其定义格式为：

```
register 数据类型 变量名表;
```

例如：

```
register  int a,b;
```

特点：执行速度快。

注意：

（1）只有函数内定义的变量或形参可以定义为寄存器变量。寄存器变量的值保存在寄存器中。

（2）受寄存器长度的限制，寄存器变量只能是char、int和指针类型的变量。

（3）寄存器的容量虽然很小，但它是CPU内部速度极快的存储器，由于CPU进行访问内存的操作是很耗时的，使得有时对内存的访问无法与指令的执行保持同步。因此，将需要频繁访问的数据存储在CPU内部的寄存器中。

现代编译器能自动优化程序，自动把使用频繁的变量优化为寄存器变量，并且可以忽略用户的register指定，所以一般无须特别声明变量为register。

7.8 编译预处理

编译预处理是C语言编译程序的组成部分，它用于解释处理C语言源程序中的各种预处理命令。如前面程序中的＃include和宏定义＃define。这些特殊的命令是在程序被编译之前执行的，是给C语言编译器提供的信息，通知编译器对源代码做一些预处理工作。它们在形式上都以字符＃开头，不属于C语言中真正的语句，但它们增强了C语言的编程功能，改进了C语言程序设计环境，提高了编程效率。编译预处理语句分为三种：

（1）文件包含，将用到的源文件包含到被编译的源文件中。

（2）宏定义，宏定义分为有参数宏定义和无参数宏定义。无参数宏定义可以代替常量，所以无参数宏又称为符号常量，有参数宏定义可以代替一些简单的函数。

（3）条件编译，不是所有的预处理命令都要执行，根据条件选择执行。

1. 文件包含

前面的程序中一般有#include <stdio.h>，其功能是把标准输入输出库函数包含到当前文件中，或者说是把指定的源文件复制一份到当前文件中，如图7.6所示。

＃include预处理命令有如下两种格式。

格式1：

```
#include <文件名>
```

格式2：

```
#include "文件名"
```

功能：在源文件编译时，用<文件名>或"文件名"中的文件内容替换 include <文件名>或#include "文件名"行。

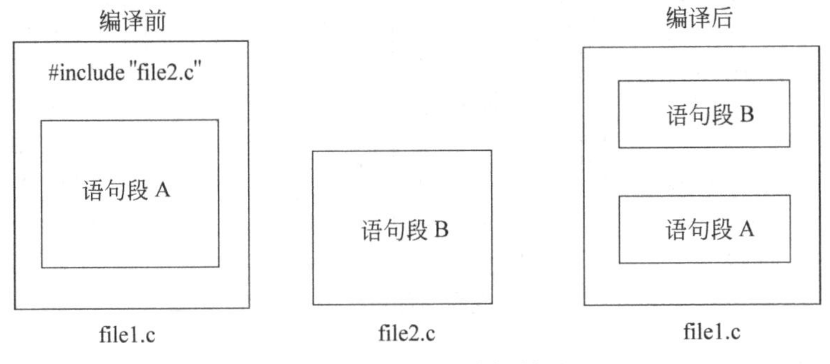

图 7.6　文件包含编译前后

这两种形式都是文件包含的预处理命令，格式相似，功能略有不同，格式 1 中 C 编译器是从系统指定的 C 函数库文件的路径开始搜索要包含的文件，这种方法一般用来包含标准库函数中的头文件，格式 2 中 C 编译器是先在用户当前目录中搜索要包含的文件，如果找不到，再从系统指定的路径开始搜索要包含的文件，这种方法一般用来包含程序员自己定义的源文件。

说明：

(1) ＃include 命令通常写在所用文件的最开始部分，所以有时也把包含文件称为"头文件"。头文件名可以由用户指定，其后缀名不一定是".h"。

(2) 如果包含的文件没有搜索到，程序在编译时会报编译错误。

(3) 一个＃include 命令只能指定一个包含文件。如果要包含几个文件，则需要多个＃include 命令。

(4) ＃include "文件名"这种形式的文件包含中的文件名，可以带文件的路径。

(5) 当包含文件被修改后，对包含该文件的源程序必须重新进行编译连接，才可以使修改后的文件生效。

(6) 包含文件可以嵌套，即文件 1 包含文件 2，文件 2 包含文件 3，如图 7.7 所示。若文件 1 包含文件 2，文件 2 用到文件 3 的内容，而文件 2 中没有对文件 3 的包含命令，可在文件 1 中加两条＃include 命令。

2. 宏定义

前面已介绍，在此不再重复。

3. 条件编译

C 语言可以有条件地编译程序，条件编译可以方便程序的移植和调试。常见的条件编译有如下 3 种格式。

格式 1：

```
#ifdef 宏名
```

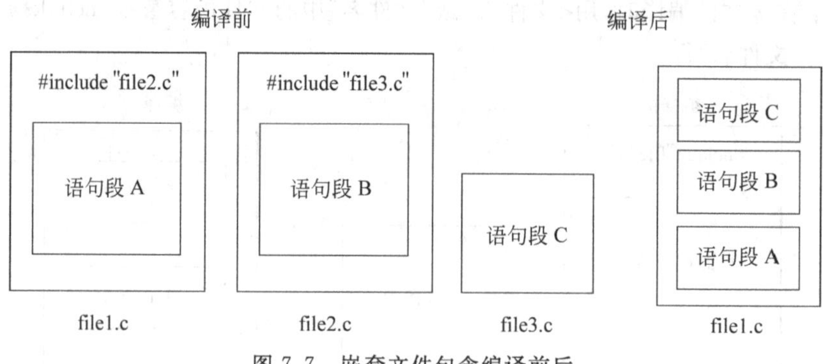

图 7.7　嵌套文件包含编译前后

```
    程序段 1
#else
    程序段 2
#endif
```

功能：只有当＃ifdef 宏名中的宏名在之前已经被定义，才会执行程序段 1，否则程序执行程序段 2，在大型程序或跨平台程序中，一般需要定义若干个不同的宏来控制源程序中的不同部分的条件编译。

注意：格式 1 中的＃else 分支是可以省略的，类似 if-else 语句，下面格式 2 和格式 3 中＃else 分支可以省略。

格式 2：

```
#ifndef  宏名
    程序段 1
#else
    程序段 2
#endif
```

功能：只有当＃ifndef 宏名中的宏名在之前没有被定义，才执行程序段 1，否则程序执行程序段 2，格式 2 与格式 1 在语法上一样，功能正好相反。

格式 3：

```
#if 常量表达式
    程序段 1
#else
    程序段 2
#endif
```

功能：程序运行时，首先计算常量表达式的值，如果值为非零或真，则执行程序段 1，否则程序执行程序段 2。

7.9 综 合 实 例

【例 7-18】 在前面学生成绩管理程序的基础上,用模块化的设计方法编程实现以下功能。

学生成绩管理系统的功能模块有:

(1) 录入。

(2) 计算。

(3) 排序。

(4) 查找。

(5) 输出。

【问题解析】

(1) 本程序功能较多,需分模块设计,主模块调用子模块实现各个功能。

(2) 用菜单显示,根据菜单选择不同的功能模块执行。

(3) 学生信息内容有许多,可以考虑只包括学号、姓名、各科成绩以及总分和平均分,为了处理方便,学号、姓名分别用一个一维字符数组存储,学生的所有成绩信息可用一个数值型的二维数组存储。数组大小的定义,可考虑定义一个最大值,具体大小可由键盘随机输入,确定学生人数和课程门数。

(4) 录入学生信息,可以考虑先录入学号,再录入姓名,最后录入各科成绩。也可以一个学生的所有信息一起录入,再录入下一个学生的信息。

(5) 计算内容很多,可以计算每位学生的总分和平均分,每门课的最高分、最低分以及平均分等。本程序只考虑计算每位学生的总分和平均分。

(6) 排序也有多种方式,可以分别按学号、姓名、总分等,本程序只考虑按学生总成绩排序。

(7) 查找同样有多种方式,可以分别按学号、姓名、分数等,本程序只考虑按学号查找某个学生信息。

(8) 输出信息有多种,输出学生最初信息、计算后的信息、排序后信息、查找到的信息等,可以根据需要决定是否把所有的输出信息都放在该模块。本程序为了方便,该模块只输出最初信息,计算后的信息、排序后信息、查找到的信息直接在相应模块输出。

编写大程序一定不要一次书写全部代码,应如下分步进行。

第一步,写主模块:所有子函数并没有完成,所以只写框架,具体模块内容再一个一个添加。

【程序代码】

```
1      #include <stdio.h>                   //用到输入输出的添加
2      #include <stdlib.h>                  //用到库函数的添加
3      #include <string.h>                  //用到字符处理函数的添加
4      #define Max_SN 30                    //最多学生人数
```

```
5       #define Max_CN 30                         //最多课程门数
6       char menu(void);                          //声明菜单子函数
7       int main()
8       {
9           char ch;                              //接收主菜单选项
10          while(1)
11          {
12              ch=menu();                        //调用主菜单,并读取用户选项
13              switch (ch)                       //选项 分别调用相应函数
14              {
15                  case '1':
16                      printf("输入");           // 调用录入学生信息模块
17                      printf("\n");
18                      break;
19                  case '2':
20                      printf("计算");           //调用计算模块
21                      printf("\n");
22                      break;
23                  case '3':
24                      printf("排序");           //调用排序模块
25                      printf("\n");
26                      break;
27                  case '4':
28                      printf("查找");           //调用查找模块
29                      printf("\n");
30                      break;
31                  case '5':
32                      printf("输出");           //调用输出模块
33                      printf("所有学生的信息为:\n");
34                      printf("\n");
35                      break;
36                  case '0':
37                      printf("程序结束");
38                      exit(0);
39                  default: printf("输入错误");
40              }
41          }
42      }
```

在此,主程序只调用了一个菜单函数,需编写菜单模块的函数。

```
1       char menu(void)                           //主菜单
2       {
3           char menusele;
4           printf("\t 学生成绩管理: \n");
```

```
5        printf("\t1.录入学生信息\n");
6        printf("\t2.计算学生的总分和平均分\n");
7        printf("\t3.按学生总成绩排序\n");
8        printf("\t4.查找某个学生信息\n");
9        printf("\t5.输出学生信息\n");
10       printf("\t0.退出\n");
11       printf("\t 请输入您的选择：");
12       scanf("%c",&menusele);
13       getchar();
14       return menusele;
15   }
```

如果编写的主函数在前，菜单子函数在后，在主函数中调用菜单子函数就需要对该函数进行声明。例如，在主函数前加声明语句“char menu(void)；”。

调试程序，显示主菜单，并可以根据不同的菜单选项执行不同的分支，确保每个分支都能执行到，如图 7.8 所示。

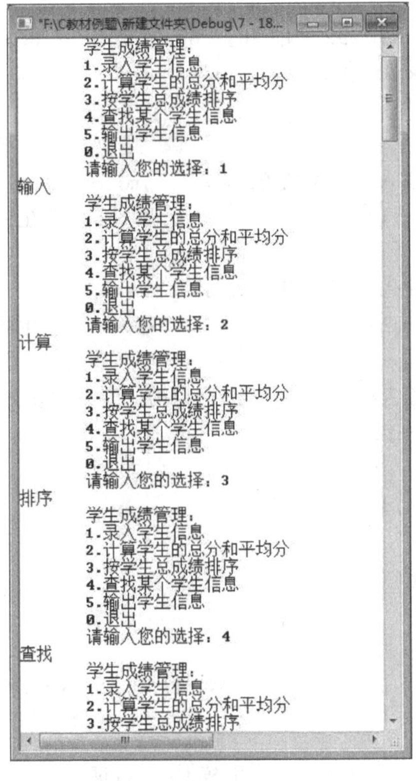

图 7.8　主菜单

上面只是验证每个分支都是可行的，但每项功能并没有实现，下面依次添加各项模块程序。

1. 基本的输入输出模块

在输入输出中就要用到学号、姓名、成绩数组，这时需在主函数中进行定义相关数组和变量。例如：

```
1      char num[Max_SN][20],name[Max_SN][20];
2      float score[Max_SN][Max_CN];
3      int m,n;
4      printf("请输入学生人数:m<%d:\n",Max_SN);
5      scanf("%d",&m);
6      printf("请输入课程门数: n<%d:\n",Max_CN);
7      scanf("%d",&n);
8      getchar();
```

2. 输入模块

```
//录入学生信息 read
1      void read(char num[Max_SN][20],char name[Max_SN][20],
       float score[Max_SN][Max_CN],int m,int n)
2      {
3          int i,j;
4          printf("请输入%d个学生的学号:\n",m);
5          for(i=0;i<m;i++)                    //输入 m 个学生的学号
6              gets(num[i]);
7          printf("请输入%d个学生的姓名:\n",m);
8          for(i=0;i<m;i++)                    //输入 m 个学生的姓名
9              gets(name[i]);
10         printf("请输入%d个学生的%d门课的成绩:\n",m,n);
11         for (i=0;i<m;i++)
12         {
13             for (j=0;j<n;j++)
14             {
15                 scanf("%f",&score[i][j]);
16             }
17         }
18         getchar();                 //接收最后输入的回车换行符,避免影响后面的菜单选择
19     }
```

输入信息是否正确接收，可以调用输出模块来验证。

3. 输出模块

```
//输出学生信息
1      void print(char num[Max_SN][20],char name[Max_SN][20],
       float score[Max_SN][Max_CN],int m,int n)
```

```
2      {
3          int i,j;
4          printf("所有学生的信息为:\n");
5          for (i=0;i<m;i++)
6          {
7              printf("%15s",num[i]);
8              printf("%15s",name[i]);
9              for (j=0;j<n;j++)
10             {
11                 printf("%8.1f ",score[i][j]);
12             }
13             printf("\n");
14         }
15     }
```

输入输出函数编写完成后，需在主函数中调用、调试、验证，在此存在参数的调用，需要注意参数传递。另外，如果被调函数出现在主调函数之后，在主调函数中需对被调函数进行声明。

例如，在主函数中进行声明的语句为：

```
void read(char num[Max_SN][20],char name[Max_SN][20],
          float score[Max_SN][Max_CN],int m,int n);
void print(char num[Max_SN][20],char name[Max_SN][20],
           float score[Max_SN][Max_CN],int m,int n);
```

主函数调用输入输出函数的语句段修改为：

```
case '1':
    read(num,name,score,m,n);            //调用录入学生信息模块
    printf("\n");
    break;
case '5':
    print(num,name,score,m,n);           //调用输出学生信息模块
    printf("\n");
    break;
```

基本的输入输出调试结果如图 7.9 所示。

有了基本的输入输出之后，可以考虑依次添加计算、排序、查找等模块，依次进行调试，完整的程序代码为：

```
1      #include <stdio.h>
2      #include <stdlib.h>
3      #include <string.h>
4      #define Max_SN 30                    //最多学生人数
5      #define Max_CN 30                    //最多课程门数
6      //被调函数的声明
```

```
请输入学生人数:m<30:
3
请输入课程门数:n<30:
4
学生成绩管理:
1.录入学生信息
2.计算学生的总分和平均分
3.按学生总成绩排序
4.查找某个学生信息
5.输出学生信息
0.退出
请输入您的选择: 1
请输入3个学生的学号:
201507044101
201507044102
201507044203
请输入3个学生的姓名:
李利平
张爱国
刘宏斌
请输入3个学生的4门课的成绩:
76 88 90 95
90 66 77 84
85 75 95 60

学生成绩管理:
1.录入学生信息
2.计算学生的总分和平均分
3.按学生总成绩排序
4.查找某个学生信息
5.输出学生信息
0.退出
请输入您的选择: 5
所有学生的信息为:
    201507044101    李利平    76.0    88.0    90.0    95.0
    201507044102    张爱国    90.0    66.0    77.0    84.0
    201507044203    刘宏斌    85.0    75.0    95.0    60.0
```

图 7.9　输入输出调试结果

```
7       char menu(void) ;
8       void read(char num[Max_SN][20],char name[Max_SN][20],
                  float score[Max_SN][Max_CN],int m,int n);
9       void print(char num[Max_SN][20],char name[Max_SN][20],
                   float score[Max_SN][Max_CN],int m,int n);
10      void calculate(char num[Max_SN][20],char name[Max_SN][20],
                       float score[Max_SN][Max_CN],int m,int n) ;
11      void sumsort (char num[Max_SN][20],char name[Max_SN][20],
                      float score[Max_SN][Max_CN],int m,int n) ;
12      void numsearch(char num[Max_SN][20],char name[Max_SN][20],
                       float score[Max_SN][Max_CN],int m,int n) ;

13      int main()
14      {
15          char ch;
16          char num[Max_SN][20],name[Max_SN][20];
17          float score[Max_SN][Max_CN];
18          int m,n;
19          printf("请输入学生人数:m<%d:\n",Max_SN);
20          scanf("%d",&m);
21          printf("请输入课程门数:n<%d:\n",Max_CN);
22          scanf("%d",&n);
23          getchar();
```

```
24      while(1)
25      {
26          ch=menu();                              //调用主菜单,并读取用户选项
27          switch (ch)
28          {
29          case '1':
30              read(num,name,score,m,n);           // 调用录入学生信息模块
31              printf("\n");
32              break;
33          case '2':
34              calculate(num,name,score,m,n);      //调用计算模块
35              printf("\n");
36              break;
37          case '3':
38              sumsort(num,name,score,m,n);        //调用按学生的总分排序模块
39              printf("\n");
40              break;
41          case '4':
42              numsearch(num,name,score,m,n);      //调用按学生的学号查找模块
43              printf("\n");
44              break;
45          case '5':
46              print(num,name,score,m,n);          //调用输出学生最初信息模块
47              printf("\n");
48              break;
49          case '0':
50              printf("程序结束");
51              exit(0);
52          default: printf("输入错误");
53          }
54      }
55  }

56  char menu(void)                                 //主菜单
57  {
58      char menusele;
59      printf("\t 学生成绩管理: \n");
60      printf("\t1.录入学生信息\n");
61      printf("\t2.计算学生的总分和平均分\n");
62      printf("\t3.按学生总成绩排序\n");
63      printf("\t4.查找某个学生信息\n");
64      printf("\t5.输出学生信息\n");
65      printf("\t0.退出\n");
66      printf("\t 请输入您的选择: ");
```

```
67        scanf("%c",&menusele);
68        getchar();
69        return menusele;
70    }
    //录入学生信息 read
71    void read(char num[Max_SN][20],char name[Max_SN][20],
                float score[Max_SN][Max_CN],int m,int n)
72    {
73        int i,j;
74        printf("请输入%d个学生的学号:\n",m);
75        for(i=0;i<m;i++)                              //输入m个学生的学号
76            gets(num[i]);
77        printf("请输入%d个学生的姓名:\n",m);
78        for(i=0;i<m;i++)                              //输入m个学生的姓名
79            gets(name[i]);
80        printf("请输入%d个学生的%d门课的成绩:\n",m,n);
81        for (i=0;i<m;i++)
82        {
83            for (j=0;j<n;j++)
84            {
85                scanf("%f",&score[i][j]);
86            }
87        }
88        getchar();
89    }

90    //计算每个学生的总分和平均分
91    void calculate(char num[Max_SN][20],char name[Max_SN][20],
                     float score[Max_SN][Max_CN],int m,int n)
92    {
93        int i,j;
94        for (i=0;i<m;i++)
95        {
96            score[i][n]=0;
97            for (j=0;j<n;j++)
98            {
99                score[i][n]=score[i][n]+score[i][j];
100           }
101           score[i][n+1]=score[i][n]/n;
102       }
103       printf("所有学生的信息为:\n");
104       for (i=0;i<m;i++)
105       {
106           printf("%15s",num[i]);
```

```
107            printf("%15s",name[i]);
108            for (j=0;j<n+2;j++)
109            {
110                printf("%8.1f ",score[i][j]);
111            }
112            printf("\n");
113        }
114    }
    //按学生的总分排序
115    void sumsort (char num[Max_SN][20],char name[Max_SN][20],
                   float score[Max_SN][Max_CN],int m,int n)
116    {
117        int i,j,k;
118        float t;
119        char string[20];
120        for (i=0;i<m;i++)
121        {
122            k=i;
123            for (j=i+1;j<m;j++)
124            {
125                if(score[i][n]<score[j][n])
126                k=j;
127            }
128            if(k!=i)
129            {
130                {  /*交换学号*/
131                    strcpy(string,num[i]);
132                    strcpy(num[i],num[k]);
133                    strcpy(num[k],string);
134                }
135                {  /*交换姓名*/
136                    strcpy(string,name[i]);
137                    strcpy(name[i],name[k]);
138                    strcpy(name[i],string);
139                }
140                for(j=0;j<n+2;j++)
141                {  /*交换成绩*/
142                    t=score[i][j];
143                    score[i][j]=score[k][j];
144                    score[k][j]=t;}
145                }
146            }
147        printf("所有学生的信息为:\n");
148        for (i=0;i<m;i++)
```

```
149         {
150             printf("%15s",num[i]);
151             printf("%15s",name[i]);
152             for (j=0;j<n+2;j++)
153             {
154                 printf("%8.1f ",score[i][j]);
155             }
156             printf("\n");
157         }
158         printf("\n");
159     }
    //按学生的学号查找
160     void numsearch(char num[Max_SN][20],char name[Max_SN][20],
                    float score[Max_SN][Max_CN],int m,int n)
161     {
162         int i,j,q;
163         char p[20];
164         printf("请输入要查找的学生学号：");
165         gets(p);
166         for(i=0;i<m;i++)
167         {
168             if(strcmp(num[i],p)==0)                    //若找到
169             {
170                 q=i;                                   //记录所找到学生的位置
171                 printf("所找学生的信息为:\n");
172                 printf("%15s",num[q]);                 //输出所找到学生的学号
173                 printf("%15s",name[q]);                //输出所找到学生的姓名
174                 for (j=0;j<n+2;j++)    //输出所找到学生的各科成绩及总分和平均分
175                 {
176                     printf("%8.1f ",score[q][j]);
177                 }
178                 printf("\n");
179                 break;
180             }
181         }
182         if(q>=m)
183         printf("该学生不存在");
184     }
    //输出学生信息
185     void print(char num[Max_SN][20],char name[Max_SN][20],
                float score[Max_SN][Max_CN],int m,int n)
186     {
187         int i,j;
188         printf("所有学生的信息为:\n");
```

```
189         for (i=0;i<m;i++)
190         {
191             printf("%15s",num[i]);
192             printf("%15s",name[i]);
193             for (j=0;j<n;j++)
194             {
195                 printf("%8.1f ",score[i][j]);
196             }
197             printf("\n");
198         }
199 }
```

验证程序运行结果如图 7.10 所示。

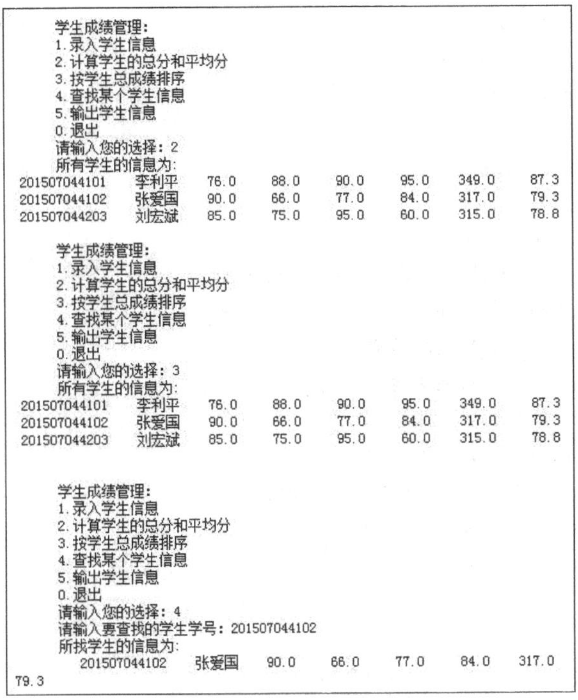

```
        学生成绩管理:
        1.录入学生信息
        2.计算学生的总分和平均分
        3.按学生总成绩排序
        4.查找某个学生信息
        5.输出学生信息
        0.退出
        请输入您的选择: 2
        所有学生的信息为:
201507044101    李利平    76.0    88.0    90.0    95.0    349.0    87.3
201507044102    张爱国    90.0    66.0    77.0    84.0    317.0    79.3
201507044203    刘宏斌    85.0    75.0    95.0    60.0    315.0    78.8

        学生成绩管理:
        1.录入学生信息
        2.计算学生的总分和平均分
        3.按学生总成绩排序
        4.查找某个学生信息
        5.输出学生信息
        0.退出
        请输入您的选择: 3
        所有学生的信息为:
201507044101    李利平    76.0    88.0    90.0    95.0    349.0    87.3
201507044102    张爱国    90.0    66.0    77.0    84.0    317.0    79.3
201507044203    刘宏斌    85.0    75.0    95.0    60.0    315.0    78.8


        学生成绩管理:
        1.录入学生信息
        2.计算学生的总分和平均分
        3.按学生总成绩排序
        4.查找某个学生信息
        5.输出学生信息
        0.退出
        请输入您的选择: 4
        请输入要查找的学生学号: 201507044102
        所找学生的信息为:
            201507044102    张爱国    90.0    66.0    77.0    84.0    317.0
79.3
```

图 7.10　计算排序查找结果

此程序只起一个抛砖引玉的作用，通过本程序，大家可以了解模块化程序设计的过程和方法，本程序仍有大量需要补充和完善的部分，希望有能力的同学，可以再继续增加下一级菜单，如查找再分按学号查找、按姓名查找、按分数查找、查找总分最高分和最低分、查找单科最高分和最低分、查找某门课的最高分和最低分，等等，逐步细化和完善。

【例 7-19】 在例 7-18 与例 7-5 的基础上，增加菜单选择，可以作加、减、乘、除运算。用模块化的设计方法编程实现以下功能。

小学生数学练习系统有：

(1) 加法。

(2) 减法。

(3) 乘法。

(4) 除法。

【问题解析】

(1) 本程序仍需分模块设计,主模块调用子模块实现各个功能。

(2) 用菜单显示,根据菜单选择不同的功能模块执行。

(3) 出题模块,根据加、减、乘、除不同的选择,出不同的试题,根据不同的运算,进行相应的操作限制,被减数大于减数,除数不能为零等,本程序只限 1~100 的运算。

(4) 答题模块,根据不同的运算,进行相应的答案判定,返回相应的结果。

【程序代码】

```
1    #include <stdio.h>                          //用到输入输出的添加
2    #include <stdlib.h>                         //用到库函数的添加
3    #include <string.h>                         //用到字符处理函数的添加
4    #include <time.h>
5    #define N 3                                 //答题数量
6    char menu(void)                             //主菜单
7    {
8        char menusele;
9        printf("\t 小学生数学练习系统: \n");
10       printf("\t 1.加法运算\n");
11       printf("\t 2.减法运算\n");
12       printf("\t 3.乘法运算\n");
13       printf("\t 4.除法运算\n");
14       printf("\t 0.退出\n");
15       printf("\t 请输入您的选择: ");
16       scanf("%c",&menusele);
17       return menusele;
18   }

19   int test(int x,char op,int y)               //答题模块
20   {
21       int answer;
22       scanf("%d",&answer);
23       switch (op)
24       {
25           case '+':
26               if (x+y ==answer)
27                   return 1;
28               else
29                   return 0;
30               printf("\n");
31               break;
```

```
32              case '-':
33                  if (x-y ==answer)
34                      return 1;
35                  else
36                      return 0;
37                  printf("\n");
38                  break;
39              case '*':
40                  if (x * y ==answer)
41                      return 1;
42                  else
43                      return 0;
44                  printf("\n");
45                  break;
46              case '/':
47                  if (x/y ==answer)
48                      return 1;
49                  else
50                      return 0;
51                  printf("\n");
52                  break;
53              default: printf("出错");
54          }
55      }
    //对错提示
56      void print(int flag)
57      {
58          if (flag)
59              printf("恭喜!答对了!\n");
60          else
61          printf("答错了!继续努力!\n");
62      }

63      void question(char op)                          //出题模块
64      {
65          int x,y,t,m=0,n=0,i,temp;
66          int score =0;
67          for (i=0;i<N;i++)
68          {
69              //函数 time()返回以秒计算的当前时间值,该值被转换为无符号整数并用作随
                //机数发生器的种子
70              srand(time(NULL));
71              x =rand()%100 +1;                       //产生一个[1,100]的数
72              y =rand()%100 +1;
```

```
73            printf("请计算%d%c%d=", x,op,y);
74            if(op=='-')
75                if(x<y)
76                    {    temp=x;    x=y;    y=temp;    }
77            if(op=='/')
78                if(y==0)
79                    {  printf("除数不能为零"); }
80            t =test(x,op,y);
81            print(t);
82            if (t ==1)
83            {
84                m++;
85                score =score +10;
86            }
87            else
88            n++;
89    }
90        printf("答对%d题,答错%d,最后得分%d", m,n,score);
91        getchar();
92    }

93    void main()
94    {
95        char ch;                                  //接收主菜单选项
96        while(1)
97        {
98            ch=menu();                            //调用主菜单,并读取用户选项
99            switch (ch)                           //选项 分别调用相应函数
100           {
101               case '1':
102                   question('+');                // 调用加法模块 add()
103                   printf("\n");
104                   break;
105               case '2':
106                   question('-');                //调用减法模块 sub()
107                   printf("\n");
108                   break;
109               case '3':
110                   question('*');                //调用乘法模块 mul()
111                   printf("\n");
112                   break;
113               case '4':
114                   question('/');                //调用除法模块 div()
115                   printf("\n");
```

```
116                     break;
117                 case '0':
118                     printf("程序结束\n");
119                     exit(0);
120                 default: printf("输入错误\n");
121             }
122         }
123     }
```

运行结果如图 7.11 所示。

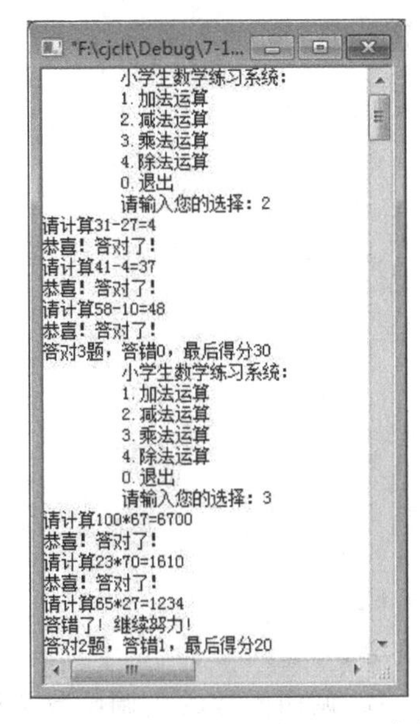

图 7.11　小学数学练习系统

习　　题

1. C 程序的基本单位是(　　),它使得 C 程序容易实现模块化。

   A. 函数　　B. 过程　　C. 变量　　D. 语句

2. 以下说法中正确的是(　　)。

   A. C 程序总是从第一个函数开始执行

   B. 在 C 程序中,要调用的函数必须在 main()函数中定义

   C. C 程序总是从 main()函数开始执行

   D. C 程序中的 main()函数必须放在程序的开始部分

3. 以下函数值的类型是(　　)。

```
fun ( float x )
{
```

```
    float y;
    y=3 * x-4;
    return y;
}
```

A. int　　B. 不确定　　C. void　　D. float

4. 以下程序的输出结果是(　　)。

```
#include <stdio.h>
int f(int n)
{
    if(n==1)
        return 1;
    else
        return 0;
}
main()
{
    int i,s=0;
    for(i=1;i<3;i++)
        s+=f(i);
    printf("%d\n",s);
}
```

A. 4　　B. 3　　C. 2　　D. 1

5. C语言中函数返回值的类型由(　　)决定。

A. return语句中的表达式类型　　B. 调用函数的主调函数类型

C. 调用函数时的临时类型　　D. 定义函数时所指定的函数类型

6. 有如下程序：

```
int sub(int n)
{
    if(n<5)
        return 0;
    else if(n>12)
        return 3;
    return 1;
    if(n>5)
        return 2;
}
main()
{
    int a=10;
    printf("%d\n",sub(a));
}
```

该程序的输出结果是(　　)。

A. 0　　B. 1　　C. 2　　D. 3

7. 在C语言中(　　)。

A. 函数的定义可以嵌套,但函数的调用不可以嵌套

B. 函数的定义和调用均可以嵌套

C. 函数的定义和调用均不可以嵌套

D. 函数的定义不可以嵌套,但函数的调用可以嵌套

8. 在函数调用过程中,如果函数funA调用了函数funB,函数funB又调用了函数funC,则(　　)。

A. C语言中不允许这样调用　　B. 称为函数的递归调用

C. 称为函数的循环调用　　D. 称为函数的嵌套调用

9. 以下程序的输出结果是(　　)。

```
#include <stdio.h>
int a, b;
void fun()
{
    a=100; b=200;
}
main()
{
    int a=5, b=7;
    fun();
    printf("%d%d\n", a,b);
}
```

A. 100 200　　B. 57　　C. 200 100　　D. 75

10. 下列说法正确的是(　　)。

A. 用#include包含的头文件的后缀不可以是“.c”

B. 若一些源程序中包含某个头文件;当该头文件有错时,只需对该文件进行修改,包含此头文件所有源程序不必重新进行编译

C. 预处理命令是在C源程序编译之前进行的

D. 宏命令行可以看作是一行C语句

11. 以下程序的输出结果是(　　)。

```
#include <stdio.h>
int d=1;
fun(int p)
{
    static int d=5;
    d+=p;
    printf("%d ",d);
```

```
    return(d);
}
main()
{
    int a=3;
    printf("%d\n",fun(a+fun(d)));
}
```

A. 6 9 9　　　　B. 6 6 9　　　　C. 6 15 15　　　　D. 6 6 15

12. 以下叙述中正确的是(　　)。

A. 全局变量的作用域一定比局部变量的作用域范围大

B. 静态(static)类别变量的生存期贯穿于整个程序的运行期间

C. 函数的形参都属于全局变量

D. 未在定义语句中赋初值的 auto 变量和 static 变量的初值都是随机值

13. 以下对 C 语言函数的描述中,正确的是(　　)。

A. C 程序由一个或一个以上的函数组成

B. C 函数既可以嵌套定义又可以递归调用

C. 函数必须有返回值,否则不能使用函数

D. C 程序中调用关系的所有函数必须放在同一个程序文件中

14. C 语言中形参的默认存储类别是(　　)。

A. 自动(auto)　　　　B. 静态(static)

C. 寄存器(register)　　　　D. 外部(extern)

15. 函数调用语句 fun(x+y,(e1,e2),fun(x−y,d,(a,b)));中,含有的实参个数是(　　)。

A. 3　　　　B. 4　　　　C. 6　　　　D. 8

16. 以下程序的输出结果是(　　)。

```
#include <stdio.h>
fun(int x)
{
    static int a=3;
    a+=x;
    return(a);
}
main()
{
    int k=2,m=1,n;
    n=fun(k);
    n=fun(m);
    printf("%d",n);
}
```

A. 3　　　　B. 4　　　　C. 6　　　　D. 9

17. 以下程序的输出结果是(　　)。

```
#include <stdio.h>
int func(int a,int b)
{
    return(a+b);
}
main( )
{
    int x=2,y=5,z=8,r;
    r=func(func(x,y),z);
    printf("%d\n",r);
}
```

A. 12　　B. 13　　C. 14　　D. 15

第8章 指　　针

通过前面章节的学习，相信读者已经掌握了C语言中最常用的基本数据类型（整型、实型和字符型）。掌握了这些数据类型，就可以解决C语言中所遇到的大多数的问题。但是，在C语言中，有一种较为特殊的数据类型——指针类型（简称"指针"），它是C语言的"灵魂"所在。通过利用指针，可以表示各种数据结构，能够方便地使用数组和字符串，能够直接访问物理内存单元，能够编写出精练而高效的程序。通过合理的运用指针，能够极大地丰富C语言的功能。应该说，不掌握指针就是没有掌握C语言的精华，不理解C语言的"灵魂"所在。因此，必须深入地学习和掌握指针的概念和用法。

8.1 指针的概念

【引例】 输出不同类型变量的地址到屏幕。

【问题解析】

首先需要定义基本数据类型的变量（整型、实数型、字符型等），还需要定义已经学过的其他高级数据类型（数组），然后利用printf语句输出结果到屏幕上。

【程序代码】

```
1    #include <stdio.h>
2    int main()
3    {
4        int A[3]={5,6,7};
5        printf(" 数组 A 的首地址为:%p\n",A);          //%p 表示以十六进制形式输出结果
6        printf(" 数组成员 A[0]的地址为:%p\n",&A[0]);
7        printf(" 数组成员 A[1]的地址为:%p\n",&A[1]);
8        printf(" 数组成员 A[2]的地址为:%p\n",&A[2]);
9        return 0;
10   }
```

【运行结果】

```
数组A的首地址为:0135FC6C
数组成员A[0]的地址为:0135FC6C
数组成员A[1]的地址为:0135FC70
数组成员A[2]的地址为:0135FC74
```

引例说明：

(1) 取变量的地址要在变量的名前加取地址符“&”。&A[0]、&A[1]、&A[2]分别获得整数型数组成员在物理内存的存储区域的首地址。

(2) 每一个地址代表一个内存单元(字节)的地址，地址通常用十六进制数来表示，“%p”表示以十六进制数显示数值，十六进制前缀“0x”或“0X”是标识符号，不显示在屏幕上。注意：计算机系统是根据内存的使用情况随机给变量分配内存空间的，所以读者运行此程序的结果可能不一样。虽然操作系统是随机分配的内容地址，但是读者可以通过函数 printf 来查看具体变量的地址。

(3) 在 C 语言中，数组的名字代表数组在内存中存储区域的首地址。引例中 A 数组共 3 个整型数据，每个数据占用 4 字节，因此数组共占用连续的 12 字节空间。注意：A 数组的首地址代表第一个元素的首地址，所以 A 和 &A[0]等价。

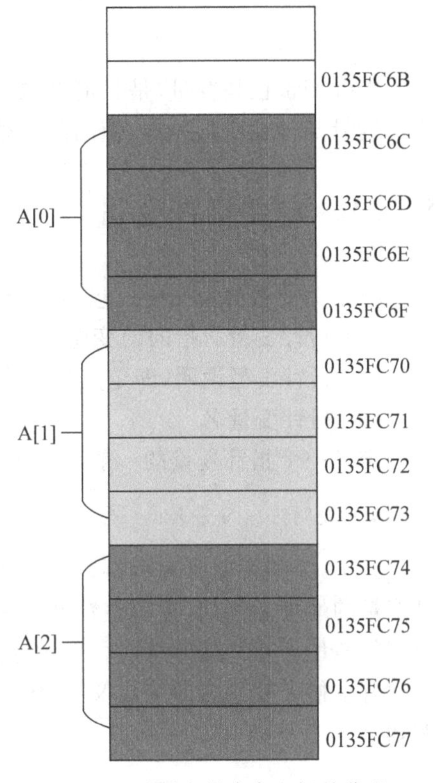

图 8.1 引例变量内存空间的分配

在 VC++ 2010 系统中，引例数据在内存中的分配情况如图 8.1 所示。从图中可以看出，int 型 A 数组分配了 12 字节，每个 int 型元素占用 4 字节。为了方便对内存单元进行操作，每个存储单元(1 字节)都有一个内存编号，这个编号就是“内存单元地址”。这个地址指向了变量的存储单元，这就是“指针”的由来。因此，指针的本质就是内存单元地址。

在程序中定义了一个变量，系统会根据变量的类型为该变量分配相应字节的内存空间。变量在内存空间里存放的数据称为“变量的值”。而系统为变量分配的存储空间的首个单元的地址称为“变量的地址”。

通常，CPU 在访问内存时有两种寻址方式：直接寻址方式和间接寻址方式。

直接寻址方式是指在编程中直接给出变量的地址，引例中 &A[0]、&A[1]都属于直接寻址方式，利用取地址符“&”直接获得变量的地址。

间接寻址方式是指在程序中不直接获得变量的地址，而是把变量的地址存储到一个特殊的变量中，这种特殊的变量只用来存储地址，通过这个特殊变量存储的地址来间接访问变量。这类能用来存储地址的变量就称为“指针变量”。若指针变量 p 中存储了变量 A 的地址，则称为指针变量 p 指向变量 A。

换句话说，指针就是地址，而指针变量就是存储变量地址的变量。有时读者会将指针变量简称为指针，但读者容易根据上下文判断“指针”是指的指针变量还是内存地址。

8.2 指针变量的定义

指针变量也是变量，是只能存放地址的一种变量。根据 C 语言中变量的使用要求，指针变量与其他变量一样，使用前必须先定义。

8.2.1 定义指针变量

对指针变量的定义格式包括三个内容：

(1) 指针变量所指向的变量的数据类型。

(2) 指针类型说明，即定义变量为一个指针变量，用指针运算符“*”表示。

(3) 指针变量名。

定义一个指针变量的一般形式为：

```
类型说明符 *变量名;
```

其中，类型说明符表示指针变量所指向的变量的类型，一个指针只能存储一种数据类型变量的地址。例如，指向整数型变量的指针变量，不能存储实数型或字符型等其他数据类型的地址。指针运算符“*”表示这是一个指针变量，不能省略，不能与后面的变量名字之间有空格。变量名即为定义的指针变量名，其命名规则必须符合标识符的命名规则。例如：

```
int *p;                                    //p是指向整型变量的指针变量
```

上例表示 p 是一个指针变量，其值是某个整型变量的地址；或者说 p 指向一个整型变量。至于 p 究竟是指向哪一个整型变量，需要对 p 变量赋值来决定。如果不赋值，p 变量中存的地址为随机数。例如：

```
int *p1;
float *p2;
char *p3;
```

上例中定义了三种类型的指针变量，分别指向不同类型的变量。应该注意的是，一个指针变量只能指向同类型的变量，例如，p1 只能指向 int 整型变量，而不能指向 float 或 char 等类型的变量。

指针变量与普通变量一样，使用之前不仅需要定义，而且必须要赋予具体的地址值，即指向具体的变量。未经赋值的指针变量不能使用，否则将造成系统混乱，甚至死机。指针变量的赋值只能赋予地址值，决不能赋予其他任何的数据，否则将引起错误。

指针变量的赋值方法有如下两种。

1. 指针变量定义时赋值

例如：

```
int A=10;
int *p1=&A;
```

上例中,先定义变量 A,再定义指针变量 p1,并用变量 A 的地址 &A 来初始化 p1,使 p1 指向变量 A。

2. 程序运算代码中赋值

例如:

```
int A=10;
int *p1;
A++;
p1=&A;
```

上例中,先定义变量 A 和指针变量 p1,但是 p1 没有进行初始化,定义完后其值为随机数。在程序的运算代码中给 p1 赋值,即获得 A 变量的地址。注意,在进行指针变量赋地址值时,指针变量名前不能有"*"。

8.2.2 引用指针变量

例如,定义一个指针变量,并通过指针变量对所指向的变量赋值。

```
int A=10;
int *p1;
p1=&A;
*p1=20;
```

上例中,有两个重要的运算符"&"和"*",其含义如下:

(1) 运算符"&"的作用是取变量的地址,即取地址运算符。

(2) 运算符"*"为指针运算符,在程序中不同的位置会有不同的含义。

定义语句"int *p1;"中的"*"是在定义指针变量 p1 时用的,说明变量 p1 是一个指针变量。

定义语句"int *p1;"中的"*"是在引用指针变量 p1 时用的,其含义是取地址指向的内容,代表指针变量 p1 所指向的变量,即 *p1 代表的是变量 A,"*p1=20"等价于"A=20",即实现将变量 A 重新赋值为 20。

注意:"&"和"*"两个运算符的优先级相同,并且都是按照自右往左的方向结合。

【例 8-1】 通过指针变量访问其他变量的值和地址。

【问题解析】

需要定义一个普通变量和一个指针变量,两者具有相同的数据类型,让指针变量指向普通变量,然后通过指针变量进行运算,修改普通变量的值。

【程序代码】

```
1    #include <stdio.h>
2    int main()
3    {
4        int A=10;
5        int *p1=&A;
6        printf(" A的值为%d,      地址为%p\n",A,&A);
7        printf("*p1的值为%d,p1存的地址为%p,p1变量的地址为%p\n",*p1,p1,&p1);
8        A++;                                        //等价于A=A+1
9        printf(" A的值为%d,      地址为%p\n",A,&A);
10       printf("*p1的值为%d,p1存的地址为%p,p1变量的地址为%p\n",*p1,p1,&p1);
11       (*p1)++;                                    //等价于*p1=*p1+1,即A=A+1
12       printf("A的值为%d,      地址为%p\n",A,&A);
13       printf("*p1的值为%d,p1存的地址为%p,p1变量的地址为%p\n",*p1,p1,&p1);
14       *p1++;
15       printf("A的值为%d,      地址为%p\n",A,&A);
16       printf("*p1的值为%d,p1存的地址为%p,p1变量的地址为%p\n",*p1,p1,&p1);
17       return 0;
18   }
```

运行结果：

```
 A的值为10,       地址为0018FF44
*p1的值为10,p1存的地址为0018FF44,p1变量的地址为0018FF40
 A的值为11,       地址为0018FF44
*p1的值为11,p1存的地址为0018FF44,p1变量的地址为0018FF40
A 的值为12,       地址为0018FF44
*p1的值为12,p1存的地址为0018FF44,p1变量的地址为0018FF40
A 的值为12,       地址为0018FF44
*p1的值为1638280,p1存的地址为0018FF48,p1变量的地址为0018FF40
```

【程序分析】

程序中先定义了一个int型变量A,并赋初值为10;定义一个整型指针变量,并初始化指向变量A,即存变量A的地址0x0018FF44,如图8.2(a)所示。

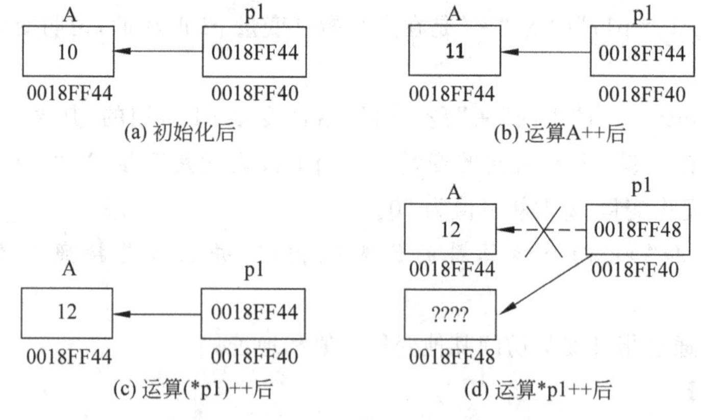

图8.2　例8-1运行内存单元效果

第 1 个 printf 利用变量名输出变量 A 的值，再利用直接寻址方式 &A 输出变量 A 的内存地址。

第 2 个 printf 利用指针进行变量 A 的间接寻址，先利用 * p1 进行取指针变量所指向对象 A 的值，利用 p1 获得 p1 中存储的 A 变量的地址，利用 &p1 获得指针变量 p1 在内存中的地址。

A++利用直接寻址方式，修改变量 A 的值为 11，而 p1 中存的是变量 A 的地址，没有变化，如图 8.2(b)所示。

第 3、4 个 printf 分别利用直接寻址和间接寻址输出变量的值和地址。

(* p1)++利用指针变量实现间接寻址，实现对变量 A 值修改，赋值为 12，如图 8.2(c)所示。

第 5、6 个 printf 分别利用直接寻址和间接寻址输出变量的值和地址。

由以上结果可以得到结论：通过指针变量间接访问一个变量和通过变量名字直接访问一个变量的效果是一样的，因为它们操作的都是同一个变量的值和地址，只是访问方式不一样。

注意：程序中为什么是(* p1)++？而不是 * p1++？这两种写法有什么区别？由输出结果可知(* p1)++相当于 A++，因为 * p1 代表的就是变量 A。而 * p1++由于"*"和"++"运算符具有相同的优先级，结合方向都是自右向左，所以 * p1++等价于 * (p1++)，而 p1 代表的是 A 的地址，p1++相当于把 p1 存储的 A 变量的地址值加 1 个单位，这里的 1 个单位代表指针 p1 指向的数据类型在内容中占用的字节数，因为 p1 指向 int 型数据，而 int 型数据在内存中占用 4 字节，因此 p1 的值由 0x0018FF44 变为 0x0018FF44＋4＝0x0018FF48。变量 A 的值和地址保持不变，当 p1 存的地址加 1 个单位后，再取 p1 指向的内容，显然这时 p1 就不再是指向 A 的地址，取得的是一个随机数据，如图 8.2(d)所示。

【例 8-2】 交换两个指针变量的值。

【问题解析】

指针变量存储的值为地址，因此这里要求交换指针变量的值，也就是交换地址。通过定义两个相同类型的指针变量，分别指向不同的普通变量，再定义第三个同类型指针变量，用来进行两个指针变量交换值。

【程序代码】

```
1     #include <stdio.h>
2     int main()
3     {
4         int A=10,B=20;
5         int * PA=NULL, * PB=NULL, * temp=NULL;
6         PA=&A;
7         PB=&B;
8         printf("交换前 * PA 的值为: %d, * PB 的值为: %d \n", * PA, * PB);
9         printf("交换前 PA 存的地址值为: %p,PB 存的地址值为: %p \n",PA,PB);
10        //PA 和 PB 所存的地址进行交换
```

```
11        temp=PA;
12        PA=PB;
13        PB=temp;
14        printf("交换后 * PA 的值为: %d, * PB 的值为: %d \n", * PA, * PB);
15        printf("交换后 PA 存的地址值为: %p,PB 存的地址值为: %p \n",PA,PB);
16        //利用 PA 和 PB 进行变量间接寻址,修改指向变量 B 和 A 的值
17        (* PA)++;                                    //等效于 B++
18        (* PB)--;                                    //等效于 A++
19        printf("修改后 * PA 的值为: %d, * PB 的值为: %d \n", * PA, * PB);
20        printf("修改后 PA 存的地址值为: %p,PB 存的地址值为: %p \n",PA,PB);
21        return 0;
22    }
```

【运行结果】

```
交换前*PA的值为: 10, *PB的值为: 20
交换前PA存的地址值为: 0018FF44, PB存的地址值为: 0018FF40
交换后*PA的值为: 20, *PB的值为: 10
交换后PA存的地址值为: 0018FF40, PB存的地址值为: 0018FF44
修改后*PA的值为: 21, *PB的值为: 9
修改后PA存的地址值为: 0018FF40, PB存的地址值为: 0018FF44
```

【程序分析】

程序中定义了 PA 和 PB 两个指针变量,分别用来保存 A 和 B 变量的地址。程序利用 temp 指针变量交换了 PA 和 PB 的值,交换后 * PA 和 B 的值为 20, * PB 和 A 的值为 10。在指针变量进行了++和--运算后,因为 PA 指向 B,所以(* PA)++等价于 B++,即 B=B+1=20+1=21,同样,PB 指向 A,所以(* PA)--等价于 A--,即 A=A-1=10-1=9,如图 8.3 所示。

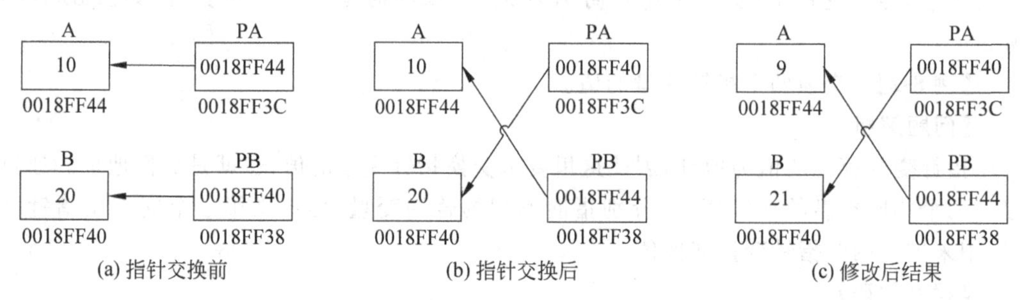

图 8.3　例 8-2 运行内存单元效果

通过上述分析可知,利用指针变量可以在程序中实现灵活的指向变化,利用同一个指针变量可以不断变化,指向不同的变量,只要通过修改指针变量存储的地址值即可。扩展一下思路,对于一块连续的存储区域,利用一个指针变量就可以不断地变化指向,实现对不同存储单元的数据读写,而这块连续的存储区域可以是数组、结构体和文件等,从而实现 C 语言访问数据的灵活性。

8.2.3 指针变量作为函数参数

指针变量一个很重要的用法是作为函数的参数，在前面介绍的函数的参数基本都是数据类型，本节介绍使用指针变量作为函数参数。首先，回顾一下函数的定义形式：

```
返回值类型 函数名(函数参数)
{
    函数体
}
```

下面来思考一个程序中经常用到的功能，交换 A 与 B 两个变量的值，其实现方法很简单。但是，如果要求用函数来实现两个变量值的交换，该怎么做呢？

【例 8-3】 利用函数实现两个整型变量 A 与 B 的值的交换。

【问题解析】

很多读者立刻想到定义一个函数，包含两个整型参数 A 和 B，然后在函数中实现 A 和 B 的值的交换。

【程序代码】

```
1    #include <stdio.h>
2    int main()
3    {
4        int A=10,B=20;
5        void swap(int a,int b);
6        printf("交换前 A 值为: %d,B 值为: %d\n",A,B);
7        swap(A,B);                                   //实参为变量的值
8        printf("交换后 A 值为: %d,B 值为: %d\n",A,B);
9        return 0;
10   }
11   void swap(int a,int b)
12   {
13       int temp;
14       printf("函数中交换前 a 值为: %d,b 值为: %d\n",a,b);
15       temp=a;
16       a=b;
17       b=temp;
18       printf("函数中交换后 a 值为: %d,b 值为: %d\n",a,b);
19
20   }
```

【运行结果】

```
交换前A值为: 10, B值为: 20
函数中交换前a值为: 10, b值为: 20
函数中交换后a值为: 20, b值为: 10
交换后A值为: 10, B值为: 20
```

【程序分析】

从输出结果可以看出，程序并没有实现 A 与 B 两个变量值的交换。其原因是在函数调用中，大写 A 与 B 为实参，小写 a 与 b 为形参，形参得到的只是实参的一个副本，实参的值单向传递给形参，即值传递，但形参的值不能反向传递给实参。也可以理解为，此时实参的作用仅仅只是给形参赋值，形参的改变不会引起实参的改变。因此，swap()函数中的 a 和 b 作为形参，获得了实参 A 和 B 的值，在函数中 a 和 b 进行了值的交换，但是实参 A 和 B 没有变化，如图 8.4 所示。

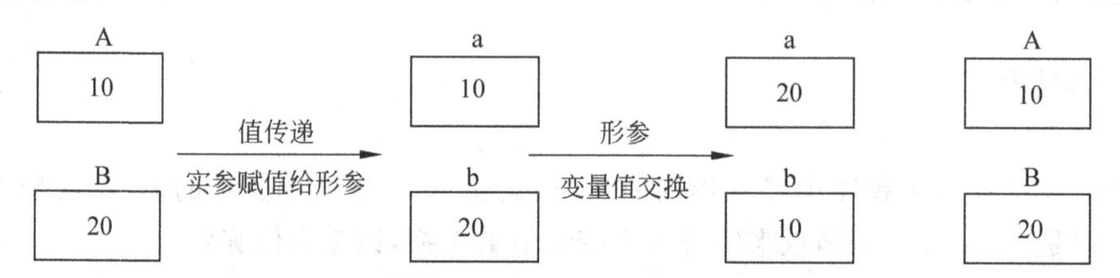

图 8.4　值传递变量值的变化

要真正实现在函数中改变形参的同时也改变实参，就要用指针变量作为函数的形参，这时实参赋给形参的不是变量的值，而是把地址赋给形参，这种传递方式称为地址传递。

【例 8-4】 利用函数实现两个整型变量 A 与 B 值的交换，参数采用地址传递方式。

【问题解析】

函数的形参采用指针变量形式，主函数中实参为变量的地址，实现实参与形参直接的地址传递。

【程序代码】

```
1    #include <stdio.h>
2    int main()
3    {
4        int A=10,B=20;
5        void swap(int * PA,int * PB);
6        printf("交换前 A 值为: %d,B 值为: %d",A,B);
7        swap(&A,&B);                               //实参为变量的地址
8        printf("交换后 A 值为: %d,B 值为: %d",A,B);
9        return 0;
10   }
11   void swap(int * PA,int * PB)
12   {
13       int temp;
14       printf("函数中交换前 * PA 值为: %d, * PB 值为: %d", * PA, * PB);
15       temp= * PA;                                //等效于 temp=A
16        * PA= * PB;                               //等效于 A=B
17        * PB=temp;                                //等效于 B=temp
18       printf("函数中交换后 * PA 值为: %d, * PB 值为: %d", * PA, * PB);
19   }
```

【运行结果】

```
交换前A值为：10，B值为：20
函数中交换前*PA值为：10，*PB值为：20
函数中交换后*PA值为：20，*PB值为：10
交换后A值为：20，B值为：10
```

【程序分析】

程序中 swap()函数中定义的两个形参变量 PA 和 PB 为指针变量，函数中实现了交换两个指针指向的变量值。指针变量作为形参需要用变量的地址进行赋值，swap(&A，&B)中把 A 和 B 的地址赋值给函数的形参，这是函数的指针传递方式，即地址传递。其实，指针变量作为函数的形参时，得到的指针值同样也只是实参的一个副本，只不过形参指针和实参指针指向的内容都是同一个变量，所以在 swap()函数中改变形参指针指向变量的值的同时，也会改变实参指针指向变量的值，如图 8.5 所示。这就是指针变量作为函数参数与基本数据类型作为函数参数最大的区别。

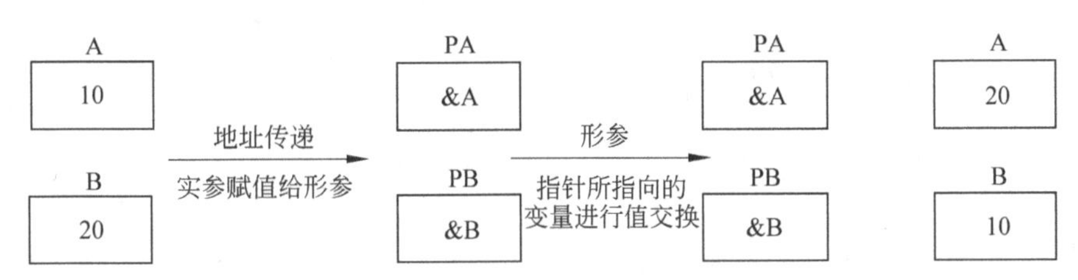

图 8.5　地址传递变量值的变化

【例 8-5】 已知学生的考试分数存储在一维数组中，编写函数，统计优秀、及格与不及格的学生人数。

【问题解析】

由于函数中用 return 语句只能返回一个值。因此，可以设置三个指针参数，将统计的结果分别通过三个参数传回给主调函数。相应地，在主调函数中应设置三个变量，分别将它们的地址作为实参传递给函数的形参。

【程序代码】

```
1     #include <stdio.h>
2     #define N 100
3     void count(float a[], int n, int * good, int * pass, int * fail);
4     int input(float a[]);
5     int main()
6     {
7         float score[N];
8         int n,good,pass,fail;;
9         n=input(score);              //输入分数,以负数结束,返回输入的有效分数个数
10        if (n>0)
11        {
12            count(score, n, &good, &pass,&fail);
13            printf("优秀人数：%d\n",good);
```

```
14            printf("及格人数: %d\n",pass);
15            printf("不及格人数: %d\n",fail);
16        }
17        return 0;
18    }
19    void count(float a[], int n, int * good, int * pass, int * fail)
20    {
21        int i;
22        * good= * pass= * fail=0;
23        for (i=0;i<n;i++)
24          if (a[i]>=90)                                   //判断优秀
25            * good+=1;
26        else if (a[i]>=60)                                //判断及格
27            * pass+=1;
28        else                                              //不及格
29            (* fail)++;
30    }
31    int input(float a[])
32    {
33        int i=-1;
34        printf("请输入学生分数,以回车分隔(输入负数结束): \n");
35        do
36        {
37            i++;
38            scanf("%f",a+i);
39        }while (a[i]>=0);
40        return i;
41    }
```

【运行结果】

```
请输入学生分数，以回车分隔（输入负数结束）：
64
53
91
92
34
-1
优秀人数: 2
及格人数: 1
不及格人数: 2
```

【程序分析】

本程序通过两个子函数来实现数据的输入和分析处理，input()函数用来输入学生成绩，函数的形参为数组，采用地址传递方式，返回值为输入学生的人数。count()函数用来进行数据处理分析，虽然此函数没有返回值，但通过定义三个指针变量形参，实现地址传递，从而实现子函数与主函数之间数据的传递。

注意：当实参对象占用较大空间时，地址传递调用比值传递调用有更高的效率，可以节约实参向形参数据复制的时间和存储实参数据的空间。但调用函数把变量的地址作为参数传递时，子函数拥有修改实参所指向对象的权限。

8.3 指针与数组

8.3.1 数组元素的指针

前面已经学习了单个变量的指针和指向单个变量的指针变量，知道如果指针变量中存放的是单个变量的地址，就可以使用指针变量来间接引用单个变量。那么如何使用指针变量来引用数组元素呢？一个数组包含若干个元素，每个元素都在内存中占用存储空间，每个元素就相当于一个单独的变量，因此每个元素都有相应的地址，即数组元素的指针。所谓数组元素的指针，就是数组元素占用的存储空间的起始地址，可以用 & 加数组元素的名字取得，例如，&a[1]代表数组元素 a[1]的地址（指针）。而数组的地址，就是指整个数组连续存储空间的首地址，可以用数组的名字取得，例如 a，或者利用数组第一个元素的地址取得，例如 &a[0]。

【例 8-6】 利用指针，实现数组首元素和末元素值的交换。

【问题解析】

定义两个指针变量，分别指向首元素和末元素，然后利用指针进行间接寻址，实现指针所指向变量的值的交换。

【程序代码】

```
1    #include <stdio.h>
2    int main()
3    {
4        int a[5]={10,9,8,7,6};
5        int *p1=NULL, *p2=NULL;
6        int i,temp;
7        p1=&a[0],p2=&a[4];
8        printf("交换前数组值为: ");
9        for(i=0;i<5;i++)
10       printf("%4d",a[i]);
11       printf("\n");
12       //进行首末元素值的交换
13       temp=*p1;
14       *p1=*p2;
15       *p2=temp;
16       printf("交换后数组值为: ");
17       for(i=0;i<5;i++)
18       printf("%4d",a[i]);
19       printf("\n");
```

```
20        return 0;
21    }
```

【运行结果】

```
交换前数组值为:   10   9   8   7   6
交换后数组值为:    6   9   8   7  10
```

【程序分析】

本程序中定义了两个与数组数据类型相同的指针 p1 和 p2,这两个指针可以指向数组中的任意元素,只要通过数组元素的地址进行赋值即可,例如,p1＝&a[0],p2＝&a[4],这样对＊p1 和＊p2 的操作就等效于对数组元素 a[0]和 a[4]的操作。

注意:在C语言中,不对数组下标做越界检查,因此 p2＝&a[5]在进行程序编译时并不会报错,由于 p2 指针存储的地址不是数组元素的有效地址,而是一个随机数据空间的地址,运行后会导致程序混乱。

8.3.2 一维数组的地址和指针

1. 定义一个指针变量指向一维数组

例如:

```
int a[3], * p;                    //定义一个一维数组 a 和一个指针变量 p
p= &a[0];                         //让 p 指向一维数组的首地址
```

指针变量 p 的值可以是某个整型变量的地址,也可以是整型数组的地址。p＝&a[0]和 p＝a 等价,表示 p 指向一维数组 a,也就是 p 指向一维数组 a 的首元素的地址。例如:

```
char b[4];
char * q=b;
```

指针变量 q 指向字符数组 b 的首地址,char ＊q＝b 等价于 char ＊q＝&b[0]。

2. 一维数组元素的表示法

引用数组元素可以用下标法,也可以用地址法和指针法。地址法是通过数组元素的地址来引用数组元素,指针法是通过定义一个指针变量指向数组元素来引用数组元素。

(1) 地址法。对于一个数组 a,数组名 a 代表数组在内存中的起始地址,也就是内存单元中第 1 个元素的地址,即 a 与 &a[0]等价;a＋i 代表元素 a[i]的地址,即 a＋i 与 &a[i]等价;a＋i 所指向的地址内容就是 a[i],即＊(a＋i)等价于 a[i]。

因此,一维数组 a 中的元素 a[i]用地址法可表示为＊(a＋i)。从而总结出"[]"运算符可以与组合运算符"＊()"相互转换。

由于 a＋i 代表 a[i]在内存中的地址,在对数组元素 a[i]进行操作时,系统内部实际上是按数据的首地址(a 的值)加上位移量 i 找到 a[i]在内存中的地址,然后找出该存储空间的内容,即 a[i]的值。

(2) 指针法。设 a 是一维数组,p 是一个指针变量。若 p 的初值为 a(或者 &a[0]),则 p 指向数组元素 a[0],p+i 指向数组元素 a[i],因此,*(p+i)就是 a[i],所以,数组元素 a[i]可以用指针表示 *(p+i)。数组元素 a[i]又可以用 p 表示为带下标的形式 p[i]。

访问一维数组元素的方法可以归纳为如表 8.1 所示。

表 8.1　访问一维数组元素的方法

引用一维数组元素的地址		引用一维数组元素的值	
下标法	地址法/指针法	下标法	地址法/指针法
&a[i]	a+i	a[i]	*(a+i)
&p[i]	p+i	p[i]	*(p+i)

3. 指针变量的移动

指针变量初始化后,可以与一个整数进行加减运算来移动指针。例如,如果 p 是一个指针变量,初始化后让它指向数组的某个元素,则可以对 p 进行如下运算来移动指针:p+n,p-n,p++,++p,p--,--p。进行加法运算时,表示 p 向地址增大的方向移动;进行减法运算时,表示 p 向地址减小的方向移动,移动的具体长度取决于指针指向的数据类型。设 p 是指向 type(type 代表类型关键字,如 char、int、float 等)类型的指针,n 是整型表达式,p+n 或 p-n 为一个新地址,其值为 p+n * sizeof(type)或 p-n * sizeof(type),即在 p 的基础上增加或减少了 n * sizeof(type)字节。若指针的移动仅仅是 1 个 sizeof(type),则常用++和--运算符来实现,该运算符在数组中比较常用。

【例 8-7】 实现指针的移动,利用指向一维数组的指针输出数组不同元素的地址。

【问题解析】

定义一个一维数组,并定义一个同类型指针指向此数组,利用指针值的变化,输出数组中不同下标元素的地址。

【程序代码】

```
1     #include <stdio.h>
2     int main()
3     {
4         int a[10], *p;
5         p=a;
6         p=p+2;
7         printf("%p\n",a);
8         printf("%p\n",p++);
9         printf("%p\n",++p);
10        return 0;
11    }
```

【运行结果】

```
0018FF20
0018FF28
0018FF30
```

【程序分析】

(1) p=a 表示 p 的初始值为 a,即数组 a 的首地址 &a[0]。

(2) p=p+2 表示 p 的值变成 a+2,即 p 指向数组 a 的第 3 个元素 a[2]。

(3) printf("%p\n", a)表示按十六进制输出 a 的值为 0x0018FF20。

(4) printf("%p\n", p++)表示按十六进制先输出 p 的值,即 a[2]的地址为 0x0018FF28;再让 p 指向下一个元素 a[3],即在 p 值上增加了 4 字节。

(5) printf("%p\n", ++p)表示先让 p 的值指向下一个元素 a[4],即在 p 值上增加了 4 字节,再按十六进制先输出 p 的值,即 a[4]的地址为 0x0018FF30。

4. 指针变量的运算

指向同一数组的两个指针变量之间可以运算。两个指针变量相减之差是两个指针之间的相对距离(相差数据元素个数),实际上是两个指针值(地址)相减之差再除以该数据元素的长度(字节数)。

【例 8-8】 实现指针变量相减,对两个分别指向同一个一维数组的指针值进行减法运算,并输出结果。

【问题解析】

定义一个一维数组,然后再定义两个同类型的指针,分别指向此数组的不同元素,对两个指针进行减法运算,输出并分析结果意义。

【程序代码】

```
1   #include <stdio.h>
2   int main()
3   {
4       int a[10], *p1, *p2;
5       p1=&a[2];
6       p2=&a[5];
7       printf("%p\n",p1);
8       printf("%p\n",p2);
9       printf("%d\n",p2-p1);
10      return 0;
11  }
```

【运行结果】

```
0018FF28
0018FF34
3
```

【程序分析】

(1) p1=&a[2]表示 p1 的初始值为 a[2]的地址(&a[2]),即 p1 指向数组 a 的第 3 个元素 a[2]。

(2) p2=&a[5]表示 p2 的初始值为 a[5]的地址(&a[5]),即 p2 指向数组 a 的第 6 个元素 a[5]。

(3) printf("%p\n", p1)表示按十六进制输出 p1 的值为 0x0018FF28。

(4) printf("%p\n", p2)表示按十六进制输出 p2 的值为 0x0018FF34。

(5) printf("%d\n", p2-p1)表示按十进制输出 p2 与 p1 之间的相差的元素值,输出值为(0x0018FF34-0x0018FF28)/4=3。

【例 8-9】 指针变量的关系运算,利用指针输出一维数组所有元素的和。

【问题解析】

定义一个一维数组,再定义一个指向此数组的指针,利用指针取得数组中所有元素的值并进行累加求和,在循环判断中利用指针存的地址值与数组首地址的差值判断是否完成了对数组的扫描。

【程序代码】

```
1    #include <stdio.h>
2    #define N 10
3    int main()
4    {
5        int a[N]={1,2,3,4,5,6,7,8,9,10}, * p,sum=0;
6        p=a;
7        for(;p-a<N;p++)
8            sum+= * p;
9        printf("%d\n",sum);
10       return 0;
11   }
```

【运行结果】

```
55
```

【程序分析】

指向同一个数组的两个指针变量进行关系运算可以表示它们所指向的数组元素之间的关系。

(1) 在循环语句的循环条件表达式 p-a<N 中,p 是指针变量,也是循环变量,通过 p++来访问到每一个数组元素,累加求和;而 a 是指针常量,它的值是数组的首地址,p-a 的值是当前循环访问到的数组元素的下标。

(2) 指针变量还可以与 0 比较。设 p 为指针变量,则 p==0 表示 p 是空指针(NULL),它不指向任何变量;p!=0 表示 p 不是空指针。

(3) 如果 p1 与 p2 是两个指针变量,分别指向数组 a 的不同元素,则 p1==p2 表示 p1 和 p2 指向同一数组元素;p1>p2 表示 p1 处于高地址位置;p1<p2 表示 p1 处于低地址位置。

注意:两个指针相加、相乘和相除是没有任何意义的。

5. 指向一维数组的指针变量程序举例

【例 8-10】 求数组中最大值,采用三种不同的方法进行取数组元素的值。

【问题解析】

对于数组元素的取值方法，除了采用普通的下标法，还可以利用地址法和指针法进行取值，它们的主要区别就在于地址的表示方法不一样，但都可以获得相同的结果。

编写程序如下。

(1) 下标法，实现代码如下：

```
1    #include <stdio.h>
2    #define N 10
3    int main()
4    {
5        int a[N],i,max;
6        printf("请输入%d个数据：",N);
7        for(i=0;i<N;i++)
8        scanf("%d",&a[i]);
9        max=a[0];
10       for(i=0;i<N;i++)
11         {
12             if(max<a[i])
13               max=a[i];
14         }
15       printf("最大值为%d\n",max);
16       return 0;
17   }
```

(2) 地址法，实现代码如下：

```
1    #include <stdio.h>
2    #define N 10
3    int main()
4    {
5        int a[N],i,max;
6        printf("请输入%d个数据：",N);
7        for(i=0;i<N;i++)
8        scanf("%d",a+i);
9        max=*a;
10       for(i=0;i<N;i++)
11         if(max<*(a+i))
12           max=*(a+i);
13       printf("最大值为%d\n",max);
14       return 0;
15   }
```

(3) 指针法，实现代码如下：

```
1    #include <stdio.h>
2    #define N 10
```

```
3    int main()
4    {
5        int a[N],max;
6        int *p;
7        printf("请输入%d个数据: ",N);
8        for(p=a;p<a+N;p++)
9        scanf("%d",p);
10       max=*a;
11       for(p=a;p<a+N;p++)
12         if(max<*p)
13           max=*p;
14       printf("最大值为%d\n",max);
15       return 0;
16   }
```

【运行结果】

```
请输入10个数据: 1 2 3 4 5 6 7 8 9 10
最大值为10
```

【程序分析】

一维数组中可以采用下标法、地址法和指针法来引用其中的任意一个元素。需要注意的是下标和指针可能发生了变化,如i++或p++,在使用前一定要明确。

【例 8-11】 已知学生的考试分数存储在一维数组中,编写函数,利用指针作为函数的参数,统计优秀、及格与不及格的学生人数。

【问题解析】

在例 8-5 中函数的第一形参是一个一维数组,实际上,函数形参中的一维数组本质上是指针变量。即 void count(float a[], int n, int *good, int *pass, int *fail)等价于 void count(float *a, int n, int *good, int *pass, int *fail)。

【程序代码】

```
1    #include <stdio.h>
2    #define N 100
3    void count(float *a, int n, int *good, int *pass, int *fail);
4    int input(float *a);
5    int main()
6    {
7        float score[N];
8        int n,good,pass,fail;
9        n=input(score);             //输入分数,以负数结束,返回输入的有效分数个数
10       if (n>0)
11       {
12           count(score, n, &good, &pass,&fail);
13           printf("优秀人数: %d\n",good);
14           printf("及格人数: %d\n",pass);
```

```
15          printf("不及格人数: %d\n",fail);
16      }
17      return 0;
18  }
19  void count(float *a, int n, int *good, int *pass, int *fail)
20  {
21          int i;
22          *good= *pass= *fail=0;
23          for (i=0;i<n;i++)
24      if (*(a+i)>=90)               //判断优秀,等价于 if (a[i]>=90)
25          *good+=1;
26      else if (*(a+i)>=60)          //判断及格,等价于 if (a[i]>=60)
27            *pass+=1;
28      else                          //不及格
29          (*fail)++;
30   }
31   int input(float *a)
32   {
33      int i=-1;
34      printf("请输入学生分数,以回车分隔(输入负数结束): \n");
35      do
36      {
37          i++;
38          scanf("%f",a+i);
39      }while (*(a+i)>=0);
40    return i;
41  }
```

【程序分析】

本程序中利用 input()函数输入数据,input()函数的参数为指针,因此采用的是地址传递方式,count()是返回值为 void 的函数,但为了进行数据处理和返回处理结果,采用的是指针变量作为形参,因此也采用的是地址传递,实现了子函数与主函数之间的数据的交换。

【例 8-12】 采用指针方式编程,将一维数组进行首尾倒置并输出。

【问题解析】

本例采用指针方式来进行编程,请读者观察函数形参定义及函数调用时的实参形式。

【程序代码】

```
1   #include <stdio.h>
2   #define N 10
3   void input(int *p,int n);         //输入数组的前 n 个元素
4   void print(int *p,int n);         //输出数组的前 n 个元素
5   void reverse(int *p,int n);       //实现数组的首尾倒置
6   int main()
```

```
7    {
8        int a[N];
9        input(a,N);                     //输入数组 a
10       print(a,N);                     //输出数组 a
11       reverse(a,N);                   //倒置数组 a
12       print(a,N);                     //输出数组 a
13       return 0;
14   }
15   void reverse(int *p, int n)
16   {
17       int temp, *q;
18       q=p+n-1;                        //q 指向数组的最后一个单元
19       while (p<q)
20       {
21           temp=*p;
22           *p=*q;
23           *q=temp;
24           p++;
25           q--;
26       }
27   }
28   void input(int *p, int n)
29   {
30           int i;
31           printf("请输入%d个整数:\n",n);
32           for (i=0;i<n;i++)
33           scanf("%d",p++);
34   }
35   void print(int *p, int n)
36   {
37           int i;
38           for (i=0;i<n;i++)
39             printf("%4d", *p++);
40           printf("\n");
41   }
```

【运行结果】

```
请输入10个整数:
1 2 3 4 5 6 7 8 9 10
   1   2   3   4   5   6   7   8   9  10
  10   9   8   7   6   5   4   3   2   1
```

【程序分析】

在 reverse 函数中,定义了一个辅助指针 q,初始指向数组的最后一个元素,每循环一次将 *p 与 *q 交换,之后 p 向后移动一个单元,q 向前移动一个单元,直至 p>=q 结束。

深入理解指针变量的本质将有助于写出精练的程序代码。

8.3.3 二维数组的地址和指针

1. 列指针

二维数组的物理结构是线性的,对于一个 M 行 N 列的二维数组 a,可以看成是由 M 个列为 N 的一维数组构成的,这 M 个一维数组名分别是 a[0]~a[M-1],它们按行优先的形式存储在内存中。

由于一维数组的数组名代表一维数组的起始地址,所以在二维数组中 a[i]代表第 i 行的起始地址,这个地址称为列地址,即列指针。列指针变量每加 1,代表指针移动 1 列。对于一个 3 行 4 列的二维数组 a,共包含 3 个一维数组 a[0]、a[1]和 a[2],如图 8.6 所示。

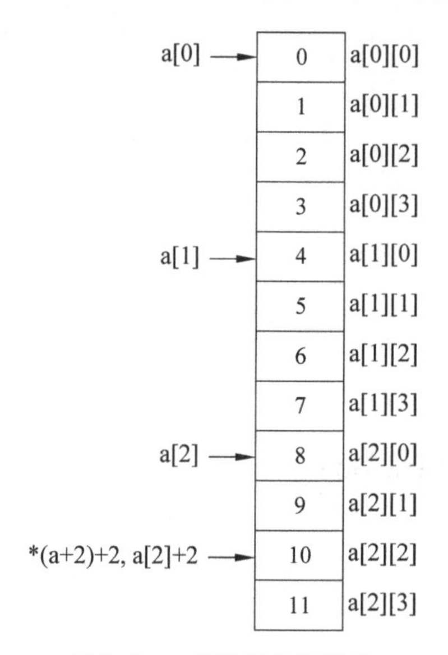

图 8.6 二维数组的列指针

因为 a[i]代表第 i 行首地址,所以 a[i]+j 代表 a[i][j]的地址,即 a[i]+j=&a[i][j]。由于 a[i]可表示为 *(a+i),因此以下几项都是与元素 a[i][j]的地址等价的表达形式。

- &a[i][j]。
- a[i]+j。
- *(a+i)+j。

例如,对图 8.6 所示的二维数组 a,&a[2][2]可表示为 *(a+2)+2 或 a[2]+2。

相应地,与 a[i][j]等价的表达形式有:

- *(a[i]+j)。
- *(*(a+i)+j)。

例如,a[2][2]可表示为 *(a[2]+2)或者 *(*(a+2)+2)。

由于二维数组在内存中是连续存放的,所以可以定义一个指针变量,从 a[0][0]开始，由低地址到高地址依次访问二维数组。

【例 8-13】 利用指针输出二维数组的内容。

【问题解析】

定义一个 3 行 4 列的二维数组，把它看作是有 3 个含有 4 列元素的一维数组组成的数组，然后利用普通的指针指向这个数组的首地址，进行移动即可获得二维数组的所有元素。

【程序代码】

```
1    #include <stdio.h>
2    int main()
3    {
4        int a[3][4]={0,1,2,3,4,5,6,7,8,9,10,11};
5        int *p,i,j;
6        p=a[0];                    //或 p=&&a[0][0], 或 p=*(a+0),或 p=*a
7        for (i=0;i<3;i++)
8        {
9        for (j=0;j<4;j++)
10         printf("%4d", *p++);      //每输入一个单元,p 向后移动一单元
11         printf("\n");
12         }
13     return 0;
14   }
```

【运行结果】

```
0   1   2   3
4   5   6   7
8   9  10  11
```

【程序分析】 本例中，利用普通的整数型指针 p 获得二维数组的列指针 a[0]，其核心思想是把二维数组看作是一个一维数组，利用列地址指针变量 p 进行访问，指针每加 1(p++)，相当于指针移动一个元素，实现二维数组的连续访问。

2. 行指针

二维数组的名称也是一个指针（地址）常量，它同样记录了二维数组在内存中的起始地址，但该指针逻辑上具有特殊的含义，对该指针执行算术运算是以二维数组每行具有的列数为基本单位的，因此，称它为行指针。在图 8.6 所示的二维数组 a 中，a+1 表示第 1 行的起始地址，a+2 表示第 2 行的起始地址，如图 8.7 所示。

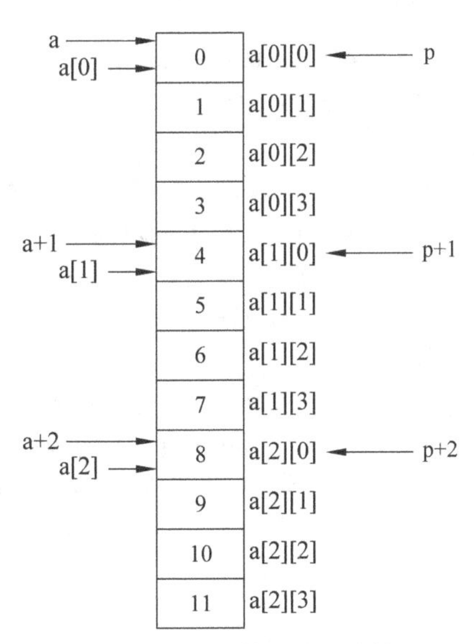

图 8.7　二维数组的行指针

由行指针向列指针转换的方法为在行指针前面加上间接寻址运算符“*”。例如：

```
*(a+1)=a[1],*(a+2)=a[2];
```

因此，从这个角度同样可理解*(*(a+i)+j)==a[i][j]。

C语言允许定义行指针变量来指向二维数组的行地址。其语法格式如下：

```
数据类型 (*指针变量名)[列数];
```

例如：

```
int  (*p)[4];
```

定义了一个列数为4的行指针变量p，p可用于指向列数为4的二维数组的行地址。对p执行算术运算是以4个int型单元为基本单位的。例如，p=p+2将使p向后移动8个单元。

注意：int *p[4]表示定义一个整型指针数组，其含有4个指针元素，而int(*p)[4]只是定义一个指针。

假设a为图8.7所示的二维数组，且p=a。则p+i表示数组a的第i行的行地址，相应的*(p+i)表示第i行的列地址，即a[i]，如图8.7右侧所示。

(p+i)+j则表示a[i][j]的列地址，即&a[i][j]，因此a[i][j]可用(*(p+i)+j)来表示。

【例8-14】 利用行指针访问二维数组元素。

【问题解析】

首先定义一个二维数组，然后定义一个与此二维数组具有相同列数的行指针，利用行指针的地址表示方法，获得数组中每个元素的值。

【程序代码】

```
1    #include <stdio.h>
2    int main()
3    {
4        int a[3][4]={0,1,2,3,4,5,6,7,8,9,10,11};
5        int (*p)[4],i,j;
6        p=a;                                //将行指针p赋值为数组首地址
7        for (i=0;i<3;i++)
8        {
9            for (j=0;j<4;j++)
10           printf("%4d", *(*(p+i)+j));
11             // a[i][j]、*(*(a+i)+j)、p[i][j]和*(*(p+i)+j)等效
12           printf("\n");
13      }
14     return 0;
15   }
```

【运行结果】

```
0   1   2   3
4   5   6   7
8   9  10  11
```

【程序分析】

行指针和列指针的区别，其核心思想是，列指针是把 M 行 N 列的二维数组看作是由 M 个一维数组组成的一维数组，利用普通的指针进行访问，指针每加 1 个单位移动 1 个元素。而行指针的思想是定义一种特殊的指针，指针值每加 1 个单位是移动一行(即 N 个元素)，利用行指针访问二维数组的方式可以利用多种方法，即 a[i][j]、*(*(a+i)+j)、p[i][j]、*(*(p+i)+j)，这四种表示形式是等价的。

3. 二维数组做函数参数

在前面章节中介绍了二维数组可以作为函数测参数，且在定义形参时不能省略二维数组的列下标，函数调用时实参数组必须与形参数组具有相同的列。

实际上，函数形参的二维数组并非真正的二维数组，其本质上是行指针。即：

```
void fun(int a[][N]);
```

等价于

```
void fun(int (*a)[N]);
```

根据本节所学知识，列数为 N 的行指针的算术运算是以 N 个单元(即一行)为单位进行的，因此只有接收列数为 N 的二维数组作为实参才能正确地寻址。

【例 8-15】 行指针作为函数参数，通过调用此函数，输出两个具有相同列数但不同行数的二维数组的所有元素。

【问题解析】

分别定义一个 3 行 4 列和 2 行 4 列的二维数组 a 和 b，在函数的形参中要定义一个具有相同列数的行指针，还要定义一个参数来存储二维数组的行数，然后在函数内部利用循环结构输出数组的每个元素。

【程序代码】

```
1      #include <stdio.h>
2      void print( int (*p)[4], int m )
3      {
4          int i,j;
5          for (i=0;i<m;i++)
6          {
7            for (j=0;j<4;j++)
8            printf("%4d", *(*(p+i)+j));
9            //或写成 printf("%4d", p[i][j]);
10           printf("\n");
11         }
```

```
12    }
13    int main()
14    {
15        int a[3][4]={0,1,2,3,4,5,6,7,8,9,10,11};
16        int b[2][4]={1,3,5,7,2,4,6,8};
17        printf("a:\n");
18        print(a,3);
19        printf("b:\n");
20        print(b,2);
21        return 0;
22    }
```

【运行结果】

```
a:
  0  1  2  3
  4  5  6  7
  8  9 10 11
b:
  1  3  5  7
  2  4  6  8
```

【程序分析】

函数 print()的形参中定义了一个二维数组的行指针 int (* p)[4],第二个形参 int m 代表的含义是二维数组的行数,之所以需要定义 m 来传递行数,是因为在行指针中只能体现每行数组的具有的元素数量(即二维数组的列数),而不能体现二维数组的行数,是因此需要一个单独的参数 m 来传递二维数组的行数。这是在以二维数组指针作参数时常采用的模式。

8.4 字符串和指针

前面学习了指针,按照所学知识,字符指针可以指向字符变量,但在实际应用中,读者常常会用到字符串。字符串也是可以用字符指针指向的,根据字符串的不同存储方式主要分为字符串常量和利用字符数组存储的字符串变量,两者有不同的定义和使用形式。

8.4.1 使用字符指针变量访问字符串常量

字符指针可以用来保存字符串常量的首地址。例如:

```
char * ptr="My name is Tom";
```

此时,把字符串常量在内存中占用空间的首地址赋给 ptr(注意,不是将整个字符串赋给 ptr)。字符指针变量 ptr 本身只占 4 字节,而其指向的字符串共有 15 字节,如图 8.8 所示。

当字符指针变量指向某个字符串常量后,可以把该指针变量作为函数实参,传递给字符串处理函数进行调用。例如,可用 strlen(ptr)来获得 ptr 所指向的字符串的长度。

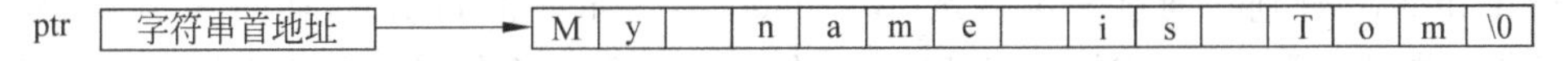

图 8.8　字符指针指向字符串常量示意图

对应 ptr 指针，可以在程序代码中不同位置进行赋值，修改 ptr 指针的指向，指向新的字符串常量。例如，如图 8.9 所示的指针变量 ptr 执行修改，代码如下：

```
ptr="Hello";
```

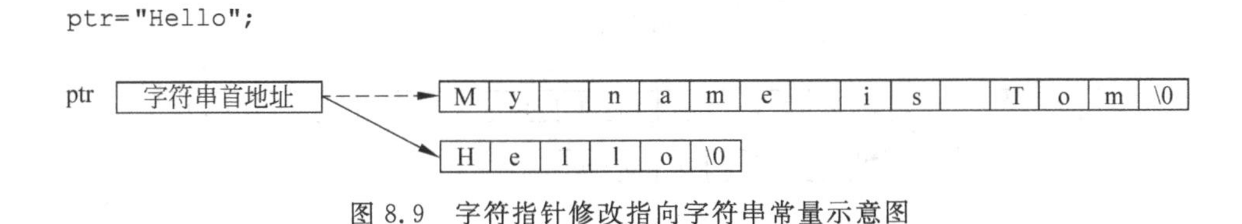

图 8.9　字符指针修改指向字符串常量示意图

【例 8-16】　利用字符指针指向字符串常量，完成两个字符指针指向对象的交换。

【问题解析】

字符串常量在程序运行过程中是不允许修改的，所以不能通过指针修改原有字符串常量的值，而只能通过交换指针指向的对象，让相同的指针指向不同的字符串常量。

【程序代码】

```
1      #include <stdio.h>
2      #include <string.h>
3      int main()
4      {
5          char *str1="My name is Tom";
6          char *str2="Hello";
7          char *temp;
8          printf("strlen(str1)=%d\n",strlen(str1));
9          printf("str1:%s\n",str1);
10         printf("str2:%s\n",str2);
11         temp=str1;                    //交换 str1 与 str2 指针的指向
12         str1=str2;
13         str2=temp;
14         printf("str1:%s\n",str1);
15         printf("str2:%s\n",str2);
16         return 0;
17     }
```

【运行结果】

```
strlen(str1)=14
str1:My name is Tom
str2:Hello
strlen(str1)=5
str1:Hello
str2:My name is Tom
```

【程序分析】　本例题采用交换字符指针指向的方法来交换指向的字符串常量，初始时 str1 和 str2 分别指向字符串常量"My name is Tom"和"Hello"，如图 8.10(a)所示。程序利用指针变量 temp 交换 str1 和 str2 的内容，使两个字符指针互相交换指向对象，如图 8.10(b)所示。此时两个字符串常量的存储空间并没有变。

图 8.10　交换字符串指针变量指向的字符串常量

注意：在上例中，由于字符指针变量是指向一个字符串常量，而常量在内存空间中数据是不允许修改的，所以，如果要修改一个指向字符串常量的指针所指向对象的值，在 VC++ 2010 环境中编译并不会报错，但是运行会产生混乱，退出执行的程序。

【例 8-17】 修改指向字符串常量的指针变量指向对象的值。

```
1     #include <stdio.h>
2     #include <string.h>
3     int main()
4     {
5         char * str1="My name is Tom";
6         * str1='T';                    //程序运行此处会报错,退出正常执行的程序
7         printf("strlen(str1)=%d\n",strlen(str1));
8         printf("str1:%s\n",str1);
9         return 0;
10    }
```

【运行结果】

如图 8.11 所示。

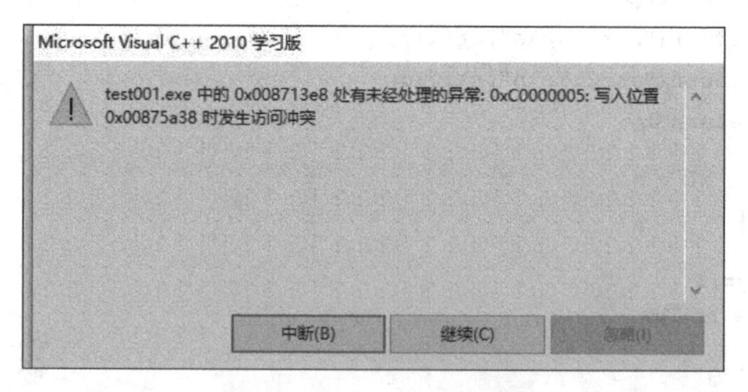

图 8.11　例 8-17 运行结果图

【程序分析】 本程序在字符指针变量定义时是指向一个字符串常量，然后向利用指

针修改指向对象的值"*str1='T';",这个语句预想的效果如图 8.12 所示,修改字符串第一个字符'M'变为'T'。但是,根据C语言语法的规定,不允许修改常量的值,因此,这条语句是不能执行的,程序运行到此处会报错(注意:此错误是逻辑错误,不是语法错误,编译系统检测不出来)。

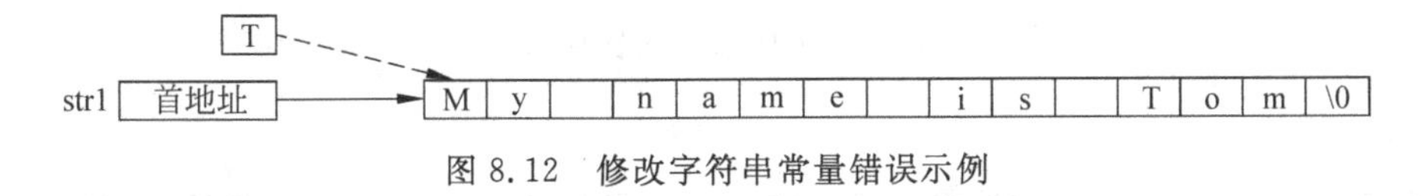

图 8.12 修改字符串常量错误示例

8.4.2 使用字符指针变量访问字符串变量

所谓字符串变量,是指存放在字符数组中的字符串。由于字符数组可以利用字符指针变量指向,因此字符串变量也可以用字符指针指向,其实质就是利用指针指向一个数组。

【例 8-18】 指针变量访问字符串变量,在屏幕上显示字符串变量的内容。

【问题解析】

定义一个字符串数组并进行初始化,然后利用一个字符指针指向数组的首地址,再利用字符功能函数和字符串功能函数完成输出不同的内容。

【程序代码】

```
1       #include <stdio.h>
2       #include <string.h>
3       int main()
4       {
5           char s[20]="Do you understand?";
6           char *p;
7           p=s;
8           while (*p!='\0')                    //输出字符串 s
9           putchar(*p++);
10          putchar('\n');
11          printf("strlen(s)=%d\n", p-s);     //输出字符串长度
12          return 0;
13      }
```

【运行结果】

```
Do you understand?
strlen(s)=18
```

【程序分析】 该程序利用指针变量 p,从前向后依次输出字符串内容(利用 *p++),直到遇到'\0'结束,返回 p-s 的差,即为字符串的长度,如图 8.13 所示。

与字符串常量不同的是,字符串变量是存在一个字符数组中,因为,数组的元素值是可以修改的,因此,利用指向字符串变量的指针变量可以修改其指向对象的值。修改后的

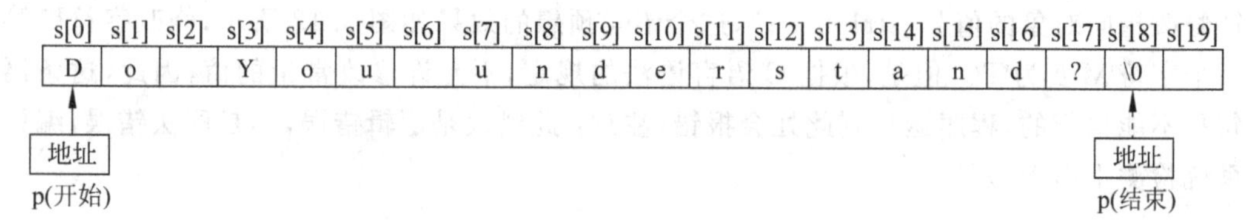

图 8.13 例 8-18 运行指针移动示意图

例 8-18 如下。

【例 8-19】 修改指向字符串变量的指针变量指向对象的值,并将结果输出到屏幕上。

【问题解析】

利用字符数组存储字符串,让后利用字符指针指向此数组,并利用指针进行数组元素的修改并显示新结果。

【程序代码】

```
1     #include <stdio.h>
2     #include <string.h>
3     int main()
4     {
5         char s[20]="My name is Tom";
6         char *str1=NULL;
7         str1=s;
8         printf("修改前: strlen(str1)=%d\n",strlen(str1));
9         printf("修改前: str1:%s\n",str1);
10        *str1='T';                        //修改字符串中第一个字符的值
11        printf("修改后: strlen(str1)=%d\n",strlen(str1));
12        printf("修改后: str1:%s\n",str1);
13        return 0;
14    }
```

【运行结果】

```
修改前: strlen(str1)=14
修改前: str1:My name is Tom
修改后: strlen(str1)=14
修改后: str1:Ty name is Tom
```

【程序分析】 本程序在字符指针变量定义时是指向一个字符串变量,然后利用指针修改指向对象的值" *str1='T';",运行效果如图 8.14 所示,修改字符串第一个字符'M'变为'T'。

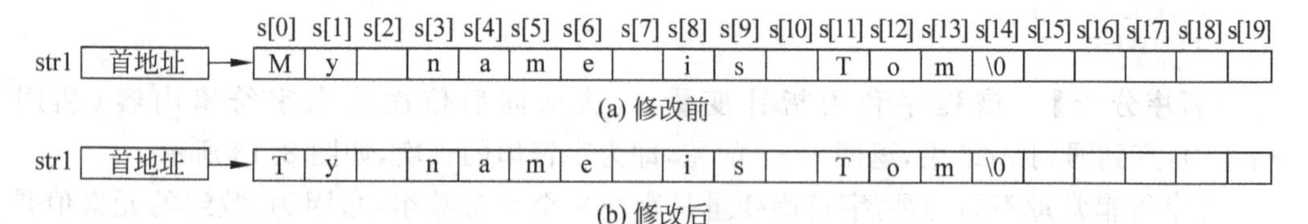

图 8.14 例 8-19 运行指针示意图

8.4.3 字符指针变量与字符数组的区别

用字符数组和字符指针变量都可实现字符串的存储和运算，但两者是有区别的。在使用时应注意以下几个方面。

(1) 字符串指针变量本身是一个变量，用于存放字符串的首地址，而字符串本身是存放在以该首地址为开始的一块连续的内存空间中，并以'\0'作为串的结束。字符数组是由若干个数组元素组成的，它可以用来直接存放整个字符串，但不一定有结束标志'\0'。

(2) 对字符串指针方式：

```
char *ps="C Language";
```

可以改写为：

```
char *ps;
ps="C Language";
```

而对数组方式：

```
char st[]={"C Language"};
```

不能改写为：

```
char st[20];
st="C Language";
```

只能对字符数组的各元素每个赋值。例如：

```
st[0]='C';st[1]=' ';st[2]='L';…
```

(3) 在一个指针变量在未取得确定地址前使用是危险的，容易引起错误。但是，对指针变量直接赋值是可以的。因为，C 语言对指针变量赋值时要赋值为确定的地址。

例如：

```
char *ps="C Language";
```

或者

```
char *ps;
ps="C Language";
```

都是合法的。

字符指针在接收键盘输入字符串时，必须先开辟存储空间。

对于字符串数组 s[20]可以用语句 scanf("%s",s)进行输入。而对于字符指针变量 p 则不能直接用语句 scanf("%s",p)进行输入，必须先给 p 开辟存储空间才可以。语句：

```
char *p,str[20];
```

```
p=str;
scanf("%s",p);
```

才是正确的。

从以上几点可以看出字符串指针变量与字符数组在使用时的区别，同时也可以看出使用指针变量更加方便，更加高效。

【例 8-20】 用字符指针实现求字符串长度。

【问题解析】

利用字符串变量形式，即先定义一个足够大的字符数组，然后利用字符指针指向此数组，利用此指针进行字符串元素的访问，直到字符串的结束符'\0'，完成计算，输出字符串的长度。

【程序代码】

```
1     #include <stdio.h>
2     int main()
3     {
4         char str[100], * p;
5         int k=0;
6         p=str;
7         printf("请输入一个字符串：");
8         gets(p);
9         for(; * p!='\0';p++)
10            k++;
11        printf("该字符串的长度为%d\n",k);
12        return 0;
13    }
```

【运行结果】

```
请输入一个字符串: abc 12345
该字符串的长度为9
```

【程序分析】

(1) k 为整数，用来存放字符串实际字符的个数，初始值为 0。

(2) p 为字符指针变量，初始化后指向字符数组 str 的首地址。

(3) gets(p)与 gets(str)等价，从键盘上接收一个字符串，可以包含空格字符。

(4) 语句“for(; * p! ='\0';p++) k++;”用来统计字符串的实际字符个数。“ * p! ='\0'”用来判断字符串是否结束。

【例 8-21】 利用字符指针变量分别统计出字符串中大写字母、小写字母、空格及数字的个数。

【问题解析】

利用字符数组存储输入的字符串，然后利用字符指针扫描字符数组的元素，判断每个元素的类型，直到遇到字符串的结束符'\0'结束。

【程序代码】

```
1     #include <stdio.h>
2     int main()
3     {
4         char str[100], * p;
5         int k[4]={0};
6         p=str;
7         printf("请输入一个字符串: ");
8         gets(p);
9         for(; * p!='\0';p++)
10        {
11          if(* p>='A' && * p<='Z')
12              k[0]++;                          //统计大写字母的个数
13          else if(* p>='a' && * p<='z')
14            k[1]++;                            //统计小写字母的个数
15          else if(* p>='0' && * p<='9')
16            k[2]++;                            //统计数字的个数
17          else if(* p==' ')
18            k[3]++;                            //统计空格的个数
19        }
20          printf("该字符串中大写字母的个数为%d\n 小写字母的个数为%d\n 数字的个数
          为%d\n 空格的个数为%d\n",k[0],k[1],k[2],k[3]);
21        return 0;
22    }
```

【运行结果】

```
请输入一个字符串: abc DEFG 1234576789
该字符串中大写字母的个数为4
小写字母的个数为3
数字的个数为9
空格的个数为2
```

【程序分析】

(1) k[0]、k[1]、k[2]和 k[3]为整数,用来存放不同字符的个数,初始值都为 0。

(2) p 为字符指针变量,初始化后指向字符数组 str 的首地址。

(3) gets(p)与 gets(str)等价,从键盘上接收一个字符串,可以包含空格字符。

(4) “if(* p>='A' && * p<='Z') k[0]++;”与“if(* p>=65 && * p<=90) k[0]++;”作用是相同的,用来统计字符串中大写字母的个数。

利用字符指针作函数参数,可接收字符串首地址为实参,因此在函数中可以利用指针操作来实现对字符串的访问。

【例 8-22】 定义一个函数,将一个字符串复制到另外一个字符串中。

【问题解析】

字符串变量是以字符数组的形式存储的,因为需要在函数内容完成字符串的复制,所以函数的形参只能采用地址传递的方式,即利用指针作为函数的形参,来获得主函数中字符数组的地址,并完成对字符串的复制任务。

【程序代码】

```
1    #include <stdio.h>
2    void StringCopy(char *p,char *q)
3    {
4        for(;*q!='\0';q++,p++)
5         *p=*q;
6         *p='\0';
7    }
8    int main()
9    {
10       char a[20],b[20];
11       printf("请输入一个字符串给数组 b: ");
12       gets(b);
13       StringCopy(a,b);
14       printf("b复制到 a 中后,数组 a 为: %s\n",a);
15       return 0;
16   }
```

【运行结果】

```
请输入一个字符串给数组b: hello world!
b复制到a中后, 数组a为: hello world!
```

【程序分析】 形参为指针变量 p、q,则实参必须是表示地址的数据,可以分别用数组名 a 和 b 来传递地址数据。

8.5 指针与函数

8.5.1 指向函数的指针

前面学习的基本都是指向基本数据类型变量的指针。其实,指针除了可以指向变量、数组、结构体等数据类型,还可以指向函数。这是为什么呢?在冯·诺依曼体系结构中强调程序与数据共同存储在内存中,函数是子程序,必然存储在内存的某一部分,必然有一个指向程序第一条指令的地址,称此地址为程序的入口地址。那么程序的哪一部分可以体现出程序的入口地址呢?在数组的定义中,数组的名字是指向该数组第一个元素的地址。一个函数的函数名是否是程序的入口地址呢?答案是肯定的。编译器将不带括号()的函数名解释为该程序的入口地址。换句话说,函数名是指向程序入口的地址(指针)。

定义指向函数的指针变量的形式如下:

```
数据类型 (*指针变量名)(函数参数列表)
```

这里的数据类型同样是指向函数返回值的类型。例如 int (* p)(int,int)，表示指针 p 是一个指向函数的指针，函数的返回值是 int 型，并且函数有两个 int 型的形参变量。

【例 8-23】 用指向函数的指针实现求两个数之和的函数调用。

【问题解析】

首先写一个求两个数之和的函数，然后声明一个指向该函数的指针变量，通过该指针变量调用函数实现两个数求和。

【程序代码】

```
1       #include <stdio.h>
2       int Add(int A,int B)
3       {
4           return A+B;
5       }
6       int main()
7       {
8           int (*p)(int,int);
9           int A=3,B=6,result=0;
10          p=Add;
11          result=(*p)(A,B);
12          printf("%d+%d=%d\n",A,B,result);
13          return 0;
14      }
```

【运行结果】

```
3+6=9
```

【程序分析】 Add()函数很简单，返回 A 和 B 之和，在主程序中声明了指向函数的指针变量 p，然后利用函数的名字 Add 进行了函数首地址的赋值，最后通过指针 p 调用函数实现两个数的求和。需要注意的是，指向函数的指针变量要与指向的函数返回值和参数类型一致，否则会出错。

使用指向函数的指针变量有时会带来很大的方便和灵活性。从定义中可以看出，只要保证指向函数的指针变量的函数返回值和参数与所指向的函数一致，就可以把满足条件的任意函数的地址赋值给该指针变量，相当于一个模板，带来程序的灵活性。

【例 8-24】 输入两个整数，编写一个函数 Calculate()，可以调用它分别实现三个不同的功能：求两个数的和、两个数据的差、两个数的积。

【问题解析】

一般的思路是声明一个指向函数的指针，分别实现三个不同功能的函数，让指针指向哪个函数就调用该函数的功能。虽然这样能实现，但还是有些烦琐。一个更好的思路是用一个指向函数的指针变量作为 Calculate()函数的一个参数，这样就可以很方便地调用某一个函数的功能。

【程序代码】

```
1       #include <stdio.h>
```

```
2     int Add(int A,int B)
3     {
          return A+B;
5     }
6     int Sub(int A,int B)
7     {
8         return A-B;
9     }
10    int Multi(int A,int B)
11    {
12        return A*B;
13    }
14    int Calculate(int A,int B,int (*p)(int,int))
15    {
16        return(*p)(A,B);
17    }
18    int main()
19    {
20        int A,B;
21        printf("输入 A 和 B 的值\n");
22        scanf("%d%d",&A,&B);
23        printf("A 和 B 相加结果: %d\n",Calculate(A,B,Add));
24        printf("A 和 B 相加结果: %d\n",Calculate(A,B,Sub));
25        printf("A 和 B 相加结果: %d\n",Calculate(A,B,Multi));
26        return 0;
27    }
```

【运行结果】

```
输入A和B的值
5 3
A和B相加结果: 8
A和B相加结果: 2
A和B相加结果: 15
```

【程序分析】 程序中首先实现了三个不同功能的函数,函数本身比较简单。关键是Calculate()函数的实现,函数中用了一个指向函数的指针变量 p 作为形参,函数指针变量的返回值是根据指针 p 指向的函数得到的,这样就实现了动态调用某个函数的功能。Calculate()中第三个参数是调用函数的名字,也就是函数的入口地址。

8.5.2 返回指针的函数

函数运行后可以返回 int、char 和 float 等基本类型的值,同样也可以返回指针型的值。返回一个指针值的函数称为返回指针的函数。一般定义的形式如下:

```
数据类型 *函数名(参数列表)
```

例如，定义 int *Func(int a,int b)，Func 是函数名，调用该函数后会返回一个 int 型的指针值。变量 a 和 b 是函数的形参。注意与指向函数的指针声明的区别，运算符"( )"的优先级高于" * "，所以 Func 先与"()"结合，这是一个函数的形式。前面加一个" * "，表示函数是指针型函数，int 表示函数的返回值是 int 型的指针。

【例 8-25】 编写一个函数连接两个字符串，然后返回连接后的字符串的首地址。

【问题解析】

输入的两个字符串分别是"Hello"和" World"，则输出的是"Hello World"，因为子函数处理的是字符串，返回的也是字符串，因此子函数的入口参数和返回结果都应该是指针变量。

【程序代码】

```
1     #include <stdio.h>
2     #define N 80
3     char *MyStrcat(char *dstStr,char *srcStr);
4     int main()
5     {
6         char first[N]="Hello";
7         char second[N]="world";
8         char *result=NULL;
9         result=MyStrcat(first,second);
10        printf("连接结果是: %s\n",result);
11        return 0
12    }
13    char *MyStrcat(char *dststr, char *srcstr)
14    {
15        char *pstr=dststr;
16        while(*dststr!='\0')
17        {
18            dststr++;                      //将指针移动到目标字符串的末尾
19        }
20        for(;*srcstr!='\0';dststr++,srcstr++)
21        {
22            *dststr=*srcstr;               //将源字符串复制到目标字符串的末尾
23        }
24        *dststr='\0';                      //在目标字符串末尾添加结束符
25        return pstr;
26    }
```

【运行结果】

```
连接结果是: Hello world
```

【程序分析】 此程序在函数内部首先找到 dststr 所指的字符串的末尾'\0'，程序中语句"dststr++"循环判断，直到找到'\0'为止。此时 *dststr 所取出的字符就是'\0'。将

dststr 的结束标志用 srcstr 的第一个字符覆盖，此处该字符为空格，然后依次将字符串 world 按字母顺序分别连接到 dststr 的后面。当取到 * srcstr 的末尾字符'\0'时，表示源字符串已经结束，循环终止。但从循环结束标志 * srcstr! = '\0'来看，新生成的字符串并没有将'\0'标志加入到目标字符串的末尾，所以在循环结束后，加上 * srcstr='\0'语句。连接完成后，重新形成一个新的字符串。

本例中，将函数 MyStrcat()设计成返回指针变量的函数，优点是方便了操作的级联，例如：

```
printf("%s", MyStrcat(first,second));
```

8.6 指针的高级应用

本节介绍几种指针的特殊应用技巧，包括指针数组、动态内存分配等内容。

8.6.1 指针数组

指针不仅可用于指向一个数组，还可以作为数组的元素，形成指针数组。由若干个基本类型相同的指针所构成的数组，称为指针数组。由定义可知，指针数组的每个元素都是一个指针，且这些指针都指向同一种类型的数据。

指针数组的定义格式如下：

```
数据类型 *指针数组名[数组大小];
```

例如：

```
char * str[5]={"Java","C Language","BASIC","C++"};
```

str 被定义成大小为 4 的 char * 类型的指针数组，str[0]～str[3]被 4 个字符串常量初始化，每个数组元素保存了对应字符串的起始地址，str[4]被初始化为 0(即 NULL)，其结构如图 8.15 所示。

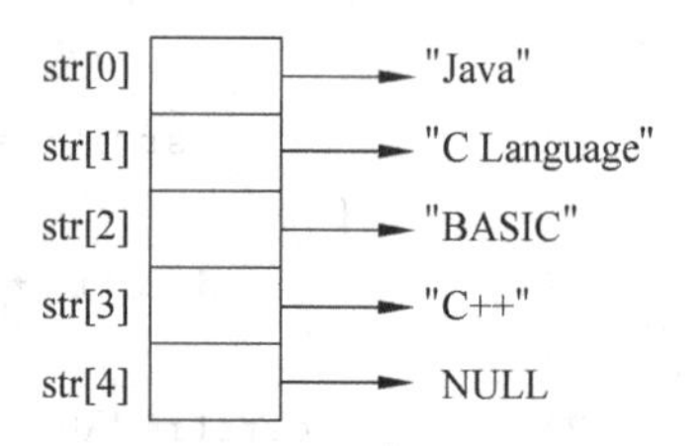

图 8.15 字符指针数组示例

【例 8-26】 利用指针数组输出程序菜单示例问题。

【问题解析】

菜单内容需要多个独立的字符串进行表示，如果每一个字符串定义一个数组，程序就过于复杂，因此可以利用字符指针输出的形式，每个指针数组元素指向一个字符常量，完成菜单各个内容字符串的显示。

【程序代码】

```
1    #include <stdio.h>
2    #include <string.h>
```

```
3      int main()
4      {
5          char * str[]={  "[1]加法","[2]减法","[3]乘法","[4]除法","[5]设置题量大
                          小","[6]设置答题机会","[0]退出"};
6          int len,i;
7          len=sizeof(str)/sizeof(char * ); //计算数据数组中元素个数
8          for (i=0;i<len;i++)
9              puts(str[i]);
10         return 0;
11     }
```

【运行结果】

```
[1]加法
[2]减法
[3]乘法
[4]除法
[5]设置题量大小
[6]设置答题机会
[0]退出
```

【程序分析】 本程序利用字符指针数组存储菜单字符串，通过一次循环可以输出全部菜单。

【例 8-27】 利用指针函数，实现输入整数 1～7，输出对应的星期名。

【问题解析】

用指针数组保存代表星期名的字符串，根据输入的整数值找出指针数组中对应下标字符串的指针，函数返回该指针，利用返回的指针值就可以输出对应的字符串。当然，当输入的整数不为 1～7 时，要有错误提示，保证程序的健壮性。

【程序代码】

```
1      #include <stdio.h>
2      char * DayName(int n)
3      {
4          static char * name[]={"错误","星期一","星期二","星期三","星期四",
                                  "星期五","星期六","星期日"};
5      return((n<1||n>7)?name[0]:name[n]);
6      }
7      int main()
8      {
9          int dayNum;
10         printf("输入星期数字: \n");
11         scanf("%d",&dayNum);
12         printf("数字%d 是 %s\n",dayNum,DayName(dayNum));
13         return 0;
14     }
```

【运行结果】

```
输入星期数字:
3
数字3 是 星期三
```

【程序分析】 在程序中 DayName()函数中定义了一个静态的 char 型指针数组，根据输入 n 的大小返回对应的数组元素的指针，通过返回的指针值就可以输出对应的星期几。注意，static 关键字的作用域，一般在子函数中定义的变量只在子函数中起作用，函数执行完后，变量就会被销毁，是一个局部变量。但采用 static 定义后，变量的生命周期为程序的运行过程，只有程序关闭了才销毁此变量，其作用和全局变量类似。

如果不用 static 定义 name[]数组，那么在 DayName()函数执行完时，系统将释放 name[]数组占用的存储空间，函数返回的指针值就不会执行任何操作，成为一个空指针，也就不会正确输出结果。

8.6.2 main 函数的命令行参数

Linux 等操作系统提供了命令行的操作界面，Windows 通过 cmd. exe 程序向用户提供命令行操作界面。例如：

```
copy c:\windows\win.ini d:\
```

完成将 c:\Windows 下的 win. ini 文件复制到 d:盘根目录。c:\windows\win. ini 和 d:\是 copy 命令的两个命令行参数。例如：

```
ping 192.168.0.1
```

检查 IP 地址为 192. 168. 0. 1 的主机联网是否正常，192. 168. 0. 1 是 ping 命令的参数，这个命令只有一个参数。

C 语言编写的程序也可以在命令行下执行。若程序需要接收来自命令行的参数，则需要通过 main 函数的两个形参实现(默认模式下，main 函数不需要形参)。

```
int main(int argc,char * argv[])
```

其中，整型变量 argc 用来记录命令行命令和参数的总个数，其值为参数个数加 1，由 C 程序运行时自动计算出来；字符型指针数组 argv 用来指向命令行中的各个参数，即将每一个以空格为分隔符的参数视为一个字符串，存放其首地址，argv 的容量由 argc 确定。在 main 函数中使用 argc 和 argv 这两个参数，就可以把用户在命令行中输入的文件名及参数传递到程序的内部进行处理。

【例 8-28】 命令行参数示例，命令行输入 3 个字符串，程序输出到屏幕上。

【问题解析】

此程序的运行需要在命令行模式下，以文件名为命令，并可以携带若干个字符串参数，以空格进行分割，在程序中把参数字符串显示在屏幕上。

【程序代码】

```
1    #include <stdio.h>
```

```
2   int main(int argc, char * argv[])
3   {
4       int i;
5       printf("argc=%d\n",argc);
6       for (i=0;i<argc;i++)
7       printf("argv[%d]:%s\n",i,argv[i]);
8       return 0;
9   }
```

运行结果如图 8.16 所示。

```
D:\Cprogram\test001\Debug>77.exe java basic C++
argc=4
argv[0]:77.exe
argv[1]:java
argv[2]:basic
argv[3]:C++
```

图 8.16　例 8-28 运行结果

【程序分析】 此程序的运行需要在 cmd.exe 命令行窗口中，首先编译程序生成可执行文件，本例为 77.exe，在命令行窗口进入 77.exe 可执行文件所在的文件夹，然后执行命令 77.exe java basic C++，运行结果如图 8.16 所示。程序自动计算出 argc=4，并确定数组 argv 的元素个数为 4，其中 argv[0]用于存放可执行文件名，相当于命令，argv[1]～argv[3]内容用于存放 3 个参数。在程序中可以利用字符串数组进行处理这几个参数。

8.6.3　动态内存分配

到目前为止，读者学到过两种内存分配方法。一种是定义一个全局变量或 static 变量，编译器分配给这种变量的内存空间需要在整个程序结束后才会回收，这种分配方法称为静态分配。另一种是在语句块中定义一个 auto(默认省略)，该变量在系统栈中分配空间。进入该语句的作用域时为变量进行空间的分配，当退出该语句块时，存储空间将被自动回收，这种分配方式为自动分配。

静态分配和自动分配有时不能够满足程序动态需求，以数组为例，ANSI C 要求数组在定义时必须指定大小，一旦程序完成编译，数组元素的数量就固定了，不能根据程序运行的实际需要来合理地分配数组大小或扩充数组空间。也就是说，在不修改并且再次编译程序的情况下无法改变数组的大小。

C 语言提供了第三种分配方式，就是在需要时显式地申请空间，在不需要时再显式地释放空间，这种方式称为动态分配。通过使用动态存储分配，程序可以在执行期间申请所需要的内存块，还可以设计出能根据需要扩大或缩小的数据结构。

1. 内存分配函数

C 语言在 stdlib.h 文件中定义了三种内存分配函数，来实现动态内存分配。

- malloc 函数：用于分配内存块，但是不对内存块进行初始化。

• calloc 函数：用于分配内存块，并且对内存块进行清零。

• realloc 函数：用于调整先前分配的内存块大小。

由于三个函数分配的内存块可用于存放不同类型的数据，因此在设计这三个函数时其返回类型为 void *，此类型的值是"通用"指针，本质上它只是内存地址。程序员可以根据需要将函数返回值强制成所需的指针类型。

系统为三个函数的分配的内存均来自"堆区"，若堆区空间不能满足程序申请的内存需求，函数的返回值结果为 NULL。

(1) malloc 函数。malloc 函数是使用最多的一个，由于它不对内存进行初始化，故具有较高的效率，其函数原型如下：

```
void * malloc(size_t size);
```

该函数分配 size 字节的内存块，并且返回指向该内存块的首地址。这里，size 的类型是 stddef.h 头文件中定义的类型 size_t，不同系统有不同解释，从理论上讲，在调用该函数时 size 只要是一个无符号整数即可。例如：

```
int * a,n=6;
a=(int *)malloc(n * sizeof(int));
```

该语句在内存中分配 6 个连续的整型单元，并将其首地址值赋值给整型指针变量 a，如图 8.17 所示。

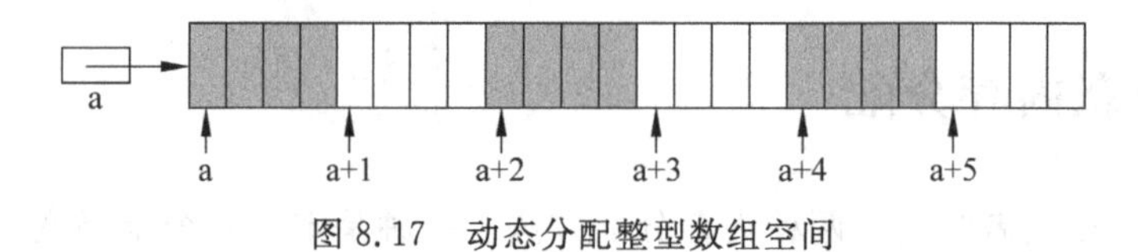

图 8.17　动态分配整型数组空间

程序可以将 a 当作整型数组使用，例如：

```
in i;
for(i=0;i<n;i++)
    scanf("%d",&a[i]);
```

若 n 值由键盘输入，程序便可以根据需要动态构造所需的数组大小。

再如：

```
char * p;
p=(char *)malloc(20 * sizeof(char));
strcpy(p,"computer networks");
```

p 指向了 malloc 分配的 20 字节的内存空间，且被 strcpy 函数存入了字符串"computer networks"，如图 8.18 所示。

(2) calloc 函数。calloc 函数原型如下：

```
void * calloc(size_t n,size_t size);
```

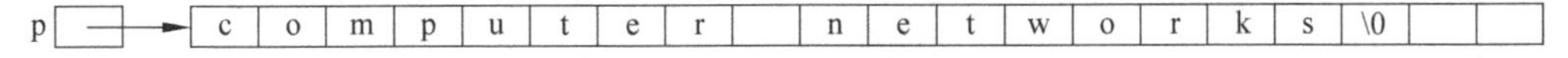

图 8.18　动态分配字符数组

该函数分配 n 个连续的大小为 size 的内存空间。例如：

```
int * a,n=6;
a=(int * )calloc(n,sizeof(int));
```

分配了与图 8.18 相同的内存单元，与 malloc 的差别在于，该函数在分配完后会将所有的单元初始化为 0。

(3) realloc()函数。为数组分配完内存后，在程序运行过程中可能会发现数组过大或过小。realloc 函数可以调整数组的大小使它更适合需要。其函数原型如下：

```
void * realloc(void * ptr,size_t size);
```

调用该函数时，ptr 必须指向先前通过 malloc、calloc 或 realloc 的调用来获得内存块，size 表示内存块的新尺寸，新尺寸可以大于或小于原有尺寸。

2. 内存释放函数

由程序动态申请的内存必须由程序显式地释放，否则将导致系统堆内存的耗尽。用于完成这一操作的函数是 free()。其用法为：

```
free(指针);
```

它将释放指针指向的动态分配的内存空间。

例如，若 p 指向动态字符数组，执行 free(p)后，p 指向的数组空间将被释放(不是释放 p 指针变量本身的空间)，但 p 指针不会被初始化为 NULL，其可能仍指向原来内存空间。但此时不能再引用其指向的内存空间，否则将导致非法访问内存的错误。一个好的做法是在执行 free(p)后，将 p 赋值为 NULL。

【例 8-29】 动态分配数组示例。分配动态空间存第一个字符串，然后扩展此空间，连接第二个字符串。

【问题解析】

由于不能确定字符串的大小，因此需要在程序中利用 malloc 函数动态方式开辟空间进行存储字符串。如果需要向空间中加入新的字符串，由于不能确定空间是否够用，需要利用 realloc()函数进一步扩展已开辟的空间。

【程序代码】

```
1    #include <stdio.h>
2    #include <stdlib.h>
3    #include <string.h>
4    int main()
5    {
6        char * p;
7        p=(char * ) malloc(20 * sizeof(char));
```

```
8        if (p!=NULL)
9        {
10           strcpy(p,"Computer Networks");
11           puts(p);
12       }
13       p=(char *)realloc(p, 2*20*sizeof(char));     //将数组空间扩大2倍
14       if(p)
15       {
16           puts(p);
17           strcat(p, " and Data structure");
18           puts(p);
19       }
20       free(p);                                      //释放动态申请的空间
21       p=NULL;
22       return 0;
23   }
```

【运行结果】

```
Computer Networks
Computer Networks
Computer Networks and Data structure
```

【程序分析】 语句p=(char *)realloc(p, 2*20*sizeof(char))将原申请的数据扩大为2倍的存储空间。需要说明的是，若原空间之后的内存可用，系统会在其后进行扩展，若其后的空间被占用，系统需要在别处重新分配新的空间，并将原空间的内容复制到新空间中。因此，需要将函数的返回地址重新赋值给p。

【例8-30】 编程输入某班学生的某门课程的成绩，计算并输出其平均分。学生人数由键盘输入。

【问题解析】

由于班级人数是一个动态数据，编程前并不知道具体学生的人数，因此不能采用定义数组的形式固定人数，只能采用动态内存分配方式进行数据空间的开辟。

【程序代码】

```
1    #include <stdio.h>
2    #include <stdlib.h>
3    void InputArray(int *p, int n);
4    double Average(int *p, int n);
5    int main()
6    {
7        int *p =NULL, n;
8        double aver;
9        printf("How many students?");
10       scanf("%d", &n);                              //输入学生人数
11       p =(int *) malloc(n * sizeof(int));           //向系统申请内存
```

```
12          if (p ==NULL)         //确保指针使用前是非空指针,当 p 为空指针时结束程序运行
13          {
14              printf("No enough memory!\n");
15              exit(1);
16          }
17          printf("Input %d score:", n);
18          InputArray(p, n);                                  //输入学生成绩
19          aver =Average(p, n);                               // 计算平均分
20          printf("aver =%.1f\n", aver);                      // 输出平均分
21          free(p);                                           // 释放向系统申请的内存
22          return 0;
23      }
24      void InputArray(int *p, int n)            //形参声明为指针变量,输入数组元素值
25      {
26          int i;
27          for (i=0; i<n; i++)
28          {
29              scanf("%d", &p[i]);
30          }
31      }
32      double Average(int *p, int n)      // 形参声明为指针变量,计算数组元素的平均值
33      {
34          int i, sum =0;
35          for (i=0; i<n; i++)
36          {
37              sum =sum +p[i];
38          }
39          return (double)sum/n;
40      }
```

运行结果如图 8.19 所示。

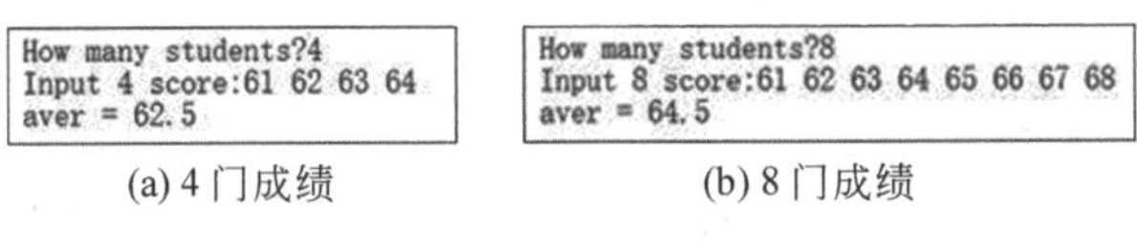

(a) 4 门成绩　　(b) 8 门成绩

图 8.19　例 8-30 运行结果图

【程序分析】 本程序利用 malloc 函数向系统申请 n 个 int 型的存储单元,用 int 型指针变量 p 指向了这段连续的存储空间的首地址。这就相当于建立了一个一维动态数组,可通过首地址 p 来寻址数组中的元素,即可以适用 *(p+i)或 p[i]来表示数组元素值。

【例 8-31】 编程输入 m 个班学生(每班 n 个学生)的某门成绩,计算并输出最高分。班级数和每班学生数从键盘输入。

【问题解析】

此例与例 8-30 的区别在于,不是存储一个班的数据,班级数 m 和每个不同班级的人

数 n 都不是固定值，因此开辟的空间不再是一维数组的空间，而是一个二维数组的空间，此二维数组每行代表一个班级的数据，共 m 行，列值 n 取所有班级中人数最多的班级为依据。

【程序代码】

```
1     #include <stdio.h>
2     #include <stdlib.h>
3     void InputArray(int *p, int m, int n);
4     double Average(int *p, int m, int n);
5     int main()
6     {
7         int *p =NULL, m, n;
8         double aver;
9         printf("How many classes?");
10        scanf("%d", &m);                                  //输入班级数
11        printf("How many students in a class?");
12        scanf("%d", &n);                                  //输入每班学生人数
13        p =(int *)calloc(m*n, sizeof(int));               //向系统申请内存
14        if (p ==NULL)       //确保指针使用前是非空指针,当 p 为空指针时结束程序运行
15        {
16            printf("No enough memory!\n");
17            exit(1);
18        }
19        InputArray(p, m, n);                              //输入学生成绩
20        aver =Average(p, m, n);                           //计算平均分
21        printf("aver =%.1f\n", aver);                     //输出平均分
22        free(p);                                          //释放向系统申请的内存
23        return 0;
24    }
25    //形参声明为指向二维数组的列指针,输入数组元素值
26    void InputArray(int *p, int m, int n) {
27    int i, j;
28    for(i =0; i<m; i++)                                   // m个班
29      {
30        printf("Please enter scores of class %d:\n", i+1);
31            for(j =0; j<n; j++)                           //每班 n 个学生
32            {
33                scanf("%d", &p[i*n+j]);
34            }
35        }
36    }
37    //形参声明为指针变量,计算数组元素的平均值
38    double Average(int *p, int m, int n)
39    {
```

```
40        int i, j, sum =0;
41        for(i =0; i<m; i++)                              //m个班
42        {
43          for(j =0; j<n; j++)                            //每班 n 个学生
44            {
45                sum =sum +p[i * n+j];
46            }
47        }
48        return (double)sum / (m * n);
49    }
```

【运行结果】

```
How many classes?3
How many students in a class?4
Please enter scores of class 1:
61 62 63 64
Please enter scores of class 2:
71 72 73 74
Please enter scores of class 3:
81 82 83 84
aver = 72.5
```

【程序分析】 本例利用 calloc()函数向系统申请 m * n 个 int 型的存储单元,并用 int 型指针变量 p 指向这段内存的首地址。尽管它建立了一个 m 行 n 列的二维动态数组,但因为指针变量 p 是指向这个二维动态数组的列指针,所以通过指针 p 来寻址数组元素时,必须将其当作一维数组来处理,只能使用 *(p+i * n+j)或 p[i * n+j]来表示数组元素值。

注意:在进行内存动态分配中,常常会发生内存泄漏,例如:

```
int *a, *b;
a=(int *)malloc(6 * sizeof(int));
b=(int *)malloc(3 * sizeof(int));
a=b;
```

程序将分别为 a 和 b 分配长度为 6 和 3 的数组,如图 8.20(a)所示。

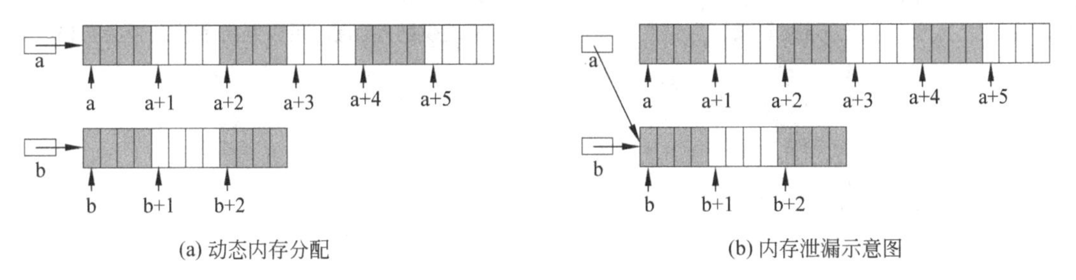

图 8.20　内存泄漏示例

在执行 a=b 后将使 a 指向 b 指向的动态数组,a 原来指向的动态数组既不能被程序使用(没有指针变量指向),也无法被系统回收,造成内存浪费,这称为垃圾内存,这种现象称为内存泄漏,如图 8.20(b)所示。

习　题

一、选择题

1. 若有语句“int a=2, *p=&a, *q=p;”,则以下非法的赋值语句是(　　)。

A. p=q;　　B. *p=*q;　　C. a=*q;　　D. q=a;

2. 若建立如图所示的存储结构,且已有语句“double *p, x=0.2345;”,则正确的赋值语句是(　　)。

A. p=x;　　B. p=&x;　　C. *p=x;　　D. *p=&x;

3. 以下程序的功能是删除字符串 s 中的所有空格(包括制表符、回车符),请填空。

```
#include "stdio.h"
#include "string.h"
#include "ctype.h"
main()
{
    char s[80];
    gets(s);
    delspace(s);
    puts(s);
}
delspace(char *t)
{
    int m, n;
    char c[80];
    for(m=0, n=0; ___【1】___ ; m++)
      if (!isspace(___【2】___))          /*C语言提供的库函数,用以判断字符是否为空格*/
          {
              c[n]=t[m];
              n++;
          }
    c[n]='\0';
    strcpy(t, c);
}
```

【1】 A. t[m]　　B. ! t[m]　　C. t[m]='\0'　　D. t[m]=='\0'

【2】 A. t+m　　B. *c[m]　　C. *(t+m)　　D. *(c+m)

4. 下列程序的输出结果是(　　)。

```
#include "stdio.h"
main()
{
    int a[]={1,2,3,4,5,6,7,8,9,0}, *p;
    p=a;
    printf("%d\n", *p+9);
}
```

A. 0　　B. 1　　C. 10　　D. 9

5. 下面判断正确的是(　　)。

A. char *s="girl";　等价于　char *s; *s="girl";

B. char s[10]={"girl"};　等价于　char s[10]; s[10]={"girl"};

C. char *s="girl";　等价于　char *s; s="girl";

D. char s[4]= "boy", t[4]= "boy";　等价于　char s[4]=t[4]= "boy"

6. 设 char *s="\ta\017bc";则指针变量 s 指向的字符串所占的字节数是(　　)。

A. 9　　B. 5　　C. 6　　D. 7

7. 下面程序段的运行结果是(　　)。

```
#include "stdio.h"
main()
{
    char s[]="example!", *t;
    t=s;
    while( *t!='p')
    {  printf("%c", *t-32);
       t++;
    }
}
```

A. EXAMPLE!　　B. example!　　C. EXAM　　D. example!

二、填空题

1. 若有以下定义和语句,在程序中引用数组元素 a[m]的 4 种形式是: 【1】、【2】、【3】和 a[m](假设 m 已正确说明并赋值)。

```
int a[10], *p;
p=a;
```

2. 设有定义"int a, *p=&a;",以下语句将利用指针变量 p 读写变量 a 中的内容,请将语句补充完整。

```
scanf("%d", 【1】 );
printf("%d\n", 【2】 );
```

3. 下面程序段是把从终端读入的一行字符作为字符串放在字符数组中,然后输出,请填空。

```
#include "stdio.h"
#include "string.h"
main()
{
    int m;
    char s[80], *t;
    for (m=0; m<79; m++)
    {
        s[m]=getchar();
        if (s[m]=='\n') break;
    }
    s[m]= 【1】 ;
    t= 【2】 ;
    while (*t) putchar(*t++);
}
```

4. 函数 sstrcmp()的功能是对两个字符串进行比较。当 s 所指字符串相等时,返回值为 0;当 s 所指字符串大于 t 所指字符串时,返回值大于 0;当 s 所指字符串小于 t 所指字符串时,返回值小于 0(功能等同于库函数 strcmp()),请填空。

```
#include "stdio.h"
int sstrcmp( char *s, char *t)
{
    while (*s && *t && *s== 【1】 )
    {
        s++;
        t++;
    }
    return 【2】 ;
}
```

5. 下面程序的功能是将字符串中的数字字符删除后输出,请填空。

```
#include "stdio.h"
#include "malloc.h"
void delnum( char *t)
{
  int m, n;
for (m=0,n=0; t[m]!='\0';m++)
    if (t[m]<'0' 【1】 t[m]>'9')
      { t[n]=t[m]; n++;}
       【2】 ;
}
    main()
{
```

```
    char * s;
    s=(char *) malloc (sizeof(char));      /* 给 s 分配一个地址 */
    printf("\n input the original string:");
    gets(s);
    delnum(s);
    puts(__【3】__);
}
```

6. 下面程序是判断输入的字符串是否是“回文”(顺读和倒读都一样的字符串称为“回文”,如 level),请填空。

```
#include "stdio.h"
#include "string.h"
main()
{
    char s[80], *t1, *t2;
    int m;
    gets(s);
    m=strlen(s);
    t1=s;
    t2=__【1】__;
    while(t1<t2)
    {  if (*t1!=*t2) break;
       else { t1++;
       __【2】__;
       }
    }
     if (t1<t2) printf("NO\n");
     else printf("YES\n");
}
```

第9章 结构体和共用体

选择表示数据的方法是进行程序设计最重要的步骤之一。在许多情况下，简单变量甚至是数组还不能满足程序的要求。结构体和共用体是为了易于操作而被组合在一起的一个或多个变量，是本章将学习的两种新构造数据类型。在结构体的基础上，本章还将学习链表的相关内容，以及枚举类型和用 typedef 定义新类型等。

9.1 结构体类型和结构体变量

首先，通过一个示例来分析为何需要结构体。

【引例】 一个职工信息包括工号、姓名、部门、职务、年龄、工资等数据项，其中的一些项目(如工号、姓名、部门、职务)可以存储在字符数组中，其他项目需要存储为 int 类型(如年龄)或 float 类型(如工资)。它们都是与一个特定学生相关的数据项，应该作为一个组合项保存在一起，如图 9.1 所示。

staff_num (工号)	name (姓名)	department (部门)	duty (职务)	age (年龄)	salary (工资)
20150387	LiuHao	AS05	E02	29	6028.37

图 9.1 职工信息相关数据项

这样的一组职工信息是否能存储在一个普通的数组里呢？答案是否定的。因为普通数组中各元素的类型必须是一致的，不能保存具有不同数据类型的一组数据。此时，需要一种既能包含字符串又能包含数值的数据形式。C 语言中的结构体就为满足这种需求而构造的数据类型。

结构体是将若干类型不同的数据项结合在一起的一种数据结构，是一种特殊的数据类型。结构体中可以包含任何数据类型的变量。

“结构体”有两层含义。一层含义是“结构体类型”。它告诉编译器如何表示数据，但它并未让编译器为数据分配空间。另一层含义是“结构体变量”。与 int、long、float、double、char 等系统标准类型不同的是：在使用结构体类型之前，必须先由用户自定义它，然后再使用它去定义这种类型的结构体变量。下面重点介绍一下结构体类型的定义以及结构体变量的定义、引用和初始化。

9.1.1 结构体类型的定义

结构体类型定义的一般形式为：

```
struct 结构体名
{
    类型名 1   成员名 1;  ┐
    类型名 2   成员名 2;  │
    类型名 3   成员名 3;  ├ 成员列表
       ⋮         ⋮        │
    类型名 n   成员名 n;  │
    };                    ┘
```

说明：

(1) struct 是定义结构体类型的关键字，不能省略。

(2) 结构体名是用户定义的结构体类型的标志，其命名规则与标识符命名规则相同。结构体名可以省略，省略的结构称为无名结构。

(3) 成员列表又称为域表，由大括号{}括起来，注意最后的分号不能省略。用户自定义的数据项称为“成员”或“域”。成员列表由若干个成员组成，对每个成员都要进行类型声明，成员名的命名规则与标识符命名规则相同。

例如，将保存上述职工信息的结构体类型定义如下：

```
struct staff_info
{
    char staff_num[16];         //工号
    char name[20];              //姓名
    char department[20];        //部门
    char duty[10];              //职务
    int age;                    //年龄
    float salary;               //工资
};
```

这个定义描述了一个名为 staff_info 的结构体，用大括号括起来的是结构体成员列表(注意末尾的大括号后有分号)。结构体共有 6 个成员。第 1 个成员名为 staff_num，类型为字符数组；第 2 个成员名为 name，类型为字符数组；第 3 个成员名为 department，类型为字符数组；第 4 个成员名为 duty，类型为字符数组；第 5 个成员名为 age，类型为 int，第 6 个成员名为 salary，类型为 float。

如果将上述结构体类型定义中的结构体名省略，则成为如下所示的无名结构：

```
struct
{
    char staff_num[16];
    char name[20];
```

```
    char department[20];
    char duty[10];
    int age;
    float salary;
};
```

有关结构体成员的几点说明：

(1) 成员名可以与程序的变量名同名，两者互不干扰。例如，程序中也存在一个变量name，则它与 struct staff_info 中的 name 是不同的，两者互不干扰。

(2) 成员也可以是一个已定义的结构体变量。

```
struct staff_date
{
    int year;
    int month;
    int day;
};
struct staff_info
{
    char staff_num[16];
    char name[20];
    struct staff_date birthday;          //结构体变量
    char department[20];
    char duty[10];
    int age;
    float salary;
};
```

其中，birthday 是一个类型为 struct staff_date 的结构体变量。

(3) 成员也可以是一个基类型为结构体类型的指针变量。

```
struct staff_info
{
    char staff_num[16];
    char name[20];
    char department[20];
    char duty[10];
    int age;
    float salary;
    struct staff_info * next;          //指针变量
};
```

其中，next 是一个基类型为 struct staff_info 类型的指针变量，它保存 struct staff_info 类型结构体变量的起始地址。

9.1.2 结构体变量的定义

结构体类型告诉编译器如何表示数据，但是它并未让编译器为数据分配空间。在定义了结构体类型后，下一步便是定义结构体变量。定义结构体变量有如下三种方法。

(1) 先定义结构体，再定义结构体变量。这里，结构体变量定义的一般形式为：

```
struct  结构体名  变量名列表;
```

注意：

① 结构体名要与关键字 struct 一起使用。因为结构体名不是类型名，所以结构体名必须与关键字 struct 共同来确定唯一的一种结构体类型。

② 关键字 struct 要与结构体名一起使用。因为 struct 是构造类型，属于 struct 类型的结构体有多种用户自定义模式，因此 struct 必须与结构体名共同来说明唯一的一种用户自定义模式。

例如，前面已经定义了结构体 struct staff_info，现在用这个结构体来定义两个结构体变量 staff1_info 和 staff2_info，具体书写如下：

```
struct  staff_info  staff1_info, staff2_info;
```

其中，staff_info 是结构体名，staff1_info 和 staff2_info 都是结构体变量名。

(2) 在定义结构体的同时，定义结构体变量。其一般形式为：

```
struct 结构体名
{
    类型名 1       成员名 1;
    类型名 2       成员名 2;
    类型名 3       成员名 3;
      ⋮             ⋮
    类型名 n       成员名 n;
}变量名列表;
```

例如：

```
struct staff_info
{
    char staff_num[16];
    char name[20];
    char department[20];
    char duty[10];
    int age;
    float salary;
}staff1_info, staff2_info;
```

其中，staff_info 是结构体名，staff1_info 和 staff2_info 都是结构体变量名。

(3) 省略结构体名，直接定义结构体变量。其一般形式为：

```
struct
{   类型名 1     成员名 1;
    类型名 2     成员名 2;
    类型名 3     成员名 3;
      ⋮            ⋮
    类型名 n     成员名 n;
}变量名列表;
```

例如：

```
struct
{
    char staff_num[16];
    char name[20];
    char department[20];
    char duty[10];
    int age;
    float salary;
}staff1_info, staff2_info;
```

注意：这种方法省略了关键字 struct 后的结构体名。一般在不需要再次定义这种类型的结构体变量时使用。

【例 9-1】 定义结构体变量 staff1、staff2，用来存储职工的职工号(num)、姓名(name)、部门(dep)、职务(duty)、年龄(age)和工资(salary)。

【问题解析】 本例采用定义结构体变量三种方式中的第一种，即先定义结构体类型 struct staff，再定义两个结构体变量 staff1 和 staff2。读者可尝试采用其他两种方式定义结构体变量。

```
struct staff
{   char num[16];
    char name[20];
    char dep[20];
    char duty[10];
    int age;
    float salary;
};
struct staff staff1, staff2;
```

结合例 9-1 对结构体类型和结构体变量进行几点说明。

(1) 结构体类型和结构体变量的概念不同。

① 不能对结构体类型进行赋值、存取或运算，只能对结构体变量进行赋值、存取或运算。

② 在结构体变量的定义语句"struct staff staff1, staff2;"中，struct staff 所起的作用

相当于一般定义中的 int 或 float 等类型声明，从本质上看，staff 结构体定义创建了一个名为 struct staff 的新类型。

③ 编译器不会对结构体 staff 分配存储空间，只会对结构体变量 staff1 和 staff2 分配存储空间。分配的存储空间用来保存结构体变量的各成员数据，并按照成员在结构体类型定义时的顺序依次存放，如图 9.2 所示。

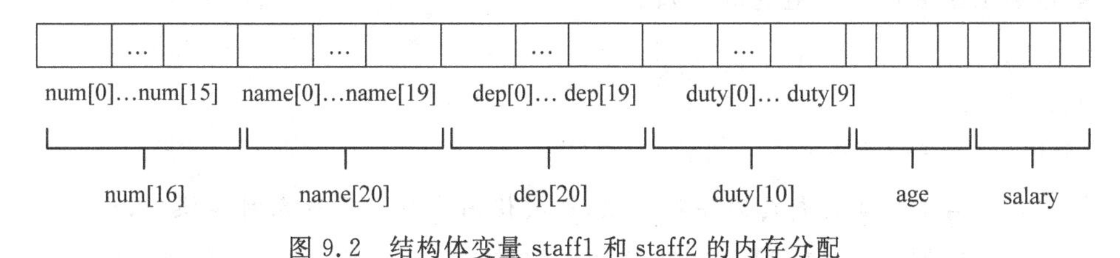

图 9.2　结构体变量 staff1 和 staff2 的内存分配

(2) 结构体变量在内存中所占字节数等于它的各成员所占字节数之和。在例 9-1 中，结构体变量 staff1 和 staff2 在内存中所占字节数可计算为：sizeof(struct staff)＝16＋20＋20＋10＋4＋4，即各占 74 字节。

注意：同一种类型数据在不同的编译器中所占的字节数有可能不同，在同一种编译器中，结构体内的字符类型成员为了满足分配内存对齐的需要，所占的字节数有可能也不同。

(3) 可以单独使用结构体变量中的成员，它的作用与普通变量相同。

9.1.3　结构体变量的引用

结构体变量也要遵循先定义、后引用的规则，其引用和操作的方式如下：

(1) 通过对结构体变量成员的引用可以实现对结构体变量的引用，使用结构成员运算符“.”，即可访问结构中的成员，在所有运算符中，成员运算符的优先级最高。引用一般形式为：

```
结构体变量名.成员名
```

如例 9-1 中，在定义了结构体变量 staff1 后，就可以用 staff1. age、staff1. salary 分别表示结构体变量 staff1 的成员 age 和 salary。

对于结构体变量的成员，可以有如下操作：

① 读取操作：读取成员的值以后，成员的值保持不变。

使用读取值的例子如下：

```
char n[20]; strcpy(n, staff1.name);
float s=staff1.salary;
```

将读取值输出的例子如下：

```
printf ("第一位职工%s的年龄是%d,工资是%f", staff1.name,
      staff1.age, staff1.salary );
```

② 写入操作：给成员写入值以后，成员的值有可能被改变。

通过输入给成员写入值的例子如下：

```
gets(staff1.name);
scanf("%d, %f", &staff1.age, &staff1.salary);
```

通过赋值给成员写入值的例子如下：

```
strcpy(staff1.name, "LiuHao");
staff1.age=29;
staff1.salary=6028.37;
```

注意：结构体变量的成员为字符数组，也要使用字符串函数来对其操作，这一点与普通字符数组相同。例如，对 staff1. name 进行赋值操作，如果用“staff1. name = "LiuHao";”这种方式就是错误的。

(2) 结构体变量成员称为成员变量，使用方法与普通变量相同，成员变量有自己的数据类型，也可以进行相应的各种运算。例如：

```
if (strcmp(staff1.dep, staff2.dep)==0)
    printf("The two clerks are at the same department.");
staff1.age--;
float difference =staff2.salary-staff1.salary;
```

(3) 如果成员也是一个结构体变量，则要通过逐级访问的方法，直到访问到最低级的成员为止。注意，只能对最低级的成员进行赋值、存取或运算等操作。例如，9.1.1 节定义的结构体 staff_info 中包含了另一个结构体 birthday，由于 staff_info. birthday 是一个结构体类型，所以不能直接访问 staff_info. birthday，要继续找到 staff_info. birthday 的成员 year、month 和 day 进行访问，如下：

```
staff_info.birthday.year=1992;
staff_info.birthday.month=7;
staff_info.birthday.day=18;
```

由于 year、month 和 day 不属于结构体类型，它们是整型数据，可以认为它们是最低级的成员，所以可以对 staff_info. birthday. year、staff_info. birthday. month 和 staff_info. birthday. day 进行访问，并且也只能对最低级成员进行赋值、存取或运算等操作。

(4) 结构体变量不能整体输入和整体输出，只能通过分别访问其内的各个成员来实现。例如：

以下两条语句都是错误的：

```
scanf("%s, %s, %c, %d, %f, %s", &staff1);
printf("%s, %s, %c, %d, %f, %s", staff1);
```

以下两条语句是正确的：

```
scanf("%s, %s, %s, %s, %d, %f", staff1.num, staff1.name,
      staff1.dep, staff1.duty, &staff1.age, &staff1. salary);
```

```
printf("%s, %s, %s, %s, %d, %f", staff1.num, staff1.name,
       staff1.dep, staff1.duty, staff1.age, staff1. salary);
```

(5) 只有在赋值或者作为函数参数时，结构体变量才可以整体操作。两个结构体变量在赋值时，必须具有相同的结构。

① 赋值操作，例如：

```
staff2=staff1;
```

其等价操作为：

```
strcpy (staff2. num, staff1. num);
strcpy (staff2.name, staff1.name);
strcpy (staff2. dep, staff1.dep);
strcpy (staff2. duty, staff1. duty);
staff2.age=staff1.age;
staff2.salary=staff1.salary
```

② 作为函数参数。结构体变量作为函数参数时，传递一个结构体变量。它采用“值传递”方式，将实参各个成员的值全部传递给形参，并且形参与实参要具有相同的结构体类型。

【例 9-2】 结构体变量作为函数参数的应用举例。

```
1     #include <stdio.h>
2     #include <string.h>
3     struct staff
4     {    char     num[16];
5          char     name[20];
6          char     dep[20];
7          char     duty[10];
8          int      age;
9          float    salary;
10    };
11    void print_info(struct staff z)     //结构体变量作为形参
12    {
13        printf("职工信息为: 工号: %s, %s, %s, %s, %2d, %.2f\n", z.num, z.name,
14            z.dep, z.duty, z.age, z.salary);
15    }
16    int main()
17    {
18        struct staff staff1;
19        strcpy(staff1.num, "20150387");
20        strcpy(staff1.name, "LiuHao");
21        strcpy(staff1.dep, "AS05");
22        strcpy(staff1.duty, "E02")
23        staff1.age=29;
```

```
24        staff1.salary=6028.37;
25        print_info(staff1);                //结构体变量作为实参
26    }
```

【运行结果】

职工信息为：**20150387, LiuHao, AS05, E02, 29, 6028.37**

(6) 结构体变量成员的地址以及结构体变量的地址都可以被引用。例如：

```
scanf("%f", &staff1.salary);
abc(&staff1);
```

9.1.4 结构体变量的初始化

结构体变量的初始化与其他变量一样，可以在定义变量的同时指定其初始值。例如：

```
struct staff
{     char num[16];
      char name[20];
      char dep[20];
      char duty[10];
      int age;
      float salary;
}staff1={ "20150278", "LiuHao", "AS05", "E02", 29, 6028.37 },
staff2={"20140561", " ZhouTong", "AS01", "E01", 34, 5527.66 };
```

下面这种初始化方式，也是正确的：

```
struct staff
{     char num[16];
      char name[20];
      char dep[20];
      char duty[10];
      int age;
      float salary;
};
struct worker worker1={ "1100001023", " ZhangTing", 'F', 28,
       5700.23, "RenShiBu" }, worker2={"1100001069", " LiGang", 'M', 36,
       6210.18, " CaiWuBu" };
```

注意：

(1) 使用在大括号"{}"中括起来的初始化列表进行初始化，各初始化项(即成员变量的值)用逗号分隔。

(2) 成员变量的初始值与结构体中的成员变量的数据类型、个数和次序要一一对应。

9.1.5 结构体变量的举例

【例 9-3】 定义两个结构体变量 book_list1 和 book_list2,用来存储图书的信息,包括书名、作者、出版社、购买日期和定价。定义时先对 book_list1 初始化,再把 book_list1 中的数据复制到 book_list2 中,最后输出 book_list2。

【程序代码】

```
1      #include<stdio.h>
2      #include<string.h>
3      int main()
4      { struct date
5        {
6            int year;
7            int month;
8            int day;
9        };
10       struct booklist
11       {
12           char          book_name[50];
13           char          author[20];
14           char          publisher[50];
15           struct date   pur_date;
16           float         price;
17         }book_list1={"Nature", "LiZheng", "kexue", 2016, 4, 20, 52.0 };
18         struct booklist book_list2;
19         strcpy(book_list2.book_name, book_list1.book_name);
20         strcpy(book_list2.author, book_list1.author);
21         strcpy(book_list2.publisher, book_list1.publisher);
22         book_list2.pur_date.year=book_list1.pur_date.year;
23         book_list2.pur_date.month=book_list1.pur_date.month;
24         book_list2.pur_date.day=book_list1.pur_date.day;
25         book_list2.price=book_list1.price;
26         printf("书名:%s 作者:%s 出版社:%d 购买日期:%4d年%3d月%3d日
27         价格:%.2f\n", book_list2.book_name, book_list2.author,
28         book_list2.publisher, book_list2.pur_date.year,
29         book_list2.pur_date.month, book_list2.pur_date.day,
30         book_list2.price);
31         return 0;
32         }
```

【运行结果】

```
书名: Nature 作者: LiZheng   出版社: kexue
购买日期:  2016年  4月 20日  价格:52.00
```

在本例中,可以采用一种最简单的赋值方法:"book_list2= book_list1;",即用一个结构体变量直接给另一个结构体变量整体赋值。

注意:如果定义变量 book_list1 之后,再对其成员变量赋值,则以下做法是错误的。

```
struct booklist
{
    char      book_name[50];
    char      author[20];
    char      publisher[50];
    struct    date pur_date;
    float     price;
}book_list1;
book_list1={"Nature", "LiZheng", "kexue", 2016, 4, 20, 52.0 };
```

正确的做法如下:

```
struct booklist
{
    char      book_name[50];
    char      author[20];
    char      publisher[50];
    struct    date pur_date;
    float     price;
}book_list1;
strcpy(book_list1.book_name, "Nature");
strcpy(book_list1.author, "LiZheng" );
strcpy(book_list1. publisher, "kexue" );
book_list1.pur_date.year =2016;
book_list1.pur_date.month=4;
book_list1.pur_date. day=20;
book_list1.price=52.0;
```

程序中还用到了字符串处理函数,因此不要忘记在程序开始添加#include <string.h>。

9.2 结构体数组

在例 9-2 中,每位员工的信息都用一个结构体变量来表示。有两位员工的信息,就需要使用两个变量,以此类推。如果有多位员工的信息要处理,就要使用结构体数组了。本节主要对结构体数组的定义、结构体数组的引用、结构体数组的初始化、结构体数组的举例等内容进行详细的讲解。

9.2.1 结构体数组的定义

结构体数组的定义与结构体变量的定义相似,只需要说明是数组即可。定义结构体数组有如下三种方法。

(1) 先定义结构体类型,再定义结构体数组。

```
struct staff
{      char num[16];
       char name[20];
       char dep[20];
       char duty[10];
       int age;
       float salary;
};
struct staff staff_info1[30];
```

这里,定义了一个 struct staff 类型的结构体数组 staff_info1[30],与普通数组类似,该结构体数组共有 30 个元素 staff_info1 [0]、staff_info1 [1]、……、staff_info1 [29],数组中的每个元素都是一个 struct staff 类型的结构体变量。

(2) 在定义结构体类型的同时,定义结构体数组。

```
struct staff
{      char num[16];
       char name[20];
       char dep[20];
       char duty[10];
       int age;
       float salary;
} staff_info1[30], staff_info2[30];
```

(3) 在无名结构之后,直接定义结构体数组。

```
struct
{      char num[16];
       char name[20];
       char dep[20];
       char duty[10];
       int age;
       float salary;
} staff_info1[30], staff_info2[30];
```

这里与上一种定义方式的区别仅在于没有结构体的名称，在无名结构之后，直接定义了结构体数组。

结构体数组与其他简单类型的数组一样，所有数组元素在内存中也是按顺序连续存放的。例如，若有如图 9.3 所示的结构体数组 stu2_info[2]，则其在内存中的存储情况如图 9.4 所示。

	student_num	name	class	regular_grade	final_grade	total_mark
stu2_info[0]	201003014104	ZhangSan	DXB101	90	80	83
stu2_info[1]	201003014105	WangLin	DXB101	78	82	80.8

图 9.3　结构体数组 stu2_info[2]

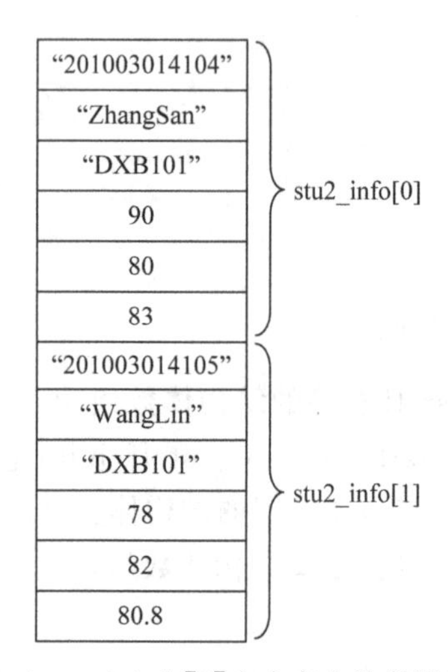

图 9.4　stu2_info[2]在内存中的存储情况

9.2.2　结构体数组的引用

结构体数组中的每个元素都是一个结构体变量，对结构体数组元素的引用与结构体变量的引用方式大体相当，具体规则如下：

(1) 一般对结构体数组元素的引用是通过对结构体数组元素的成员的引用实现的。引用结构体数组元素的成员的一般形式为：

结构体数组名[下标].成员名

注意：数组下标应紧跟在数组名后面，而不是成员名后面。以图 9.3 中的结构体数组为例：

```
stu2_info[0].total_mark          //正确
stu2_info.total_mark[0]          // 错误
```

(2) 结构体数组元素不能整体输入和整体输出，只能通过分别输入和输出结构体数组元素的各个成员来实现。例如：

以下两条语句都是错误的：

```
scanf("%s, %s, %s, %f, %f, %f", &stu2_info[1]);
printf("%s, %s, %s, %f, %f, %f", stu2_info[1]);
```

以下两条语句是正确的：

```
scanf("%s, %s, %s, %f, %f, %f", stu2_info[1].student_num, stu2_info[1].name,
       stu2_info[1].class,&stu2_info[1].regular_grade,
       &stu2_info[1].final_grade,&stu2_info[1].total_mark);
printf("%s, %s, %s, %f, %f, %f", stu2_info[1].student_num, stu2_info[1].name,
        stu2_info[1].class, stu2_info[1].regular_grade,
        stu2_info[1].final_grade, stu2_info[1].total_mark);
```

(3) 只有在赋值或者作为函数参数时,结构体数组元素才可以整体操作。在赋值时,一个结构体数组中的任意两个元素之间可以相互赋值,一个结构体数组元素与同一类型的结构体变量之间也可以相互赋值。

① 赋值操作,例如：

```
stu1_info[0]=stu1_info[1];
struct stu_info abc=stu1_info[0];
```

② 作为函数参数,例如：

```
fun (stu1_info[0]);
```

9.2.3 结构体数组的初始化

结构体数组的初始化与结构体变量相似,可以在定义的同时指定其初始值。例如：

```
struct stu_info
{
    char student_num[16];
    char name[20];
    char class[20];
    float regular_grade;
    float final_grade;
    float total_mark;
}stu2_info[2]={{"201003014104", "ZhangSan","DXB101", 90, 80, 83},
     {"201003014105","WangLin", "DXB101", 78, 82, 80.8}};
```

再如：

```
struct stu_info
{
    char student_num[16];
```

```
    char name[20];
    char class[20];
    float regular_grade;
    float final_grade;
    float total_mark;
};
struct stu_info stu2_info[2]={{"201003014104", "ZhangSan","DXB101",
            90, 80, 83},{"201003014105", "WangLin", "DXB101", 78, 82, 80.8}};
```

注意：

(1) 在结构体数组初始化时，要将每个数组元素的初始值用大括号括起来，并且各个数组元素的初始值之间用逗号分隔。第 1 个大括号中的初始值送给 0 号元素，第 2 个大括号中的初始值送给 1 号元素，依次类推。

(2) 如果定义的数组长度与初始化的数组元素个数相同，则可以省略数组长度，系统在编译时可以根据初始化的数组元素个数来自动识别出数组长度。例如：

```
struct stu_info
{
    char student_num[16];
    char name[20];
    char class[20];
    float regular_grade;
    float final_grade;
    float total_mark;
};
struct stu_info stu2_info[]={{"201003014104", "ZhangSan","DXB101", 90, 80,
        83},{"201003014105", "WangLin", "DXB101", 78, 82, 80.8}};
```

这里，原来定义的数组长度 2 与初始化的数组元素个数 2 相同，所以可以省略数组长度。如果数组长度为 3，则不能省略数组长度，这说明只对前两个数组元素进行了初始化。

9.2.4 结构体数组的举例

【例 9-4】 某部门职工销售业绩考核表由工号、姓名、业绩和等级组成。录入 3 名职工的个人信息和销售业绩，然后计算出每个人的等级是否合格（销售业绩大于或等于 10000 算合格），最后将 3 名职工的考核记录输出。

【问题解析】

(1) 先建立一个由工号、姓名、业绩和等级组成的结构体，结构体名为 staff_performance。

(2) 用该结构体定义结构体数组 perf_record[N]，N 是一个符号常量，表示职工人数。

(3) 输入每位职工的信息，然后判断业绩考核是否合格，并保存到相应的记录中。

(4) 输出 3 位职工的考核记录。

【程序代码】

```
1      #include <stdio.h>
2      #define N 3
3      struct staff_performance
4      {
5          char num[10];              //工号
6          char name[15];             //姓名
7          int perf;                  //业绩
8          char class;                //等级
9      }perf_record[N];
10     int main()
11     {
12         int i;
13         printf("请输入%d位职工的工号、姓名和业绩\n",N);
14         for(i=0;i<N;i++)
15         {
16             scanf("%s %s %d ", perf_record[i].num, 17
17                 perf_record[i].name,&perf_record[i].perf);
18             if (perf_record[i].perf>=10000)
19                 perf_record[i].class='Y';
20             else
21                 perf_record[i].class='N';
22         }
23         printf("业绩考核情况如下,合格记为 Y,不合格记为 N: \n");
24         for(i=0;i<N;i++)
25             printf("%s %s %d %c\n",
26             perf_record[i].num, perf_record[i].name,
27             perf_record[i].perf, perf_record[i].class );
28         return 0;
29     }
```

【运行结果】

```
请输入3位职工的工号、姓名和业绩
20150136   LiQiang   16000
20160233   ZhangLi   7800
20170391   ZhaoXia   27900
业绩考核情况如下，合格记为Y，不合格记为N:
20150136   LiQiang   16000   Y
20160233   ZhangLi    7800   N
20170391   ZhaoXia   27900   Y
```

9.3 结构体指针

结构体指针是指向结构体类型数据的指针。结构体类型数据占据一段连续的内存空间,结构体指针是这段内存空间的起始地址,结构体指针变量是保存结构体指针的变量。

结构体类型数据包括结构体变量和结构体数组，本节将介绍指向结构体变量的指针和指向结构体数组的指针。

9.3.1 指向结构体变量的指针

指向一个结构体变量的指针变量又称为结构体指针变量，它保存一个结构体变量的起始地址，其定义的形式为：

```
struct 结构体名 *指针变量名;
```

例如：

```
struct worker *p, worker1;
```

上述程序段表示定义一个指向 struct worker 类型的结构体指针变量 p 和一个 struct worker 类型的结构体变量 worker1。

注意：

(1) 结构体指针变量必须先赋值，后使用。

(2) 可以把结构体变量的起始地址赋给结构体指针变量，但不能把结构体类型名的地址赋给结构体指针变量。

例如：

```
p=&worker1;
```

是对的，但

```
p=&worker;
```

是错的。

与数组不同的是，结构体变量名并不是结构的地址，因此要在结构体变量名前面加上 & 运算符。

结构体指针变量访问结构体变量中各个成员的两种形式为：

第一种形式：(*结构体指针变量名).成员名。

第二种形式：结构体指针变量名->成员名。

其中，第二种形式比较常见。

p 访问 worker1 的成员 age，既可以表示为(*p).age，又可以表示为 p->age。

有关两种形式的几点说明：

(1) (*p)表示 p 指向的结构体变量 worker1，(*p).age 表示 p 指向的结构体变量 worker1 中的成员 age。

(2) *p 两侧的小括号不能省略。因为成员运算符"."优先于指针运算符"*"，如果省略小括号，则变成*p.age，它等价于*(p.age)，这种写法是错误的。

(3) p->age 表示 p 指向的结构体变量 worker1 中的成员 age。

结构体指针变量也可以作为函数参数，它采用"地址传递"方式，传递一个结构体变量的起始地址。实参是结构体变量的起始地址,形参是结构体指针变量,实参与形参指向同一段内存空间,互相影响。

【例 9-5】 利用结构体指针变量作为函数参数,输出结构体成员的值。

```
1     #include <stdio.h>
2     struct staff_performance
3     {
4         char num[10];
5         char name[15];
6         int    perf;
7     }perf_record1={"20150136","LiQiang",16000},
8      perf_record2={"20160233","ZhangLi",7800};          //定义两个结构体变量
9     void print(struct staff_performance *p)             //结构体指针变量作为形参
10    {
11        printf("职工号:%s\t 姓名:%s\t 业绩:%d\n", p->num, p->name, p->perf);
12    }
13    int main()
14    {
15        print(&perf_record1);                    //结构体变量的起始地址作为实参,输出
16        print(&perf_record2);
17        return 0;
18    }
```

【运行结果】

```
职工号:20150136          姓名:LiQiang      业绩:16000元
职工号:20160233          姓名:ZhangLi      业绩:7800元
```

9.3.2 指向结构体数组的指针

指针既可以指向一个结构体数组,也可以指向结构体数组中的元素。与指向普通数组的指针类似,指向结构体数组的指针变量保存的是整个结构体数组的起始地址,而指向结构体数组元素的指针变量保存的是这个数组元素的起始地址。

设 p 为一个指向结构体数组 staff1 的指针变量,则 p 内保存的是该数组的首地址,也就是 p 指向该数组的第 0 个元素,p+1 指向该数组的第 1 个元素,……,p+i 指向该数组的第 i 个元素。需要注意的是,这里的一个数组元素相当于一个结构体变量,因此,p+1 在内存地址中相对于 p 所增加的值应该是一个结构体数组元素所占的全部字节数。

【例 9-6】 指向结构体数组的指针的应用举例。

```
1     #include <stdio.h>
2     #define N 3
```

```
3     struct staff_performance
4     {
5         char num[10];
6         char name[15];
7         int perf;
8     }perf_record[N];
9     int main()
10    {
11        int i;
12        struct staff_performance *p;
13        printf("请输入%d位职工的工号、姓名和业绩\n",N);
14        for(i=0;i<N;i++)
15        scanf("%s  %s  %d  ", perf_record[i].num,
16        perf_record[i].name,&perf_record[i].perf);
17        printf("职工完成业绩情况如下: \n");
18        printf("工号      姓名      业绩\n");
19        for(p=perf_record;p<perf_record+N;p++)
20        printf("%s %s %d\n",p->num, p->name,p->perf);
21        return 0;
```

【运行结果】

```
请输入3位职工的工号、姓名和业绩
20121528    LiZhiguo    12800
20150733    ZhaoHang    27900
20172169    ZhangXia    9300
职工完成业绩情况如下:
工号        姓名        业绩
20121528    LiZhiguo    12800
20150733    ZhaoHang    27900
20172169    ZhangXia    9300
```

在程序中,使用了指向结构体数组的指针变量,输出结构体数组各元素的值。首先,定义了指针变量 p,指向 struct staff_performance 结构体类型数据。然后在 for 语句中,将结构体数组 perf_record 的起始地址赋给 p,使 p 指向结构体数组 perf_record,同时 p 也指向数组的第 0 个元素 perf_record [0];通过 p++使 p 的值变为 perf_record+1,p 指向第 1 个元素 perf_record [1];以此类推,直到不满足循环条件,跳出循环体。

有关指向结构体数组或者结构体数组元素的指针变量的几点说明:

(1) 一个指针变量只能保存一个结构体数组的地址或者一个结构体数组元素的地址,不能保存结构体数组元素中成员的地址。例如:

以下赋值语句是错误的:

```
p=&perf_record[0].perf;
```

以下赋值语句是正确的:

```
p=perf_record;
```

```
p=&perf_record[0];
```

(2) 以下几种运算的含义为：

- p->perf++：表示先使用 p 指向的数组元素中成员 perf 的值,然后再使 perf 的值加 1。
- ++p->perf：表示先将 p 指向的数组元素中成员 perf 的值加 1,然后再使用 perf 的值。
- p->perf --：表示先使用 p 指向的数组元素中成员 perf 的值,然后再使 perf 的值减 1。
- --p->perf：表示先将 p 指向的数组元素中成员 perf 的值减 1,然后再使用 perf 的值。
- (++p)->perf：表示先将 p 加 1,然后再使用 p 指向的数组元素中成员 perf 的值。
- (p++)->perf：表示先使用 p 指向的数组元素中成员 perf 的值,然后再将 p 加 1。
- (--p)->perf：表示先将 p 减 1,然后再使用 p 指向的数组元素中成员 perf 的值。
- (p--)->perf：表示先使用 p 指向的数组元素中成员 perf 的值,然后再将 p 减 1。

实际上,自增/自减运算与->运算的组合,可以归结为运算符优先级的问题。->运算符的优先级要高于自增/自减运算,把握好这一点,运算结果就显而易见了。

(3) 指向结构体数组的指针变量也可以作为函数参数,它采用“地址传递”方式,传递一个结构体数组的起始地址。实参是结构体数组名,即结构体数组的起始地址,形参是指向结构体数组的指针变量,实参和形参指向同一段内存空间,互相影响。

【例 9-7】 指向结构体数组的指针变量作为函数参数的应用举例。

```
1      #include <stdio.h>
2      #define N 3
3      struct staff_performance
4      {
5          char  num[10];
6          char  name[15];
7          int    perf;
8      }perf_record[N];
9      void print(struct staff_performance *p) //指向结构体数组的指针变量作为形参
10     {
11         printf("职工完成业绩情况如下：\n");
12         printf("工号      姓名      业绩\n");
13         for(;p<perf_record+N;p++)
14         printf("%s %s %d\n",p->num, p->name,p->perf);
15     }
```

```
16    int main()
17    {
18        int i;
19        struct staff_performance *p;
20        printf("请输入%d位职工的工号、姓名和业绩\n",N);
21        for(i=0;i<N;i++)
22        scanf("%s%s%d", perf_record[i].num,
23        perf_record[i].name,&perf_record[i].perf);
24        print(perf_record);                    //结构体数组名作为实参,传递地址
25        return 0;
26    }
```

【运行结果】

```
请输入3位职工的工号、姓名和业绩
20121528    LiZhiguo    12800
20150733    ZhaoHang    27900
20172169    ZhangXia    9300
职工完成业绩情况如下:
工号        姓名        业绩
20121528    LiZhiguo    12800
20150733    ZhaoHang    27900
20172169    ZhangXia    9300
```

9.4 链 表

通过第 6 章的学习可以了解到,数组是一种具有相同类型数据的集合,数组元素按顺序连续存放,数组大小必须事先定义,并且定义之后不能改变。根据数组的上述特点,总结出数组存在着如下两个问题:

(1) 如果数组定义小了,则会出现数组越界、数据不正确、程序出错、系统出错等问题;如果数组定义大了,则会造成存储空间的浪费。

(2) 如果向数组中插入元素或者从数组中删除元素,则要移动其他的元素。

为了解决上述问题,出现了一种基于结构体的构造数据类型——链表,它是结构体的一种重要应用。

链表可以动态分配内存单元,链表大小是根据需要灵活调整的,链表元素虽然是有顺序的,但是在内存中可以不连续存放,这就可以解决数组存在的上述问题。

9.4.1 链表概念

链表是指若干个数据元素按照一定的规则连接起来形成的表。其中,数据元素称为结点;连接规则是结点之间通过指针链接在一起,前一个结点指向下一个结点,下一个结点只能通过前一个结点才能访问到。一个结点占用连续的存储空间,结点之间可以占用不连续的存储空间。这里,只讲解一种最简单的链表——单向动态链表,其结构示意图如

图 9.5 所示。

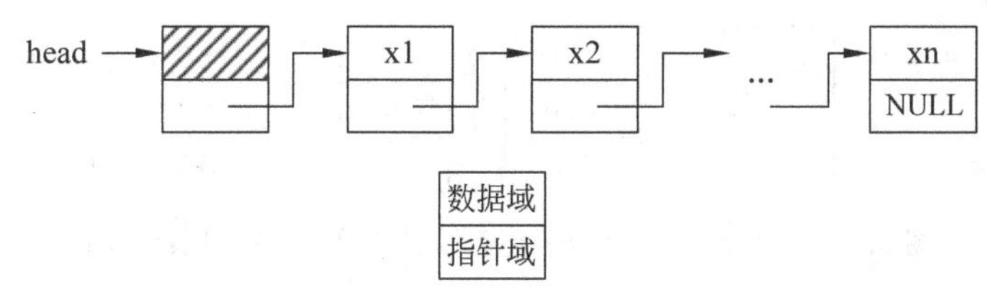

图 9.5　单向动态链表结构示意图

由图 9.5 可知，单向动态链表的结点包括两部分：数据域和指针域。其中，数据域保存用户需要的实际数据，指针域保存下一个结点的地址。结点可以采用结构体类型，例如：

```
struct node
{
    int data1;                                    //数据域
    struct node * next;                           //指针域
};
```

链表有一个头指针变量，图 9.5 中 head 为链表的头指针变量，head 保存第 1 个结点(称为头结点)的地址；head 指向第 1 个结点，第 1 个结点又指向第 2 个结点，如此反复，直到最后一个结点(称为表尾)；最后一个结点不指向任何结点，其指针域为空指针 NULL。

链表一般包括如下三个部分：

(1) 头指针：通过头指针可以依次访问到链表中的每一个结点。

(2) 头结点：头结点的数据域可以不存放任何信息，也可以存放链表长度等附加信息。有时头结点也可以省略，如图 9.6 为不带头结点的单向动态链表。

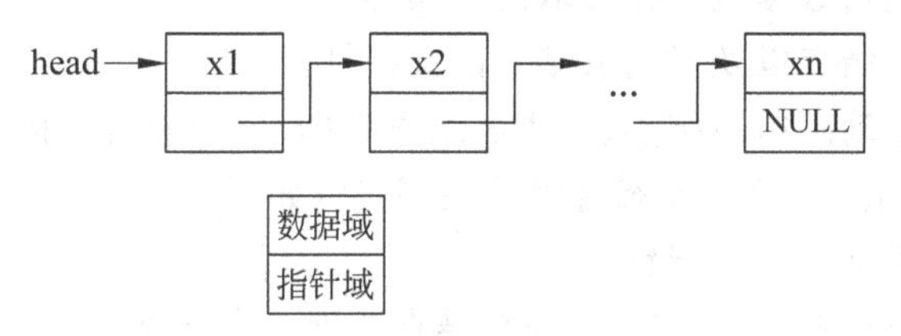

图 9.6　不带头结点的单向动态链表

(3) 数据结点：数据结点是保存实际数据的结点，其数据域可以保存一种或者多种不同类型的数据。例如：

```
struct worker
{
    int    staff_num;
    float    salary;
    struct worker * next;
};
```

基于 struct worker 类型结点的单向动态链表结构图如图 9.7 所示。

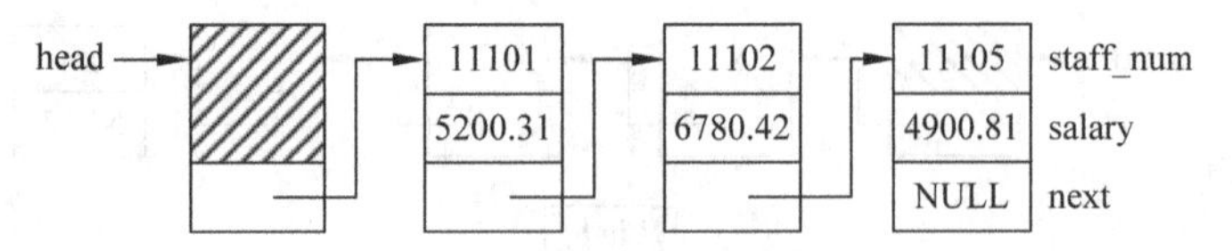

图 9.7　基于 struct worker 类型结点的单向动态链表结构图

链表中每个数据结点都是 struct worker 结构体类型，并且每个数据结点的数据域都保存 staff_num 和 salary 这两种不同类型的数据，next 是 struct worker 类型的一个成员，它指向 struct worker 类型的数据。

链表具有如下几个特点：

(1) 可以为每个链表结点动态分配存储空间，还可以动态回收已删除的链表结点。

(2) 链表中各个结点在逻辑上是连续的，但在物理内存上不一定是连续的。

(3) 链表的查找操作只能从头结点依次向后查找，所以不适合查找操作过多的场合。

(4) 链表的插入和删除操作方便灵活，只需改变链表结点指针域的数值，不需要移动其他链表结点。

9.4.2　链表相关操作

链表的相关操作包括：建立和输出链表、插入链表结点、删除链表结点等。

1. 建立和输出链表

建立一个带头结点的单向动态链表的主要步骤如下：

(1) 定义一个包括数据域和指针域的结构体类型。

(2) 定义一个头结点以及指向头结点的头指针。

(3) 一个一个地动态申请结点、输入各结点数据、建立前后链接，最终建立整个链表。

输出一个带头结点的单向动态链表的主要步骤如下：

(1) 寻找指向头结点的头指针。

(2) 定义一个指针变量 p，使 p 指向头结点的下一个结点。

(3) 如果 p 非空，则输出 p 指向的结点数据，然后 p 指向下一个结点，重新执行步骤(3)；否则，输出结束。

【例 9-8】 建立一个包含 N 名职工信息的单向动态链表，并将链表中各结点数据输出。

【问题解析】

(1) 定义链表结点的结构体类型如下：

```
struct worker
{
    char name[10];
```

```
    float salary;
    struct worker * next;
};
```

(2) 以具有 struct worker 类型的链表结点为基础，对建立链表流程和输出链表流程进行设计，分别如图 9.8 和图 9.9 所示。

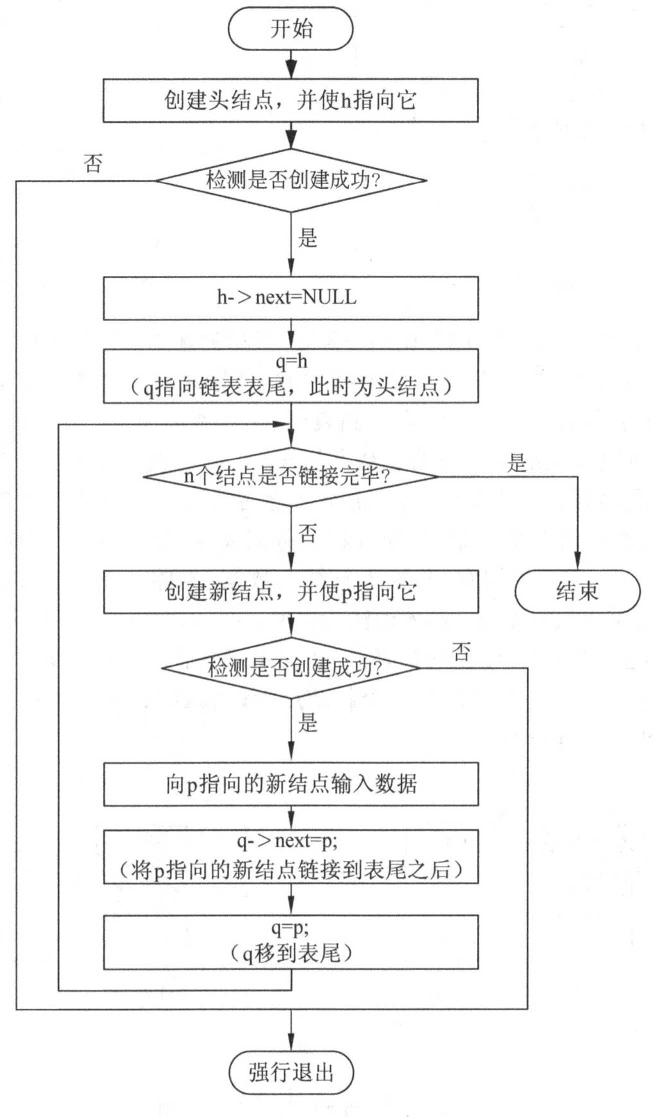

图 9.8 建立链表程序流程图

下面，介绍一下程序执行的详细过程。设形参 n 为职工人数，h、q、p 为 3 个指针变量，它们都指向 struct worker 类型的数据。其中，h 为头指针，指向头结点，q 指向链表表尾，p 指向新结点。先创建头结点，使 h 指向头结点，然后将头结点的 next 成员赋值为空指针 NULL。由于此时链表表尾为头结点，所以令 q=h，使 q 指向链表表尾，此时 h 和 q

都指向头结点，具体如图 9.10 所示。

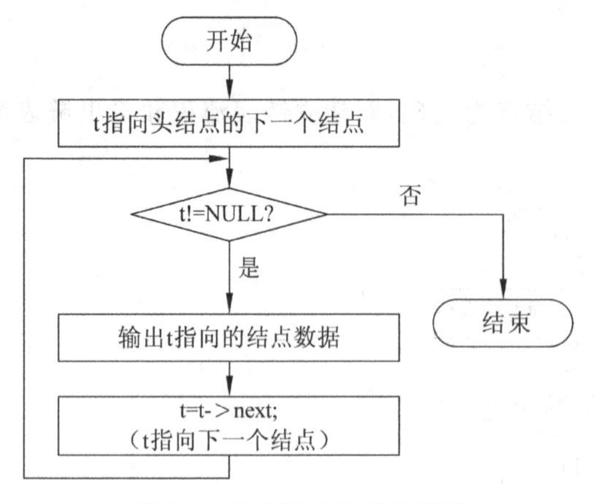

图 9.9 输出链表程序流程图

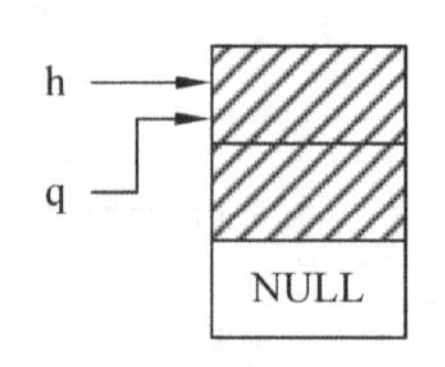

图 9.10 h 和 q 指向头结点

下面，就来依次创建 n(n=2)个 struct worker 类型的新结点，并依次将新结点链入链表中。首先，创建第 1 个新结点(i=1)，使 p 指向它，并输入新结点数据，具体如图 9.11(a)所示。然后，将 p 指向的第 1 个新结点链到表尾，具体做法为：令 q->next=p，将 p 指向的第 1 个新结点的地址赋给 q 指向的头结点的 next 成员，使 q 指向的头结点的 next 成员指向第 1 个新结点，如图 9.11(b)所示。由于 p 指向的第 1 个新结点为链表表尾，所以令 q=p，也就是使 q 指向第 1 个新结点，使 q 移到链表表尾，如图 9.11(c)所示。下面，创建第 2 个新结点(i=2)，使 p 指向它，并输入新结点数据，具体如图 9.12(a)所示。然后，将 p 指向的第 2 个新结点链到表尾，具体做法为：令 q->next=p，将 p 指向的第 2 个新结点的地址赋给 q 指向的表尾的 next 成员，使 q 指向的表尾的 next 成员指向第 2 个新结点，如图 9.12(b)所示。由于 p 指向的第 2 个新结点为链表表尾，所以令 q=p，也就是使 q 移到链表表尾，如图 9.12(c)所示。

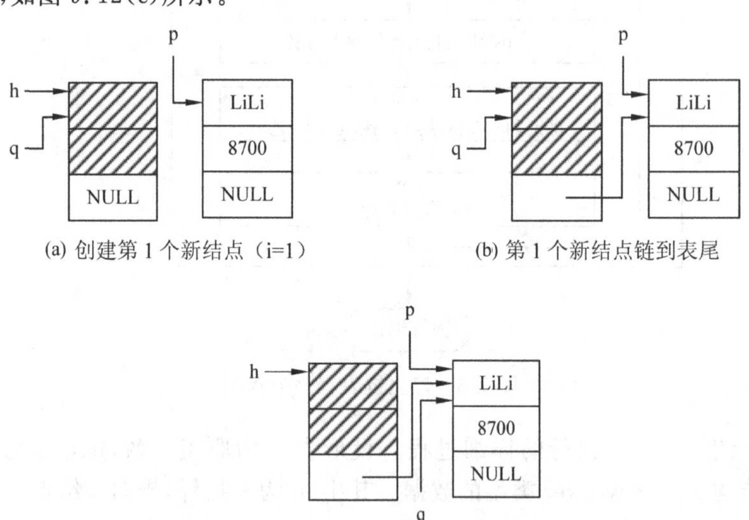

图 9.11 创建并链入第 1 个新结点

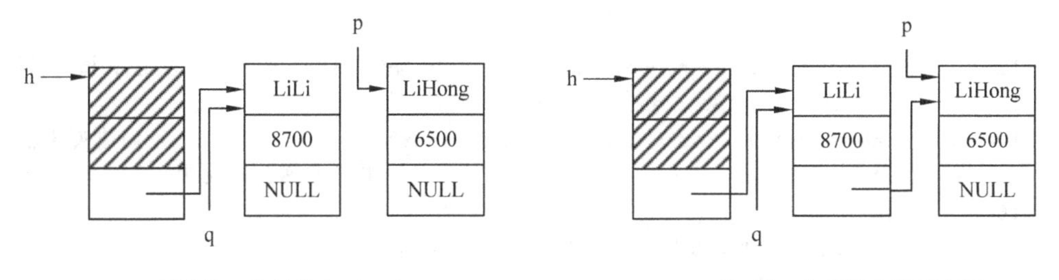

(a) 创建第 2 个新结点（i=2）

(b) 第 2 个新结点链到表尾

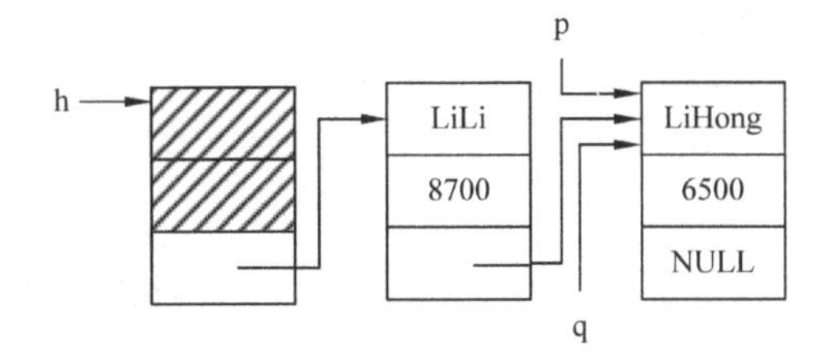

(c) q 移到表尾

图 9.12　创建并链入第 2 个新结点

至此，一个包含 2 名职工信息的单向动态链表已经建立完毕，所以要输出链表中各结点的数据。设指针变量 t，将头结点的 next 成员的值赋给 t，使 t 指向下一个节点，即头结点之后的第 1 个结点，如图 9.13(a)所示。输出 t 指向的第 1 个结点数据，然后令 t=t->next，使 t 指向下一个结点，即头结点之后的第 2 个结点，如图 9.13(b)所示。输出 t 指向的第 2 个结点数据，然后令 t=t->next，此时 t 的值为 NULL，则输出结束。

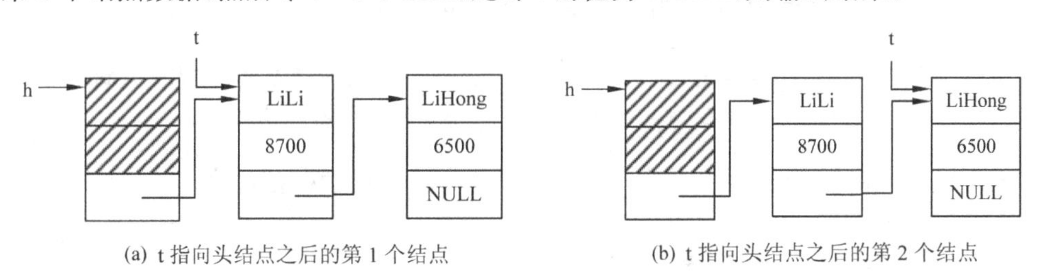

(a) t 指向头结点之后的第 1 个结点

(b) t 指向头结点之后的第 2 个结点

图 9.13　输出链表

根据图 9.8 和图 9.9 所示的程序流程图，编写程序如下：

```
1     #include <stdio.h>
2     #include <stdlib.h>
3     int n=2;                                //职工人数
4     struct worker                           //链表结点的结构体类型
5     {
6         char name[10];
7         float salary;
8         struct worker * next;
9     };
10    struct worker * createList( )           //建立链表的函数
```

```
11    {
12        struct worker * h, * q, * p;        //h 为头指针,q 指向链表表尾,p 指向新结点
13        int i;
14        h= (struct worker * )malloc(sizeof(struct worker));     //创建头结点
15        if(h==NULL)                          //检测是否创建成功
16        {
17            printf("动态内存分配失败\n");
18            exit(0);
19        }
20        //输入头结点数据
21        h->name[0]='\0';
22        h->salary=0;
23        h->next=NULL;
24        q=h;                                 //q 指向链表表尾,此时为头结点
25        for(i=1;i<=n;i++)                    //循环创建 n 个新结点,并依次链入链表中
26        {
27            //p 指向创建的新结点
28            p= (struct worker * )malloc(sizeof(struct worker));
29             if(p==NULL)                     //检测是否创建成功
30            {
31                printf("动态内存分配失败\n");
32                exit(0);
33            }
34            //输入新结点数据
35            printf("请输入第%d 位职工的姓名和工资:\n",i);
36            scanf("%s %f",p->name,&p->salary);
37            p->next=NULL;
38            q->next=p;                       //将 p 指向的新结点链接到表尾
39            q=p;                             //q 移到表尾
40        }
41        return(h);                           //返回链表头指针
42    }
43    void printList(struct worker * s)
44    {
45        struct worker * t;
46        printf("\n 职工姓名\t\t 职工工资\n");
47        t=s->next;                           //t 指向头结点的下一个结点
48        while(t!=NULL)
49        {
50            printf("%s\t\t%.2f\n",t->name,t->salary);  //输出 t 指向的结点数据
51            t=t->next;                       //t 指向下一个结点
52        }
53    }
54    void main()
55    {
56        struct worker * head;
57        head=createList( );
```

```
58        printf("\n包含%d位职工信息的单向动态链表已经建立完毕\n", n);
59        printList(head);
60    }
```

【运行结果】

```
请输入第1位职工的姓名和工资:
LiLi 8700
请输入第2位职工的姓名和工资:
LiHong 6500

包含2位职工信息的单向动态链表已经建立完毕

职工姓名            职工工资
LiLi                8700.00
LiHong              6500.00
```

注意：

(1) malloc()函数返回值是一个指针，它指向 void 类型的数据，意味着返回的指针可以指向任何类型的数据。这里，要把返回的指针赋给指向 struct worker 类型数据的指针变量 h 和 p，就需要将返回指针的基类型（void 类型）强制转换为 struct worker 类型，具体做法是：在 malloc 前加上(struct worker *)。

(2) 在创建新结点时，要进行动态内存分配，可能存在内存空间不足等情况，所以应对创建结点是否成功进行检测。

2. 插入链表结点

向一个带头结点的单向动态链表中插入一个链表结点的主要步骤如下。

(1) 确定结点插入的位置。

(2) 在指定位置插入结点。

对于带有头结点的链表来说，插入位置有三种情况：头结点之后、表尾之后、表中间，则对应修改指针的方法也有三种如下情况：

(1) 插入到头结点之后。如果原来的链表是空表，则设 p 指向要插入的结点 P，h 指向头结点，在将结点 P 插入到头结点之后时，需要修改链表指针如下：

```
h->next=p;
p->next=NULL;
```

如果原来的链表不是空表，则设 p 指向要插入的结点 P，h 指向头结点，q 指向头结点之后的第 1 个数据结点。在将结点 P 插入到头结点之后时，需要修改链表指针如下：

```
h->next=p;
p->next=q;
```

(2) 插入表尾之后。设 p 指向要插入的结点 P，q 指向表尾。在将结点 P 插入表尾之后时，需要修改链表指针如下：

```
q->next=p;
p->next=NULL;
```

(3) 插入表中间。设 p 指向要插入的结点 P，t 指向一个结点 T，q 指向结点 T 的下一个结点 Q。在将结点 P 插入结点 T 和结点 Q 之间时，需要修改链表指针如下：

```
p->next=q;
t->next=p;
```

【例 9-9】 假设在例 9-8 链表中各个结点的 salary 成员数据是由小到大排列的，即第 1 个数据结点的 salary 成员数据最小，表尾的 salary 成员数据最大。编写程序，实现将一个记录新职工信息的结点插入到上述链表中的功能。

【问题解析】

按照题目的要求，对插入链表结点的流程进行设计，程序流程图如图 9.14 所示。

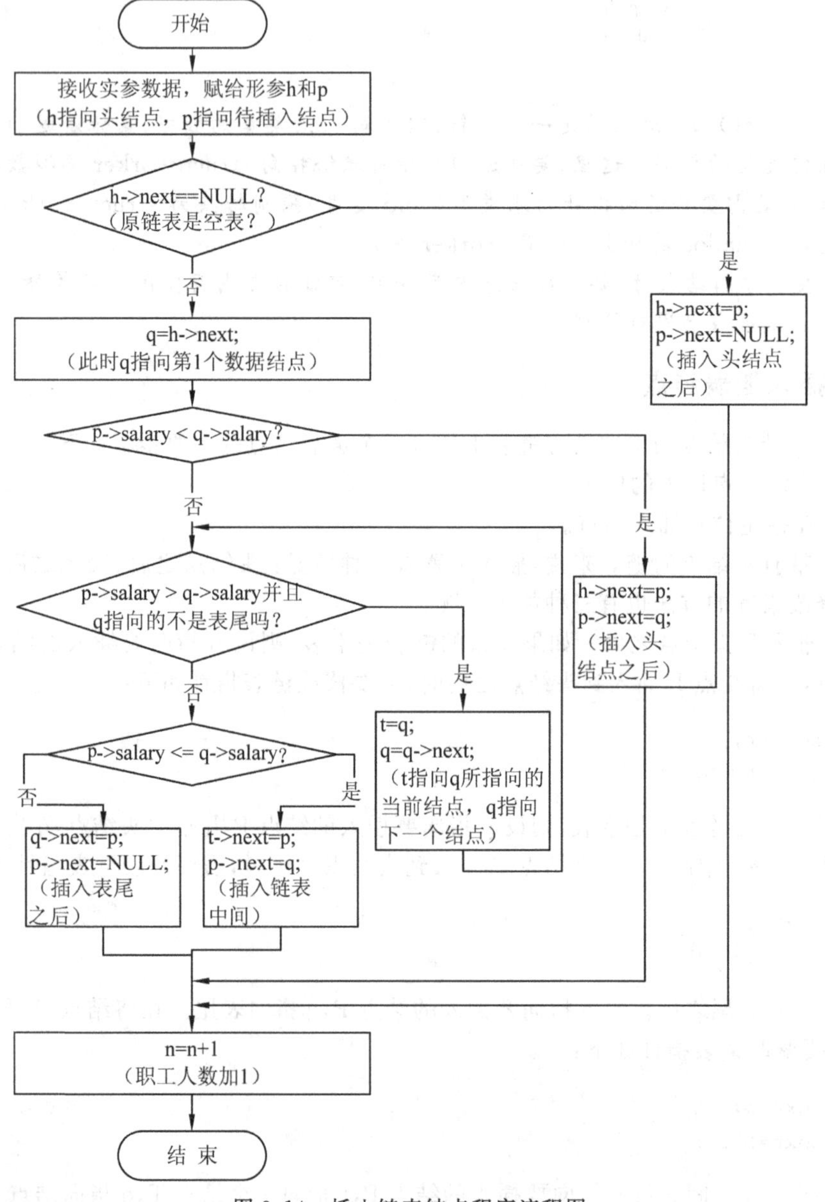

图 9.14　插入链表结点程序流程图

下面,对程序执行的详细过程介绍如下。

(1) 确定插入的位置。如果原来的链表是空表,则设 p 指向待插入的结点,h 指向头结点,此时 p 指向的结点应直接插入到 h 指向的头结点之后。

如果原来的链表不是空表,则分为如下几种情况讨论:

- 设 p 指向待插入的结点,h 指向头结点,q 指向头结点之后的第 1 个数据结点,即 q =h->next。
- 如果 p 指向的待插入结点的 salary 成员值比 q 指向的第 1 个数据结点的 salary 成员值都小,即 p->salary <q->salary,则 p 指向的结点插入到头结点之后。
- 如果 p 指向的待插入结点的 salary 成员值比 q 指向的第 1 个数据结点的 salary 成员值大,即 p->salary >q->salary,如图 9.15(a)所示,则 p 指向的待插入结点应该在 q 指向的结点之后,应使 t 指向 q 所指向的当前结点,即 t=q,并使 q 指向下一个结点,即 q=q->next,如图 9.15(b)所示。再比较 p->salary 与 q->salary 的大小,结果为 p->salary >q->salary,则使 t 和 q 同时向后移动,同时指向自己的下一个结点,即 t=t->next,q=q->next,如图 9.15(c)所示。再比较 p-> salary 与 q->salary 的大小,结果为 p- > salary <q- > salary,则 p 指向的待插入结点应该插入到 q 指向的结点之前,此时已经找到了插入的位置,p 指向的结点插入到了链表中间。
- 如果 p 指向的待插入结点的 salary 成员的值为 8300,比 q 指向的表尾的 salary 成员值都大,则 q 不再向后移动了,此时 p 指向的结点插入到 q 指向的表尾之后。

(2) 在指定位置插入结点。如果原来的链表是空表,即 h- > next=NULL,则 p 指

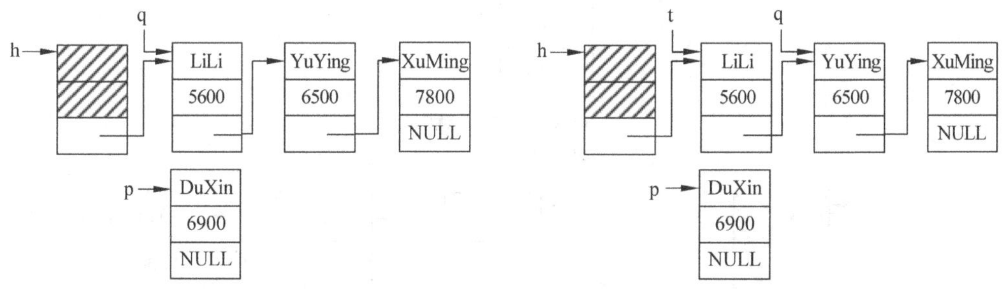

(a) q 指向第1个数据结点　　(b) t 指向 q 所指向的当前结点，q 指向下一个结点

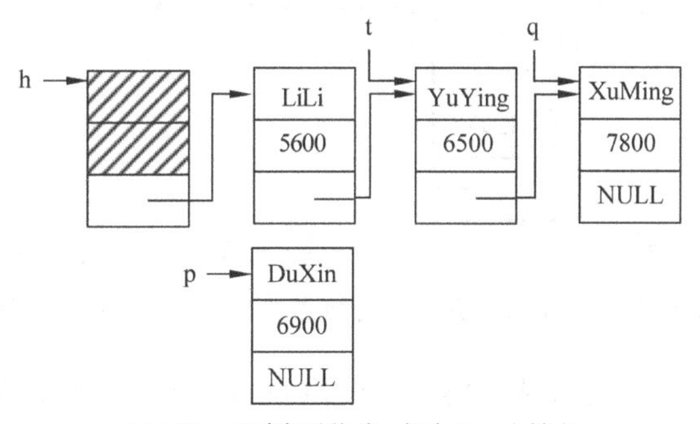

(c) t 和 q 同时向后移动，指向下一个结点

图 9.15　确定插入的位置

向的待插入结点直接插入到 h 指向的头结点之后,修改指针操作为: h->next=p,p->next=NULL,插入前和插入后的示意图如图 9.16 所示。

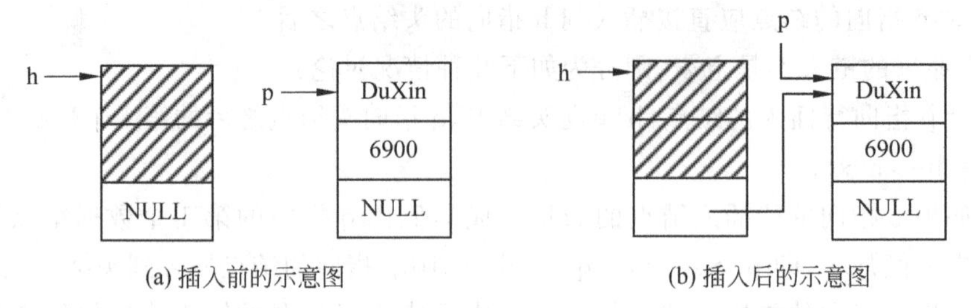

图 9.16 原链表是空表时结点在头结点之后插入的示意图

如果原来的链表不是空表,则分为如下三种情况讨论:

① 如果 p 指向的待插入结点的 salary 成员值为 4500,比 q 指向的第 1 个数据结点的 salary 成员值 5600 都小,则此时要插入的位置为 h 指向的头结点之后,则修改指针操作为: h->next=p,p->next=q,插入前和插入后的示意图如图 9.17 所示。

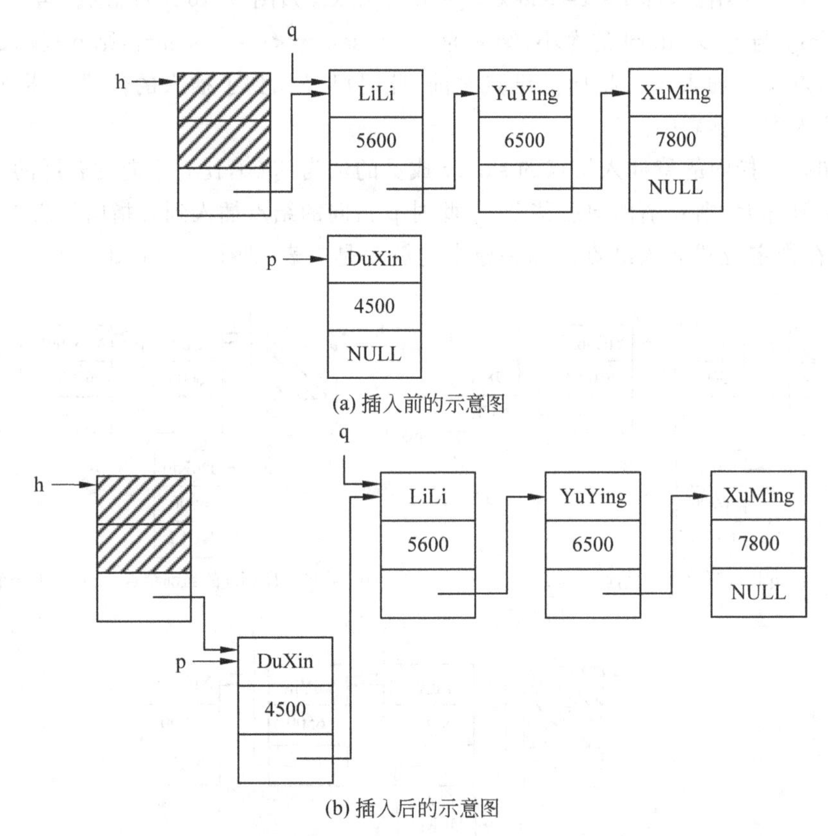

图 9.17 原链表不是空表时结点在头结点之后插入的示意图

② 如果 p 指向的待插入结点的 salary 成员值为 6900,此时要插入的位置为链表中间,即在 t 指向的结点与 q 指向的结点之间,则修改指针操作为: t->next=p,p->next=

q,插入前和插入后的示意图如图 9.18 所示。

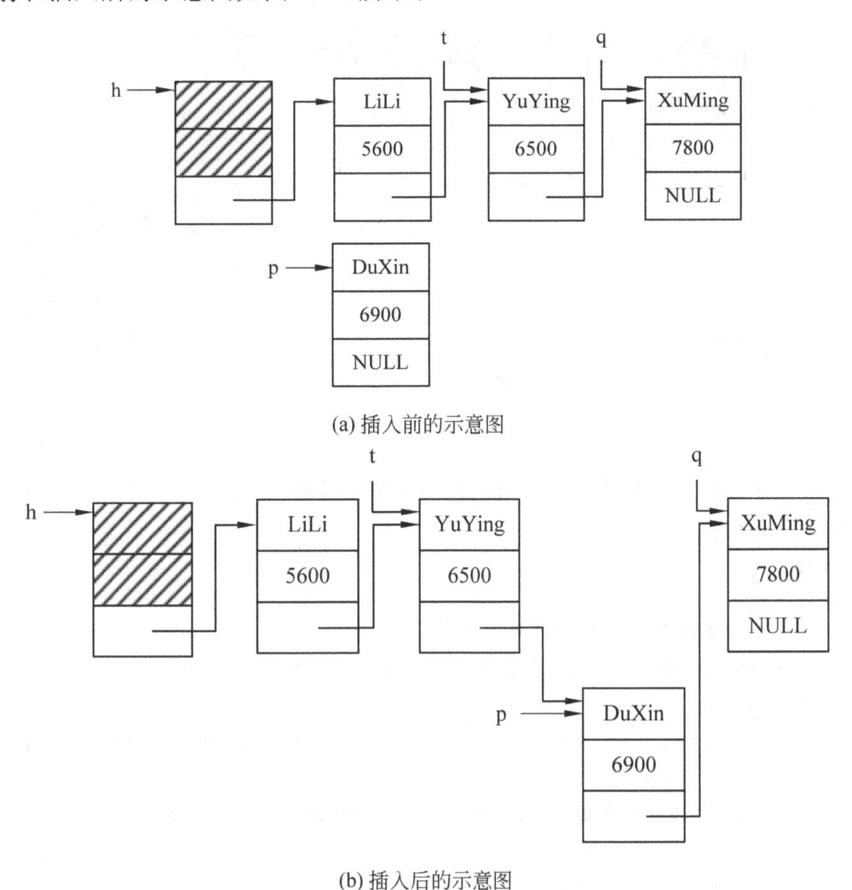

图 9.18　原链表不是空表时结点在链表中间插入的示意图

③ 如果 p 指向的待插入结点的 salary 成员值为 8300,此时要插入的位置为 q 指向的表尾之后,则修改指针操作为:q->next=p,p->next=NULL,插入前和插入后的示意图如图 9.19 所示。

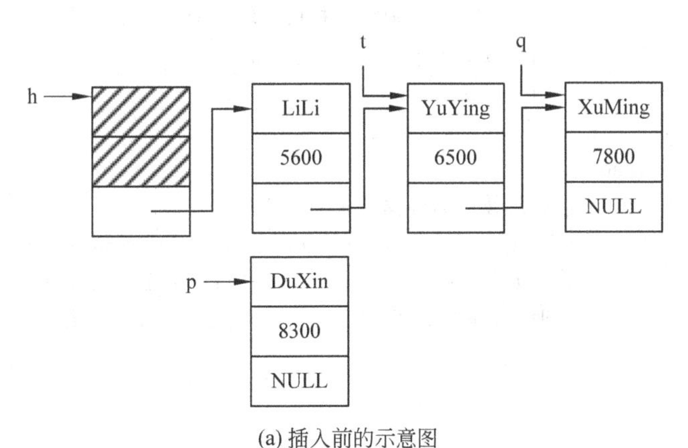

(a) 插入前的示意图

图 9.19　原链表不是空表时结点在表尾之后插入的示意图

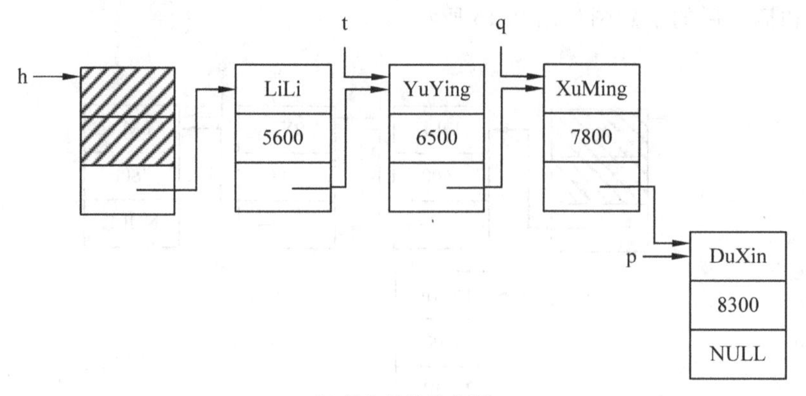

(b) 插入后的示意图

图 9.19 （续）

在例 9-8 的 createList 函数和 printList 函数的基础上，根据如图 9.14 所示的程序流程图，实现如下代码。

【程序代码】

```
1       //h 指向头结点,p 指向待插入的结点
2       struct worker * insertList(struct worker * h,struct worker * p)
3       {
4           struct worker * q, * t;             //q 指向当前结点,t 指向 q 的前一个结点
5           if(h->next==NULL)
6           {   //如果链表是空表,则将 p 指向的结点插入到头结点之后
7               h->next=p;
8               p->next=NULL;
9           }
10          else
11              {    //如果链表不是空表
12                  q=h->next;                  //此时 q 指向第 1 个数据结点
13                  if(p->salary <q->salary)
14                   {  //如果成立,则将 p 指向的结点插入头结点之后
15                      h->next=p;
16                      p->next=q;
17              }
18              else
19              {  //否则,继续向后寻找插入的位置
20                  while((p->salary >q->salary) && (q->next!=NULL))
21                  {  /* 如果 p->salary >q->salary 并且 q 指向的不是表尾,
22                      则 t 指向 q 所指向的当前结点,q 指向下一个结点 * /
23                      t=q;
24                      q=q->next;
25                  }
26                  if(p->salary <=q->salary)
```

```
27                {     //如果成立,则将p指向的结点插入到链表中间
28                      t->next=p;
29                      p->next=q;
30                }
31                else
32                {     //否则,将p指向的结点插入到q指向的表尾之后
33                     q->next=p;
34                     p->next=NULL;
35                }
36            }
37        }
38        n=n+1;
39        return (h);
40    }
41    void main()
42    {
43        struct worker * head, * insertNode;//insertNode 指向待插入的结点
44        head=createList();
45        printf("\n 包含%d 位职工信息的单向动态链表已经建立完毕\n",n);
46        printList(head);
47        //创建待插入结点
48        insertNode=(struct worker * )malloc(sizeof(struct worker));
49        if(insertNode==NULL)                  //检测是否创建成功
50        {     printf("动态内存分配失败\n");
51              exit(0);
52        }
53        printf("\n 请输入待插入的结点数据\n");
54        scanf("%s %f",insertNode->name, &insertNode->salary);
55        insertNode->next=NULL;
56        head=insertList(head,insertNode);
57        printf("\n 插入结点以后,单向动态链表中的%d 位职工信息如下: \n",n);
58        printList(head);
59    }
```

【运行结果】

```
请输入第1位职工的姓名和工资:
LiHong 6500
请输入第2位职工的姓名和工资:
LiLi 8700

包含2位职工信息的单向动态链表已经建立完毕

职工姓名            职工工资
LiHong              6500.00
LiLi                8700.00

请输入待插入的结点数据
WangGang 7900

插入结点以后，单向动态链表中的3位职工信息如下:

职工姓名            职工工资
LiHong              6500.00
WangGang            7900.00
LiLi                8700.00
```

3. 删除链表结点

从一个单向动态链表中删除一个链表结点主要是通过修改链表指针来取消被删除结点与链表的链接关系，使被删除结点与链表分离，但要注意的是被删除结点并没有从内存中消失，它仍保留在内存中。

链表结点一旦被删除后，应该用 free 函数释放掉被删除结点所占用的内存空间，将内存空间返还给系统，然后让其他变量继续使用释放的内存空间，这可以节约资源，并提高资源的利用率。

从一个单向动态链表中删除一个链表结点的主要步骤如下：

(1) 确定结点删除的位置。

(2) 在指定位置删除结点。

对于带有头结点的链表来说，删除位置有三种情况：头结点之后的第 1 个数据结点、表尾、表中间，则对应修改指针的方法也有三种如下情况：

(1) 删除头结点之后的第 1 个数据结点。设 p 指向要删除的结点 P，结点 P 是头结点之后的第 1 个数据结点，h 指向头结点，在删除结点 P 时，需要修改链表指针如下：

```
h->next=p->next;
```

(2) 删除表尾。设 p 指向表尾 P，q 指向表尾的前一个结点，在删除结点 p 时，需要修改链表指针如下：

```
q->next=NULL;
```

(3) 删除表中间的结点。设 p 指向要删除的结点 P，q 指向结点 P 的前一个结点。在删除结点 P 时，需要修改链表指针如下：

```
q->next=p->next;
```

【例 9-10】 编写程序，实现将一个记录离职职工信息的结点从例 9-9 构建的单向动态链表中删除的功能。

【问题解析】

按照题目的要求，对删除链表结点的流程进行设计，程序流程图如图 9.20 所示。

下面，对程序执行的详细过程介绍如下。

(1) 确定删除的位置。

① 如果原来的链表是空表，则无法找到删除结点。

② 如果原来的链表不是空表，设 h 指向头结点，p 指向头结点之后的第 1 个数据结点，即 p＝h->next，deleteName 是要删除结点的职工姓名，如图 9.21 所示。下面，分为如下四种情况进行讨论：

- 如果 deleteName 的值为“LiLi”，则它与 p 指向的第 1 个数据结点的 name 成员值（“LiLi”）相同，所以 p 指向的第 1 个数据结点为要删除的结点。
- 如果 deleteName 的值为“LiHong”，则它与 p 指向的第 1 个数据结点的 name 成员值（“LiLi”）不同。令 q＝p，p＝p->next，即 q 指向 p 指向的当前结点（即 q 指

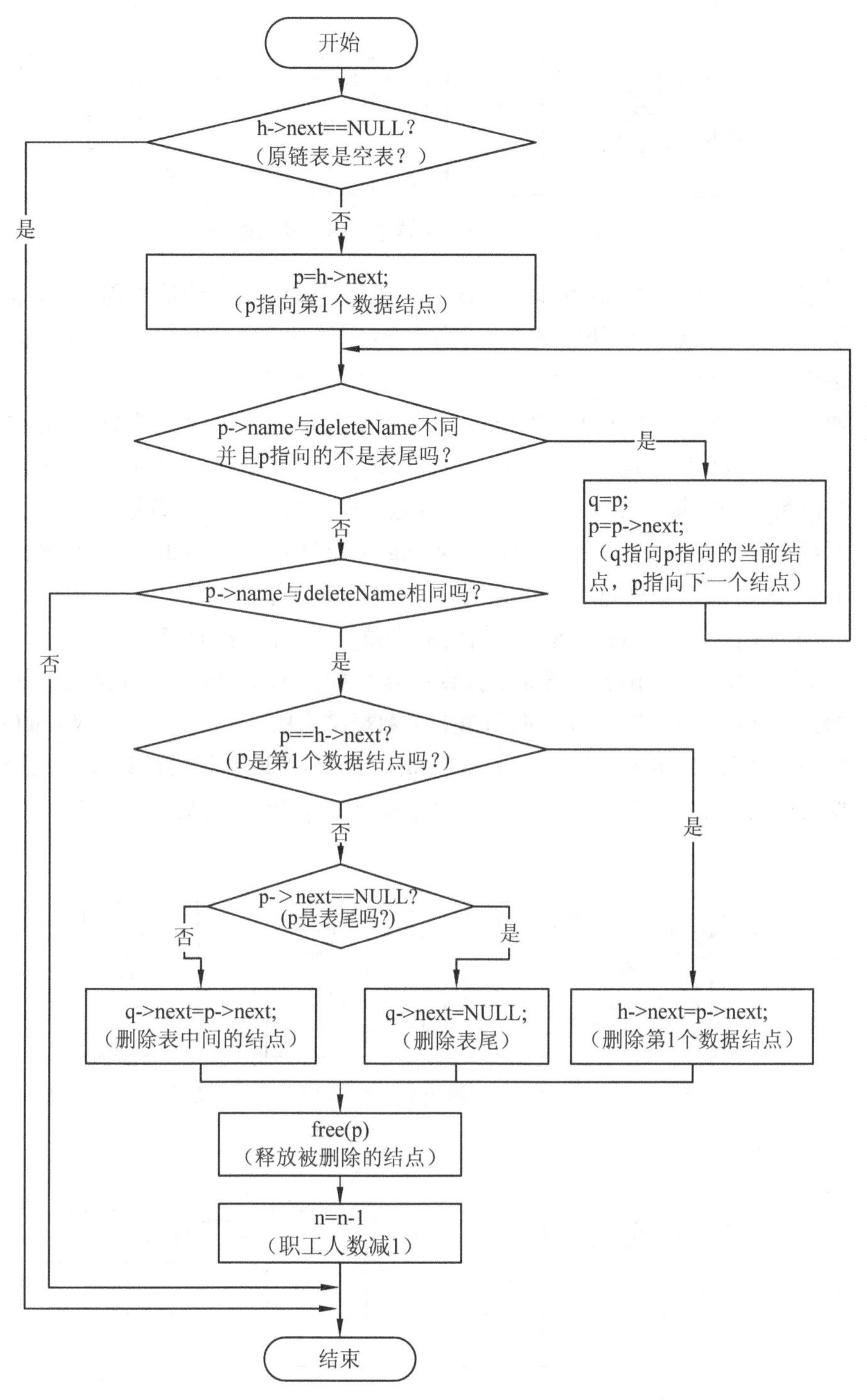

图 9.20　删除链表结点程序流程图

向第 1 个数据结点),p 指向下一个结点(即 p 指向第 2 个数据结点),如图 9.22 所示。再比较 deleteName 的值("LiHong")和 p 指向的第 2 个数据结点的 name 成

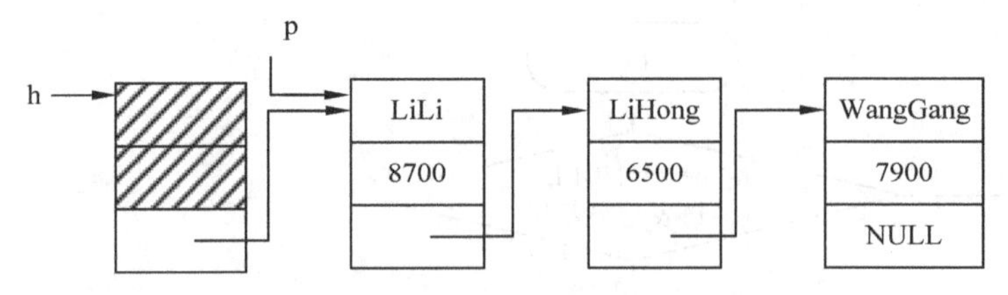

图 9.21　一个记录职工信息的单向动态链表

员值("LiHong"),结果为 deleteName 的值与 p->name 的值相同,所以 p 指向的第 2 个数据结点为要删除的结点,由于 p->next! =NULL,所以 p 指向的结点是表中间的结点。

- 如果 deleteName 的值为"WangGang",则它与 p 指向的第 1 个数据结点的 name 成员值("LiLi")不同。令 q=p,p=p->next,即 q 指向 p 指向的当前结点(即 q 指向第 1 个数据结点),p 指向下一个结点(即 p 指向第 2 个数据结点),如图 9.22 所示。再比较 deleteName 的值("WangGang")和 p 指向的第 2 个数据结点的 name 成员值("LiHong"),结果为 deleteName 的值与 p->name 的值不同。令 q=p,p=p->next,即 q 指向 p 指向的当前结点(即 q 指向第 2 个数据结点),p 指向下一个结点(即 p 指向第 3 个数据结点),如图 9.23 所示。再比较 deleteName 的值("WangGang")和 p 指向的第 3 个数据结点的 name 成员值("WangGang"),结果为 deleteName 的值与 p->name 的值相同,所以 p 指向的第 3 个数据结点为要删除的结点,由于 p->next==NULL,所以 p 指向的结点是表尾。

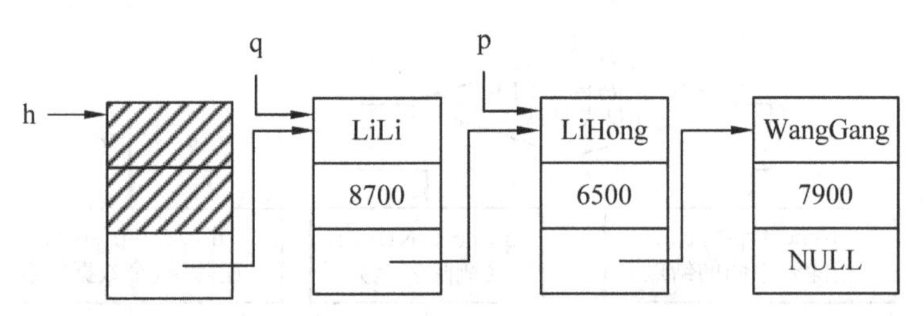

图 9.22　q 指向 p 指向的当前结点,p 指向下一个结点

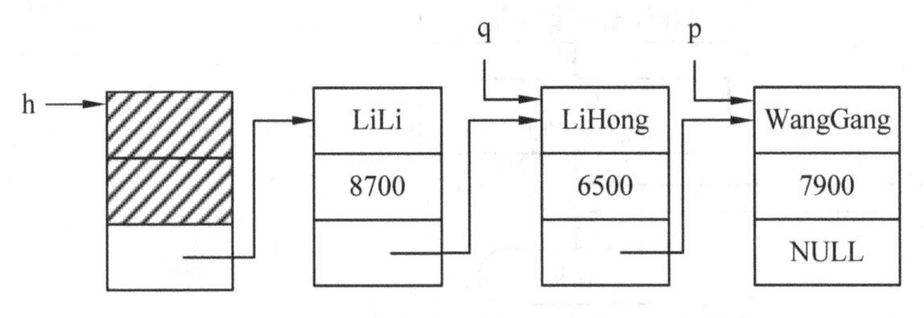

图 9.23　q 和 p 继续向后移动,指向下一个结点

- 如果 deleteName 的值为"ZhangSan",则它与第 1 个数据结点的 name 成员值、第 2 个数据结点的 name 成员值、第 3 个数据结点的 name 成员值都不同,则无法找

到删除结点。

(2) 在指定位置删除结点。

① 如果要删除的结点是 p 指向的第 1 个数据结点，则修改指针操作为：h->next=p->next;，将 p 指向的结点的下一个结点(即第 2 个数据结点)直接链接到头结点之后，成为第 1 个数据结点，如图 9.24 所示。而原来的第 1 个数据结点已经与链表分离，虽然第 1 个数据结点在链表中仍有后继结点，但是它在链表中已经没有前驱结点了。

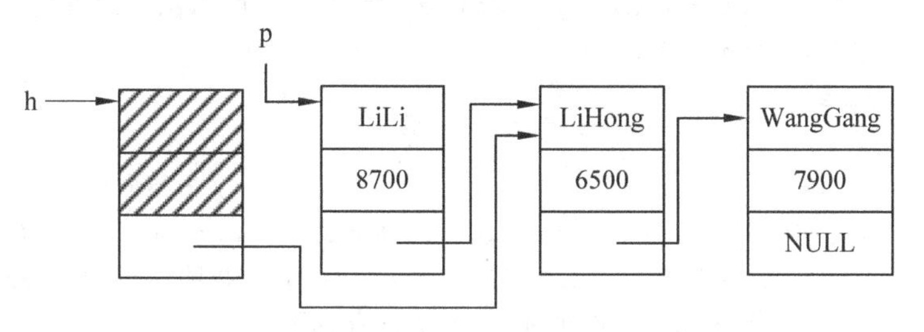

图 9.24 删除 p 指向的第 1 个数据结点

② 如果要删除的结点是 p 指向的表中间的结点，则修改指针操作为：q->next=p->next;，将 p 指向的结点的下一个结点直接链接到 q 指向的结点之后，如图 9.25 所示。此时，p 所指向的结点在链表中已经没有前驱结点了，它已经与链表分离。

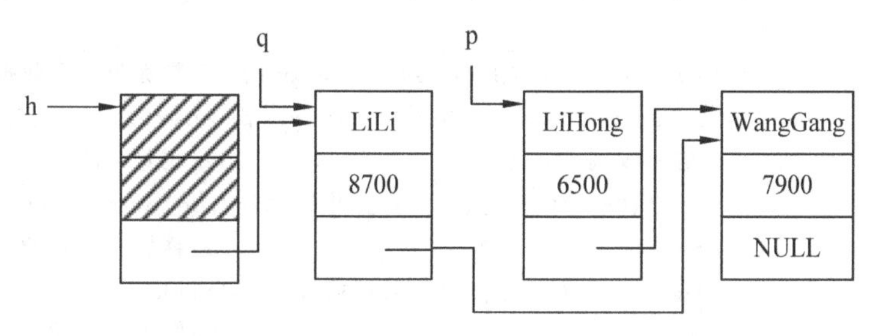

图 9.25 删除 p 指向的表中间的结点

③ 如果要删除的结点是 p 指向的表尾，则修改指针操作为：q->next=NULL;，此时 q 成为链表的表尾，如图 9.26 所示。而原来的表尾在链表中已经没有前驱结点了，它已经与链表分离。

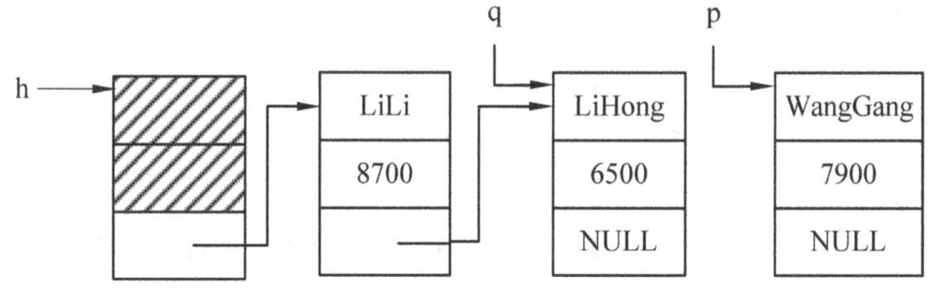

图 9.26 删除 p 指向的表尾

在例 9-8 的 createList 函数和 printList 函数的基础上，根据如图 9.20 所示的程序流程图，实现如下代码。

【程序代码】

```
1    //h指向头结点,deleteName是要删除结点的职工姓名
2    struct worker * deleteList(struct worker * h, char deleteName[10])
3    {
4        struct worker * p, * q;              //p指向当前结点,q指向p的前一个结点
5        //如果链表是空表
6        if(h->next==NULL)  printf("\n该链表是一个空链表\n");
7        //如果链表不是空表
8        else
9        {
10           p=h->next;                              //p指向第1个数据结点
11           while(strcmp(p->name,deleteName)!=0 && p->next!=NULL)
12           {    /* 如果p->name与deleteName不同,并且p指向的不是表尾,
13                则q指向p指向的当前结点,p指向下一个结点 */
14               q=p;
15               p=p->next;
16           }
17           //如果成立,则p指向的结点为要删除的结点
18           if(strcmp(p->name,deleteName)==0)
19           {
20               if(p==h->next) h->next=p->next;  //删除第1个数据结点
21               else if(p->next!=NULL) q->next=p->next;     //删除表中间的结点
22               else q->next=NULL;                  //删除表尾
23               printf("%s对应结点已经找到并删除\n",deleteName);
24               free(p);                            //释放被删除的结点
25               printf("%s对应结点已经被释放\n",deleteName);
26               n=n-1;                              //职工人数减1
27           }
28           else printf("没有找到要删除的结点\n");
29       }
30       return h;
31   }
32   int main()
33   {
34       struct worker * head;
35       char delName[10];
36       head=createList();
37       printf("\n包含%d位职工信息的单向动态链表已经建立完毕\n",n);
38       printList(head);
39       printf("\n请输入要删除的职工姓名: \n");
40       scanf("%s", delName);
41       head=deleteList(head,delName);
42       printf("\n删除结点以后,单向动态链表中的%d位职工信息如下:\n",n);
```

```
43        printList(head);
44        return 0;
45    }
```

【运行结果】

```
请输入第1位职工的姓名和工资:
LiLi 8700
请输入第2位职工的姓名和工资:
LiHong 6500
请输入第3位职工的姓名和工资:
WangGang 7900

包含3位职工信息的单向动态链表已经建立完毕

职工姓名              职工工资
LiLi                  8700.00
LiHong                6500.00
WangGang              7900.00

请输入要删除的职工姓名:
LiHong
LiHong对应结点已经找到并删除
LiHong对应结点已经被释放

删除结点以后,单向动态链表中的2位职工信息如下:

职工姓名              职工工资
LiLi                  8700.00
WangGang              7900.00
```

9.5 共 用 体

共用体类型也属于一种构造数据类型,它的定义形式与结构体类型很相似,但存储空间分配的情况不同。共用体能在同一个内存空间中储存不同的数据类型(不是同时储存),但在某一个时刻只有一个成员起作用。

9.5.1 共用体类型和共用体变量的定义

1. 共用体类型的定义

在定义共用体类型时,只要将定义结构体的关键字 struct 改为共用体的关键字 union 即可。其一般的定义形式为:

```
union 共用体名
{
    类型名 1    成员名 1;
    类型名 2    成员名 2;
    类型名 3    成员名 3;
      ⋮           ⋮
    类型名 n    成员名 n;
};
```

例如：

```
union staff
{
    char num[15];
    char name[20];
    int age;
    float salary;
};
```

上面定义了一个共用体名为 staff 的共用体类型，它由四个不同类型的成员组成：其中两个成员为字符数组，一个成员为整型，一个成员为单精度型。这些成员共享同一段存储空间。

2. 共用体变量的定义

共用体变量的定义与结构体变量的定义相似，也包括如下三种形式：

(1) 先定义共用体类型，再定义共用体变量。这里，共用体变量定义的一般形式为：

```
共用体名  变量名列表;
```

例如，前面已经定义了共用体类型 struct staff，现在定义两个这种类型的共用体变量 staff1 和 staff2，具体书写如下：

```
union  staff  staff1, staff2;
```

其中，staff 是共用体名，staff1 和 staff2 都是共用体变量名。

(2) 在定义共用体类型的同时，定义共用体变量。其一般形式为：

```
union 共用体名
{    类型名 1     成员名 1;
     类型名 2     成员名 2;
     类型名 3     成员名 3;
       ⋮            ⋮
     类型名 n     成员名 n;
}变量名列表;
```

例如：

```
union staff
{
    char num[15];
    char name[20];
    int age;
    float salary;
} staff1, staff2;
```

其中，staff 是共用体名，staff 1 和 staff 2 都是共用体变量名。

(3) 在无名共用体类型之后，直接定义共用体变量。其一般形式为：

```
union
{   类型名 1    成员名 1;
    类型名 2    成员名 2;
    类型名 3    成员名 3;
      ⋮           ⋮
    类型名 n    成员名 n;
}变量名列表;
```

例如：

```
union
{
    char num[15];
    char name[20];
    int age;
    float salary;
} staff1, staff2;
```

共用体变量与结构体变量的主要区别在于存储空间的分配不同。共用体变量是不同类型成员的集合，各成员共用同一段存储空间。结构体变量也是不同类型成员的集合，但每个成员占用不同的存储空间。因此，即使具有相同成员的共用体变量和结构体变量，在内存中的存储情况也是不同的。

例如，设存储空间起始单元地址为 3000，则

```
struct s_eg
{
    char c[8];
    int i;
    float f;
}s_eg1;
```

结构体变量 s_eg1 在内存中的存储情况如图 9.27 所示。

```
union u_eg
{
    char c[8];
    int i;
    float f;
}u_eg1;
```

共用体变量 u_eg1 在内存中的存储情况如图 9.28 所示。

如图 9.27 所示，结构体变量 s_eg1 在内存中所占字节数是各成员所占字节数之和，即 8+4+4=16。其中，数组 c 从地址为 3000 的单元开始存储，占用地址为 3000～3007 的单元；i 从地址为 3008 的单元开始存储，占用地址为 3008～3011 的单元；f 从地址为

3012 的单元开始存储，占用地址为 3012～3015 的单元。数组 c、i、f 分别占用不同的存储空间。

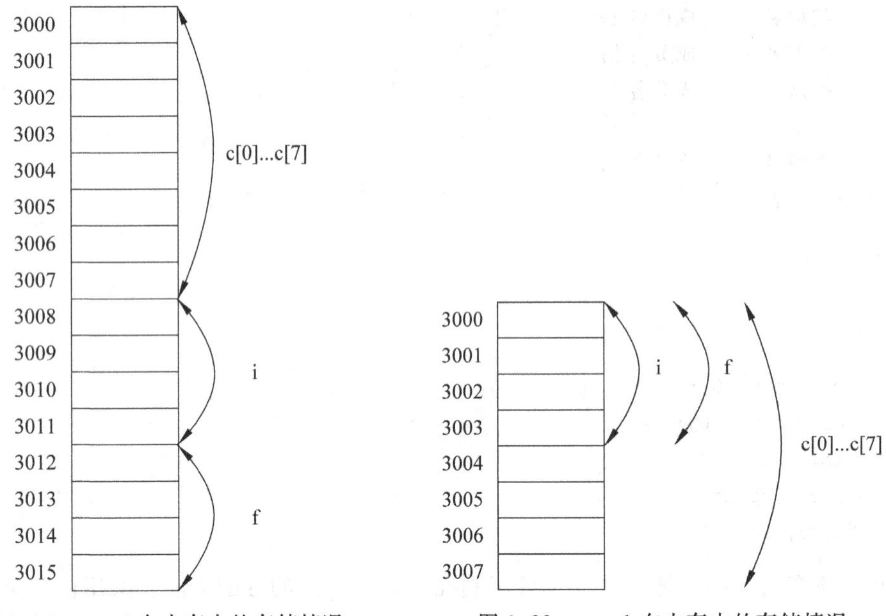

图 9.27 s_eg1 在内存中的存储情况

图 9.28 u_eg1 在内存中的存储情况

如图 9.28 所示，共用体变量 u_eg1 在内存中所占字节数是字节数最多的成员所占的字节数，即字符数组 c 所占的字节数 8。数组 c、i、f 都从同一个地址 3000 开始存储，其中，数组 c 占用地址为 3000～3007 的单元，i 占用地址为 3000～3003 的单元，f 占用地址为 3000～3003 的单元。数组 c、i、f 共享同一段存储空间，每次只能保存其中一个成员的值。

关于共用体变量，有以下几点要注意：

(1) 由于共用体变量各成员共用同一段存储空间，因此共用体变量的起始地址与其各成员的起始地址都相同。

(2) 共用体变量在某一个时刻只有一个成员起作用，本质上是指共用体变量的存储空间只能保存其中一个成员的值，不能同时保存所有成员的值。

(3) 结构体类型定义中可以包含共用体类型成员或者共用体数组类型成员，共用体类型定义中可以包含结构体类型成员或者结构体数组类型成员。

9.5.2 共用体变量的引用和初始化

1. 共用体变量的引用

共用体变量的引用包括对共用体变量成员的引用和对共用体变量整体的引用。

(1) 共用体变量成员的引用。共用体变量成员的引用形式包括如下三种：

第一种形式：

```
共用体变量名.成员名
```

第二种形式：

```
(*共用体指针变量名).成员名
```

第三种形式：

```
共用体指针变量名->成员名
```

例如，定义了共用体变量以及指向共用体变量的指针变量 union staff staff1, *p=&staff1;，则以下三种形式是等价的，都表示要引用 staff1 的成员 salary：

```
staff1.salary,(*p).salary 和 p->salary。
```

由于共用体变量的存储空间只能保存其中一个成员的值，因此在保存新的共用体变量成员以后，原有的共用体变量成员会失去作用，故共用体变量中起作用的成员是最后一次被保存的成员，在使用共用体变量时这一点尤其值得注意。下面通过一个示例进行演示。

【例 9-11】 分析下面程序中共用体变量成员的取值情况。

```
1      #include <stdio.h>
2      union staff
3      {
4          char name[20];
5          int age;
6          float salary;
7      }staff1;
8      int main()
9      {
10         printf("输入姓名、年龄和工资\n");
11         scanf("%s %d %f",staff1.name, &staff1.age, &staff1.salary);
12         printf("职工信息\n");
13         printf("姓名: %s, 年龄: %d, 工资: %.2f",staff1.name, staff1.age,
14         staff1.salary);
15         return 0;
16     }
```

【运行结果】

```
输入姓名、年龄和工资
LiQiang   29   4370.50
职工信息
姓名:,  年龄: 1166578688,  工资: 4370.50
```

【问题解析】 在程序中，对共用体变量的所有成员都进行复制。但结果中只正确显示了最后赋值的成员 staff1. salary。而 staff1. name 和 staff1. age 的值是不确定的，在 printf 函数中没有意义的。

(2) 共用体变量的整体引用。如果两个共用体变量具有相同的共用体类型，则可以将一个共用体变量整体赋给另外一个共用体变量。例如，两个类型相同的共用体变量

staff1、staff2,可以用

```
staff2=staff1;
```

注意:在如下几种情况中,不能对共用体变量进行整体引用。

① 不能对共用体变量整体进行输入或者输出,但可以对共用体变量成员进行输入或者输出。例如,以下两条语句都是错误的:

```
scanf("%c", &staff1);
printf("%c", staff1);
```

以下两条语句都是正确的:

```
scanf("%c", & staff1.age);
printf("%c", staff1.age);
```

② 除了相同共用体类型数值以外,不能给共用体变量赋予其他类型的值。例如:

```
staff1=1;
```

是错误的。

③ 除了给相同类型的共用体变量赋值以外,共用体变量的值不能赋给其他类型的变量。例如:

```
union staff staff1; int x; x=staff1;
```

是错误的。

④ 共用体变量不能作为函数参数,函数返回值也不能是共用体变量值,但可以用共用体指针变量实现。

2. 共用体变量的初始化

与结构体变量不同,在定义共用体变量的同时,只能用第一个成员的值对共用体变量进行初始化。例如:

```
union abc
{
    int i;
    float f;
    char c;
}x={12};                                   //将第一个成员 x.i 的值赋为 12
```

注意:

(1) 虽然在大括号中只有一个成员值,但是大括号不能省略。

(2) 在定义共用体变量 x 的同时,只能用第一个成员 x.i 的值对 x 进行初始化,不能用其他成员 x.f 和 x.c 的值对 x 进行初始化。例如:

```
union abc
{
```

```
    int i;
    float f;
    char c;
}x={12, 58.4, 'E'};
```

再如：

```
union abc
{
    int i;
    float f;
    char c;
};
union abc x={12, 58.4, 'E'};
```

以上两种初始化做法都是错误的。

9.5.3 共用体变量的举例

【例 9-12】 在记录教师和学生信息的表中，信息字段包括姓名、年龄、职业和编号。其中，职业包括教师和学生，编号包括教师填职工号，学生填学号。这里，职工号用整型数据表示，学号用字符串表示。编写程序，实现输入教师和学生的信息数据，再输出该信息数据。

【问题解析】 由于在编号字段中存在两种不同类型的数据，即整型数据表示的职工号和字符串数据表示的学号，并且每条记录中该字段只需要其中一种类型的数据有效，所以采用共用体变量来保存编号这个字段的值比较合适。如果采用结构体变量，则需要同时保存两种类型的数据，这要比共用体变量占用更大的存储空间。

【程序代码】

```
1       #include <stdio.h>
2       #define N 3
3       struct t_s_info
4       {
5           char name[10];                          //姓名
6           int age;                                //年龄
7           char job;                               //职业,教师为"t",学生为"s"
8           union num
9           {
10              int t_num;                          //教师的职工号
11              char s_num[10];                     //学生的学号
12          }x;
13      }y[N];
14      void main()
```

```
15    {
16        int i;
17        for(i=0;i<N;i++)
18        {
19            printf("请输入第%d条记录的姓名、年龄和职业:\n",i+1);
20            scanf("%s %d %c", y[i].name, &y[i].age, &y[i].job);
21            printf("请输入第%d条记录的编号: \n",i+1);
22            if(y[i].job=='t')
23                scanf("%d",&y[i].x.t_num);
24            else if(y[i].job=='s')
25                scanf("%s",y[i].x.s_num);
26            else
27                printf("输入错误!\n");
28        }
29        printf("\n姓名      年龄 职业 编号\n");
30        for(i=0;i<N;i++)
31        {
32            if(y[i].job=='t')
33                printf("%-10s%-6d%-6c%-10d\n",y[i].name,y[i].age,y[i].job,
34                y[i].x.t_num);
35            else
36                printf("%-10s%-6d%-6c%-10s\n",y[i].name,y[i].age,y[i].job,
37                y[i].x.s_num);
38        }
39    }
```

【运行结果】

```
请输入第1条记录的姓名、年龄和职业:
LiMing 20 s
请输入第1条记录的编号:
2014010101
请输入第2条记录的姓名、年龄和职业:
WangHong 40 t
请输入第2条记录的编号:
1001
请输入第3条记录的姓名、年龄和职业:
ZhangSan 22 s
请输入第3条记录的编号:
2015010211

姓名      年龄  职业  编号
LiMing    20    s     2014010101
WangHong  40    t     1001
ZhangSan  22    s     2015010211
```

在程序中,用 struct t_s_info 类型的结构体数组 y 保存教师和学生的所有记录,在 struct t_s_info 结构体类型定义中有一个 union num 共用体类型的成员 x,它包括 t_num 和 s_num 两个成员,其中 t_num 为整型,s_num 为字符数组。

9.6 枚举类型

如果一个变量的取值可以被一一列举出来，并且被限定在一个有限的范围内，则可以将这个变量定义为枚举类型，使用枚举类型可以提高程序的可读性。

枚举类型的定义形式为：

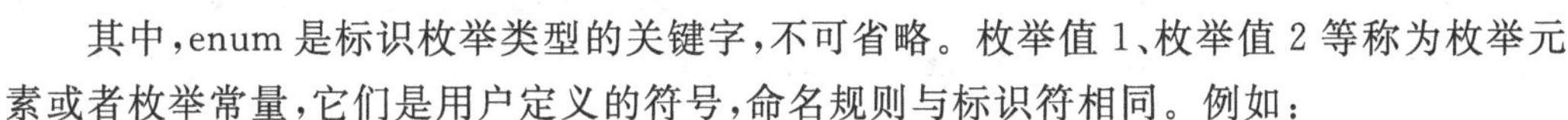

```
enum 枚举类型名 { 枚举值 1, 枚举值 2, … };
```

其中，enum 是标识枚举类型的关键字，不可省略。枚举值 1、枚举值 2 等称为枚举元素或者枚举常量，它们是用户定义的符号，命名规则与标识符相同。例如：

```
enum color {red, yellow, blue};                    //只允许取 3 个值
enum weekday{Sun,Mon,Tue,Wed,Thu,Fri,Sat};  //只允许取 7 个值
```

枚举类型变量的定义包括如下三种形式：

(1) 先定义枚举类型，再定义枚举类型变量。例如：

```
enum color {red, yellow, blue};
enum color x, y;
```

(2) 在定义枚举类型的同时，定义枚举类型变量。例如：

```
enum color {red, yellow, blue}x, y;
```

(3) 在无名枚举类型之后，直接定义枚举类型变量。例如：

```
enum {red, yellow, blue}x, y;
```

需要说明的是：

(1) 系统给各个枚举元素定义了一个表示序号的整型数值，按顺序依次定义为 0,1,2,…。例如在 weekday 中，Sun 的值为 0，Mon 的值为 1，……，Sat 的值为 6。但是在定义枚举类型时，枚举元素必须为符号，不能用数值代替。

(2) 可以在定义枚举类型时，对枚举元素指定一个整型数值。例如：

```
enum weekday {Sun=6, Mon,Tue,Wed=3,Thu,Fri,Sat=2};
```

对于没有指定整型数值的枚举元素，其取值的规则是从前面最后一次指定值开始，按顺序依次加 1。这里，Mon＝7，Tue＝8，Thu＝4，Fri＝5。

(3) 枚举元素是常量，不允许对其进行赋值操作。例如：

```
red=1;
```

是错误的。

(4) 枚举元素可以用来做比较，它们是按照所代表的整型数值进行比较的。

例如：

```
if(x>red) printf("It's yellow and blue");
```

(5) 枚举元素不是字符串,它代表一个整型数值,所以输出时要按整数格式输出。例如：

```
printf("%d", Mon);
```

是正确的,但

```
printf("%s", Mon);
```

是错误的。

(6) 可以把一个枚举元素赋给一个枚举变量,但不能把一个整型数值赋给一个枚举变量。枚举变量只能在几个枚举元素中取值。例如：

```
x=red;
```

是正确的,但

```
x=0;
```

是错误的。这条错误语句可以改为

```
x=(enum color)0;
```

0 经过强制类型转换以后可以赋值给枚举变量 x,相当于 x=red。

【例 9-13】 枚举变量的应用。

【程序代码】

```
1      #include <stdio.h>
2      enum season {spring,summer,autumn,winter} x;
3      int main()
4      {
5          char * y[4]={"春季","夏季","秋季","冬季"};
6          for(x=spring; x<=winter; x++)
7          printf("%3d:%5s\n", x, y[x]);
8           return 0;
9      }
```

【运行结果】

```
0: 春季
1: 夏季
2: 秋季
3: 冬季
```

【结果分析】

从本质上看,枚举元素就是 int 类型的常量,而且是一个有名称的常量,比如本例中 spring 代表整数 0,summer 代表整数 1,autumn 代表整数 2,winter 代表整数 3。因此,最后输出枚举类型变量 x 的值分别为 0、1、2、3。同样道理，程序利用了枚举变量 x 充当了循环变量，在本题中 x<=winter 与 x<=3 的作用相当。

只要是能使用整型常量的地方就可以使用枚举常量。例如，在声明数组时，可以用枚举常量表示数组的大小；在 switch 语句中，可以把枚举常量作为标签。

9.7 用 typedef 定义新类型名

在 C 语言中，用户可以用类型定义符 typedef 为某一已有的数据类型自定义一个新的类型名，这可以使程序员使用自己熟悉的，或者使用更加贴近数据本身含义的新类型名。typedef 工具是一个高级数据特性，它与 #define 类似，但是两者有不同之处。首先，typedef 创建的符号名只受限于类型，不能用于值。其次，typedef 由编译器解释，而不是预处理器。

用 typedef 对已有数据类型定义一个新类型名的步骤如下：

第一步，先按定义变量的方法写出定义体。例如：

```
int x;
```

第二步，将变量名换成新类型名，然后在最前面加 typedef。例如，将 x 换成 COUNT，变为

```
int COUNT;
```

然后加上 typedef，变为

```
typedef int COUNT;
```

这样就表示 COUNT 是 int 类型的新类型名。

经过前面两步，就可以用新类型名 COUNT 代表 int 去定义变量了。例如：

```
COUNT y;
```

它与

```
int y;
```

是等价的。

用 typedef 对各种数据类型定义新类型名包括如下几种情况：

(1) 用 typedef 对简单类型定义新类型名。例如：

```
typedef int COUNT; typedef float FLOAT;
```

可以用 COUNT 代表 int，用 FLOAT 代表 float 去定义变量。例如：

```
int x, y; float m, n;
```

相当于

```
COUNT x, y; FLOAT m, n;
```

(2) 用 typedef 对数组类型定义新类型名。例如：

```
typedef int COUNT[10];
```

可以用 COUNT 代表长度为 10 的整型数组类型去定义变量。例如：

```
COUNT m, n;
```

相当于

```
int m[10], n[10];
```

(3) 用 typedef 对结构体类型定义新类型名。例如：

```
typedef struct worker
{
    char name[20];
    int age;
    float salary;
}WORKER;
```

可以用 WORKER 代表 struct worker 结构体类型去定义变量。例如：

```
WORKER x, *p;
```

相当于

```
struct worker
{
    char name[20];
    int age;
    float salary;
}x, *p;
```

(4) 用 typedef 对指针类型定义新类型名。例如：

```
typedef char *NAME;
```

可以用 NAME 代表字符指针类型去定义变量。例如：

```
NAME p, n[10];
```

相当于

```
char *p, *n[10];
```

需要注意的是：

(1) typedef 不能定义变量，只能用来定义新类型名。

(2) typedef 不是定义新数据类型，只是对已有数据类型增加了一个新类型名（即别名）而已。

(3) typedef 与宏定义的不同点：

- 宏定义是在预编译时处理的，它只是进行符号替换。例如 #define char NAME[10]，表示用 NAME[10]去替换 char。
- typedef 是在编译时处理的，它不是进行简单的符号替换。例如 typedef char NAME[10]，表示 NAME 可以代表长度为 10 的字符数组去定义变量。

(4) 如果一个由用户定义的构造数据类型(即数组、指针、结构体、共用体等)同时用在多个源文件中，则经常在一个单独的文件中用 typedef 定义该类型的别名，然后在不同源文件中需要时用 #include 将该类型包含进来。

(5) typedef 有利于程序的通用和移植。程序通用性体现在：可以给已有数据类型起一个自己习惯使用的别名；程序移植性体现在：可以用同样一个别名先后对应于两种不同的已有数据类型。

习　　题

一、选择题

1. 设有以下说明语句：

```
struct student
{    int m;
float n;
}x;
```

则下面的叙述，正确的是(　　)。

A. struct 是结构体类型名

B. struct student 是用户定义的结构体变量名

C. x 是用户定义的结构体变量名

D. m 和 n 都是结构体变量名

2. 设有如下定义：

```
struct s_eg
{    char name[10];
     int age;
     char sex;
}x[3], * p=x;
```

下面各输入语句中错误的是(　　)。

A. scanf("%d", &(*p).age);　　　B. scanf("%s", &x.name);

C. scanf("%c", &x[0].sex);　　　D. scanf("%c", &(p->sex));

3. 当定义一个结构体变量时，系统分配给它的字节数是(　　)。

A. 各成员所需字节数的总和　　　B. 结构体中第一个成员所需字节数

C. 占字节数最多的成员所需的字节数 D. 结构体中最后一个成员所需字节数

4. 以下对C语言中共用体类型数据的正确叙述是(　　)。

A. 一旦定义了一个共用体变量后，即可引用该变量或该变量中的任意成员

B. 一个共用体变量中可以同时存放其所有成员

C. 一个共用体变量中不能同时存放其所有成员

D. 共用体类型数据可以出现在结构体类型定义中，但结构体类型数据不能出现在结构体类型定义中

5. 以下关于枚举类型数据的叙述错误的是(　　)。

A. 枚举变量只能取对应枚举类型的枚举元素表中的元素

B. 可以在定义枚举类型时对枚举元素的值进行指定

C. 枚举元素表中的元素有先后次序，可以进行比较

D. 枚举元素的值可以是整数或字符串

6. 若要定义一个类型名 POINTER，使得定义语句“POINTER p;”等价于“char * p;”，以下选项中正确的是(　　)。

A. typedef POINTER char * p;　　　　B. typedef * char POINTER;

C. typedef POINTER * char;　　　　D. typedef char * POINTER;

二、判断题

1. 已定义指向结构体变量 x 的指针 p，在引用结构体成员 age 时，有三种等价的形式：x.age、* p.age 和 p->age。　(　　)

2. 使几个不同类型的变量共占同一段内存的数据类型称为共用体类型。　(　　)

3. 在定义一个共用体变量时，系统分配给它的字节数是该共用体变量中占用字节数最多的成员所需的字节数。　(　　)

第10章 文　件

计算机的存储系统分为内存和外存(又称为辅助存储器,如硬盘、优盘、光盘等)。到目前为止,经过程序处理的数据都存储在内存中,当程序运行结束时,这些数据也随着程序的结束而消失。为了长期保存经程序处理过的数据,需要将数据独立地存储到辅助存储器上。文件是程序设计中的一个重要概念,是实现程序和数据分离的重要方式。本章介绍C语言文件的基本概念,以及文件的打开、关闭和读写方式。

10.1 文件概述

10.1.1 文件的概念

在前面章节中,读者编程实现了用户学生成绩信息的输入、统计、排序和输出。但由于内存变量不能永久保存数据,程序结束时,内存中的数据就会丢失,因此每次调试程序时都需要重新输入学生的信息,这在实际系统中是不可接受的。

所谓"文件"是指一组相关数据的有序集合。这个数据集有一个名称,称为文件名。实际上在前面的各章中读者已经多次使用了文件,例如源程序文件、目标文件、可执行文件、库文件(头文件)等。

文件通常是驻留在外部介质(如硬盘等)上的,在使用时才调入内存中来。从不同的角度可对文件做不同的分类。从用户的角度看,文件可以分为设备文件和普通文件两种。

设备文件是指与主机相连的各种外部硬件设备,如显示器、打印机、键盘等。在操作系统中,把外部设备也看作是一个文件来进行处理,把它们的输入、输出等同于对磁盘文件的读写。已经学过的printf、scanf、getchar、putchar等函数默认的输入输出对象就是此类设备文件。

普通文件(后面章节中"文件"特指此类文件)是一组保存在辅助存储器上的具有特定含义的信息的集合。文件常见的存储介质有磁盘、U盘、SD卡、CD等,文件由操作系统进行管理,并通过文件名来识别。文件的类型通常由扩展名来区分,如大家熟知的.mp3、.mp4、.c和.txt等代表了不同的文件类型。

文件具有永久保存数据的功能，除非用户将其删除或存储介质被破坏。因此，对于数据规模较大的程序采用文件向程序提供输入数据并保存输出数据结果是最好的选择。

10.1.2 文件的分类

任何文件都有特定的格式，文件必须按其格式来进行读写才能正确识别数据。如PDF格式电子图书就需要专门的PDF阅读器来进行阅读，MP4格式的视频文件也需要用视频播放软件才能正确播放。

C语言支持两种类型的文件：文本文件(也称为ASCII文件)和二进制文件。在文本文件中，用字节来存储字符的ASCII码值，人们可以检查和编辑文件。例如，C程序的源代码文件(.c)就是文本文件，而C程序的可执行文件(.exe)就是二进制文件。在二进制文件中，字节不一定表示一个字符，有可能是某数值型数据的某些比特位。以数值型数据的存储方式为例，在二进制文件中，数值型数据直接存储其在内存对应的二进制数。而在文本文件中，则是数值型数据的每一位数字作为一个字符以其ASCII码值的形式存储。因此，文本文件中的每一位数字单独占用1字节的存储空间，而二进制文件则是把整个数字作为一个二进制数来存储。

例如，有变量定义语言如下：

```
short int a=32767;
```

在二进制文件中，变量a仅占2字节的存储空间，如图10.1(a)所示。而把变量a的值存入文本文件中则需要5字节的存储空间，如图10.1(b)所示。

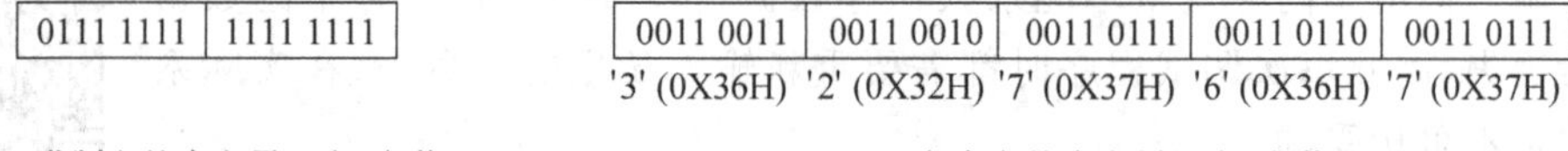

(a) 二进制文件中变量a占2字节　　(b) 文本文件中变量a占5字节

图10.1　变量a在不同文件中的存储形式

ASCII码文件可以在屏幕上或文本编辑软件中按字符显示，由于是按字符显示，因此能读懂文件内容。

二进制文件虽然也可以在屏幕上显示，但其内容无法读懂，显示的为乱码。

另外，文本文件还有以下特性：

- 文本文件分为若干行。文本文件的每一行通常以一两个特殊字符结尾，在Windows中，行末的标记是回车符与换行符。
- 文本文件可以包含一个特殊的“文件末尾”标记。一些操作系统允许在文本文件的末尾使用一个特殊的字节作为标记。在Windows中，标记为'\x1A'(Ctrl+Z)。
- 二进制文件不分行，也没有行末标记和文件末尾标记。

编写用来读写文件的程序时，需要明确该文件是文本文件还是二进制文件。

10.1.3 文件指针

在C语言中用一个指针变量指向一个文件，这个指针称为文件指针。通过文件指针就可对它所指的文件进行各种操作。

定义说明文件指针的一般形式为：

```
FILE *指针变量标识符;
```

其中FILE应为大写，它实际上是由系统定义的一种结构体类型，该结构体中含有文件名、文件状态和文件当前位置等信息。

在编写源程序时只要了解FILE的作用即可，不必细究FILE结构体的内容。使用FILE的例子如下。

```
FILE *fp1, *fp2;
```

此代码表示fp1和fp2是指向FILE结构的指针变量，通过fp1和fp2即可找到存放某个文件信息的结构变量，然后按结构变量提供的信息找到该文件，实施对文件的操作。编程操作上，习惯上笼统地把fp1和fp2称为指向一个文件的指针。

一般而言，一个文件指针指向一个文件。因此，程序需要使用几个文件就应该定义几个文件指针，不允许一个文件指针同时指向多个文件，也不允许几个指针指向同一个文件。

10.2 文件的打开与关闭

文件在进行读写操作之前要先打开，使用完要关闭。所谓打开文件，实际上是建立文件的各种有关信息，并使文件指针指向该文件，以便进行其他操作。关闭文件则断开指针与文件之间的联系，即禁止再对该文件进行操作。

在C语言中，文件操作都是由库函数完成的。在本节中将主要介绍文件的操作函数。

10.2.1 文件的打开

1. fopen函数

打开文件要使用库函数fopen()，其函数原型为：

```
FILE *fopen(const char *filename, const char *mode);
```

其中，filename是要打开的文件名的字符串（“文件名”可以包含文件位置信息，如驱动器符或路径）。mode表示文件的读写模式，用来指定打开的文件是二进制文件还是文本文件以及打算对文件执行的操作。

fopen 函数返回一个文件指针，使用方法如下：

```
FILE * fp;
fp=fopen("myfile.txt", "r");
```

将以只读方式打开当前文件夹下的 myfile.txt 文件，并且返回文件指针赋值给 fp。显然 fp 应该是 FILE * 类型的指针变量。

在 Windows 环境下，用 fopen 函数调用的文件名中若含有目录分隔符\时，一定要小心，因为 C 语言把字符\看作转义字符的开始标志。因此函数调用

```
fp=fopen("d:\cprogram\test.c", "r");
```

会失败。编译器会把\t 理解为转义字符。正确的使用方法是用\\代替\，即：

```
fp=fopen("d:\\cprogram\\test.c", "r");
```

注意：当打开的文件不存在或建立新文件没有访问权限时将导致无法打开文件，此时 fopen 函数会返回空指针(NULL)。因此打开文件后要测试 fopen 函数返回值以确保文件是否被正确打开，使用方法参考如下：

```
fp=fopen("d:\\cprogram\\test.c", "r");
if(fp==NULL)
{
    printf("打开文件失败\n");
    getch();
    exit(1);          //强制程序结束,返回给操作系统 1
}
//打开文件成功,后续代码对文件进行写读操作
...
```

2. 读写模式

表 10.1 列出了文件的读写模式。

表 10.1 文件读写模式

文件读写模式参数	含　义
"r"或"rt"	只读打开一个文本文件，只允许读数据
"rb"	只读打开一个二进制文件，只允许读数据
"w"或"wt"	只写打开或建立一个文本文件，只允许写数据
"wb"	只写打开或建立一个二进制文件，只允许写数据
"a"或"at"	追加打开一个文本文件，并在文件末尾写数据
"ab"	追加打开一个二进制文件，并在文件末尾写数据
"r+"或"rt+"	读写打开一个文本文件，允许读和写
"rb+"	读写打开一个二进制文件，允许读和写
"w+"或"wt+"	读写打开或建立一个文本文件，允许读写

续表

文件读写模式参数	含　义
"wb+"	读写打开或建立一个二进制文件,允许读和写
"a+"或"at+"	读写打开一个文本文件,允许读,或在文件末追加数据
"ab+"	读写打开一个二进制文件,允许读,或在文件末追加数据

对表10.1中的读写方式说明如下:

① w(write)方式:该方式只能用于向打开的文本文件写入数据。若文件不存在,则按用户指定的文件名创建新文件;若文件存在,则将覆盖原文件。文件打开时,文件读写位置指向文件开始处。

② r(read)方式:该方式只能用于打开一个已经存在的文本文件并从中读出数据。文件打开时,文件读写位置指向文件头。

③ a(append)方式:该方式用于向文本文件末尾添加数据。若文件存在,则将它打开,并将读写位置指向文件末尾;若文件不存在,则创建一个新文件,并从头开始写数据。

④ r+、w+、a+方式:这3种方式打开文件后,既可以读,也可以写。它们的主要区别如下:

- w+:用该方式打开文件后,如果文件有内容,则以覆盖方式写入,即写入的内容覆盖原文件中的内容。
- r+:用该方式打开文件后,文件原有内容全部丢失,这时只能先向文件写入数据,然后再读出。
- a+:用该模式打开文件后,将文件内容保留。读时从文件开头读,写时则追加到文件末尾。

⑤ 当使用fopen打开二进制文件时,仅需要在上述几种模式的字符串中包含字母b即可。

10.2.2 文件的关闭

在程序对文件读写完毕后,应该将文件关闭,以确保操作系统能及时将缓冲区中的数据写入文件中,保证数据的正确性。

C语言使用fclose函数来关闭已打开的文件,其函数原型如下:

```
int fclose(FILE * filename);
```

其中,filename是文件指针,指向已经打开的文件。例如:

```
fclose(fp);                    //将关闭 fp 指示的文件
```

如果成功关闭了文件,fclose函数返回值为0,否则,它将返回错误代码EOF(EOF为stdio.h中定义的宏常量,其值为-1)。

综上所述,可以用图10.2所示的流程来表示对文件操作的一般流程。

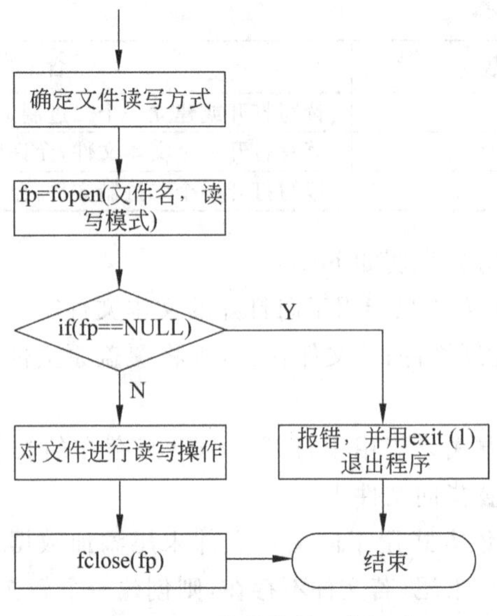

图 10.2　文件操作的一般流程

10.2.3　文件的检测

1. feof()检测文件末尾函数

文件打开后，文件指针指向于文件对应的 FILE 结构体。在 FILE 结构体中有一个文件读写指针指示文件当前的读写位置。

feof()函数用来检测文件读写位置指针是否已到文件末尾。feof()的调用格式为：

```
feof(fp);
```

fp 是文件指针，如果文件读写位置指针已到文件末尾，则函数返回非 0 值(逻辑真)；否则函数返回 0 值(逻辑假)。

例如，程序中常用下面的语句来控制文件读写：

```
while(!feof(fp))            //等效于 while(feof(fp)==0)
{
    文件读/写语句;
}
```

2. ferror()检测文件出错函数

此函数可用来检测输入/输出函数的每次调用是否有错，函数的调用格式是：

```
ferror(fp);
```

正常时函数返回 0 值，出错时函数返回非值(逻辑真)。一般在调用输入/输出函数后可调用该函数，以检测输入/输出函数的引用是否正确。

例如，文件读写语句：

```
if(ferror(fp))
    printf("文件读写错误!\n");
```

10.3 文件的读写操作

在利用C语言进行项目开发过程中，对文件的读和写是最常用的文件操作，在C语言中提供了多种文件读写的函数，具体分类如下：

- 字符读写函数：fgetc()和fputc()。
- 字符串读写函数：fgets()和fputs()。
- 格式化读写函数：fscanf()和fprintf()。
- 数据块读写函数：fread()和fwrite()。

10.3.1 字符读写函数

字符读写函数是以字符(一字节)为单位的读写函数。每次可从文件读出或向文件写入一个字符。

1. fgetc()读字符函数

此函数的功能是从指定的文件中读一个字符，函数调用的形式为：

```
字符变量=fgetc(文件指针);
```

例如：

```
ch=fgetc(fp);
```

其意义是从打开的文件fp中读取一个字符赋值给ch变量。

对应fgetc()函数的使用有以下几点说明：

(1) 在fgetc()函数调用中，读取的文件必须是以读或读写方式打开的。

(2) 读取字符的结果也可以不向字符变量赋值。

例如：

```
fgetc(fp);
```

读出的字符不能保存。

(3) 在文件内部有一个位置指针。用来指向文件的当前读写字节。在文件打开时，该指针总是指向文件的第一字节。使用fgetc()函数后，该位置指针将向后移动一个位置。因此可连续多次使用fgetc()函数，读取多个字符。应注意文件指针和文件内部的位置指针不是一回事。文件指针是指向整个文件的，必须在程序中定义说明，只要不重新赋值,文件指针的值是不变的。文件内部的位置指针用以指示文件内部的当前读写位置,每读写一次,该指针均向后移动,它不需要在程序定义说明,而是由系统自动设置的。

【例 10-1】 假设路径 D:\example\下有文件 c1. txt,请编写程序读取文件 c1. txt 中的内容,并在屏幕上输出。

【问题解析】

从文件后缀. txt 中可以判断此文件是文本文件,因此采用文本文件打开方式进行读取,利用单字符方式进行文件内容的读取,取得的就位 ASCII 码字符,可以直接在屏幕上显示。

【程序代码】

```
1      #include<stdio.h>
2      #include<conio.h>
3      #include<stdlib.h>
4      int main()
5      {
6          FILE *fp;
7          char ch;
8          if((fp=fopen("d:\\example\\c1.txt","rt"))==NULL) //以只读方式打开文件
9          {
10             printf("\nCannot open file press any key exit!");
11             getch();
12             exit(1);
13         }
14         //循环读取文件里面的每一个字符并显示
15         while(!feof(fp))                    //判断文件是否结束,等效于 while(ch!=EOF)
16         {
17             ch=fgetc(fp);
18             putchar(ch);
19         }
20         putchar('\n');
21         fclose(fp);
22         return 0;
23     }
```

【运行结果】

例 10-1 运行结果如图 10.3 所示。

【程序分析】 此程序读 D 盘下文件,如果文件不存在会报错,如果文件存在就把文件的内容读出并显示到屏幕上,格式与文件中的存储格式一致。

2. fputc()写字符函数

此函数的功能是把一个字符写入指定的文件中,函数调用的形式为

(a) 文件内容

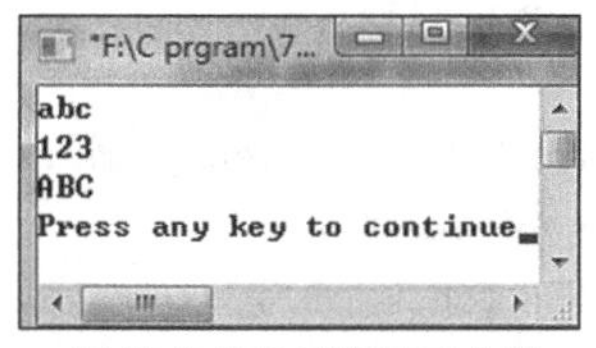

(b) 读文件后屏幕显示内容

图 10.3 例 10-1 运行结果

```
fputc(字符量,文件指针);
```

其中,待写入的字符量可以是字符常量或变量。

例如:

```
fputc('a',fp);
```

其意义是把字符'a'写入 fp 所指向的文件中。

对于 fputc()函数的使用也要说明几点:

(1) 被写入的文件可以用写(w)、读写(w+或 r+)、追加(a)方式打开,用写或读写方式打开一个已存在的文件时将清除原有的文件内容,写入字符从文件首开始。如需保留原有文件内容,希望写入的字符以文件末开始存放,必须以追加方式打开文件。被写入的文件若不存在,则创建该文件。

(2) 每写入一个字符,文件内部位置指针向后移动一字节。

(3) fputc()函数有一个返回值,如写入成功则返回写入的字符,否则返回一个 EOF。可用此来判断写入是否成功。

【例 10-2】 从键盘输入一个字符串,以回车符作为结尾,写入 d:\example\c2.txt 文件中,再把该文件内容读出显示在屏幕上。

【问题解析】

以文本方式打开文件,然后利用单字符方式向文件中写入接收到的字符串,字符串输入的结束的判断为回车符('\n')。

【程序代码】

```
1        #include<stdio.h>
2        #include<conio.h>
3        #include<stdlib.h>
4        int main()
5        {
6            FILE * fp;
7            char ch;
8            //以读写方式打开文件
9            if((fp=fopen("d:\\example\\c2.txt","wt+"))==NULL)
10           {
11               printf("Cannot open file press any key exit!");
12               getch();
```

```
13                exit(1);
14            }
15            printf("input a string:\n");
16            ch=getchar();                           //循环从键盘输入字符
17            while (ch!='\n')                        //遇到回车结束
18              {
19                 fputc(ch,fp);                      //将该字符写入文件
20                 ch=getchar();
21              }
22            rewind(fp);                             //将文件内部指针移至文件首
23            //循环读取文件里面每一字符并显示
24            while(!feof(fp))
25            {
26                ch=fgetc(fp);
27                putchar(ch);
28            }
29            printf("\n");
30            fclose(fp);
31            return 0;
32        }
```

【运行结果】

例 10-2 运行结果如图 10.4 所示。

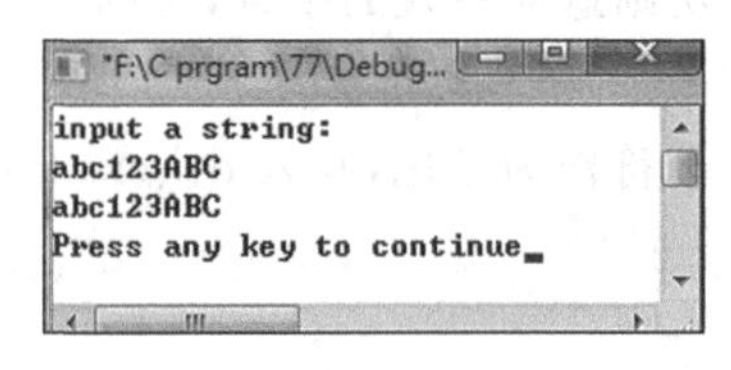

(a) 屏幕输入/输出内容

(b) 文件写入后的内容

图 10.4 例 10-2 运行结果

【程序分析】 首先从键盘上输入一个字符串，以回车键作为结尾，本例中从键盘输入"abc123ABC"回车，此字符串将先写入到文件中，然后从文件中读取此字符串并显示到屏幕上。

10.3.2 字符串读写函数

1. fgets()读字符串函数

此函数的功能是从指定的文件中读一个字符串到字符数组中，函数调用的形式为

```
fgets(字符数组名,n,文件指针);
```

其中 n 是一个正整数。表示从文件中读出的字符串不超过 n－1 个字符。在读入的最后一个字符后加上串结束标志'\0'。

例如：

```
fgets(str,n,fp);
```

其意义是从 fp 所指的文件中读出 n－1 个字符送入字符数组 str 中。

对 fgets()有两点说明。

① 在读出 n－1 个字符之前，如遇到了换行符或者 EOF，则读出结束。

② fgets()函数也有返回值，其返回值是字符数组的首地址

【例 10-3】 从 c3. txt 文件中读入一个含 10 个字符的字符串。

【问题解析】

以文本只读方式打开文件，由于已经限定了读取的数量，因此可以直接利用 fgets 函数读取文件中的指定数量的字符。

【程序代码】

```
1        #include<stdio.h>
2        #include<conio.h>
3        #include<stdlib.h>
4        int main()
5        {
6            FILE * fp;
7            char str[11];
8            //以只读方式打开文件
9            if((fp=fopen("d:\\example\\c3.txt","rt"))==NULL)
10           {
11               printf("\nCannot open file press any key exit!");
12               getch();
13               exit(1);
14           s}
15           fgets(str,10,fp);  //从文件中读入一个含 10 个字符的字符串放入数组 str
16           printf("%s\n",str);                     //输出数组内容
17           fclose(fp);
18           return 0;
19       }
```

【运行结果】

例 10-3 运行结果如图 10.5 所示。

【程序分析】 在文件 c3. txt 中存放的字符串为"how are you!"，共 12 个有效字符（不算'\0'）。本程序中从文件中读取 10 个字符，读的内容为"how are y"共 9 个字符，加上后面追加的'\0'共 10 个字符。因此，在屏幕上显示此 9 个字符。

2. fputs()写字符串函数

此函数的功能是向指定的文件写入一个字符串，其调用形式为

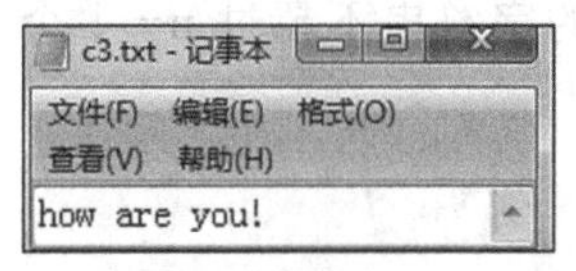

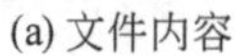

(a) 文件内容

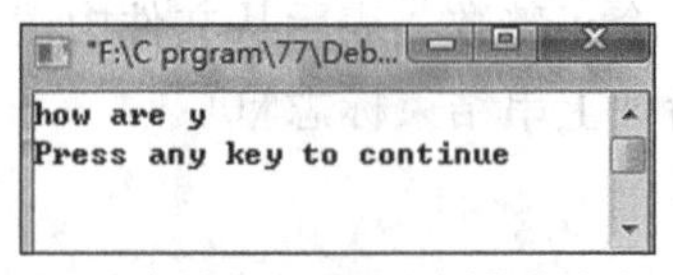

(b) 读文件内容显示在屏幕的内容

图 10.5 例 10-3 运行结果

```
fputs(字符串,文件指针);
```

其中,字符串可以是字符串常量,也可以是字符数组名,或者字符指针变量。

例如:

```
fputs("abcd",fp);
```

其意义是把字符串"abcd"写入 fp 所指的文件之中。

【例 10-4】 在例 10-3 中建立的文件 c3.txt 中追加一个字符串。

【问题解析】

因为要在文件末尾添加字符串,因此只能采用追加方式("at+")打开文件,采用 fputs 函数把接收到的字符串写入到文件末尾。

【程序代码】

```
1    #include <stdio.h>
2    #include <conio.h>
3    #include <stdlib.h>
4    int main()
5    {
6        FILE * fp;
7        char ch,st[20];
8        //以追加的方式打开文件
9        if((fp=fopen("d:\example\c3.txt","at+"))==NULL)
10       {
11           printf("Cannot open file press any key exit!");
12           getch();
13           exit(1);
14       }
15       printf("input a string:\n");
16       scanf("%s",st);                          //输入一字符串
17       gets(st);
18       fputs(st,fp);                            //将字符串写入文件
19       rewind(fp);                              //将文件内部指针移至文件首
20       //以字符形式读取文件并显示
21       while(!feof(fp))
22       {
23           ch=fgetc(fp);
24           putchar(ch);
```

```
25          }
26          printf("\n");
27          fclose(fp);
28          return 0;
29      }
```

【运行结果】

例 10-4 运行结果如图 10.6 所示。

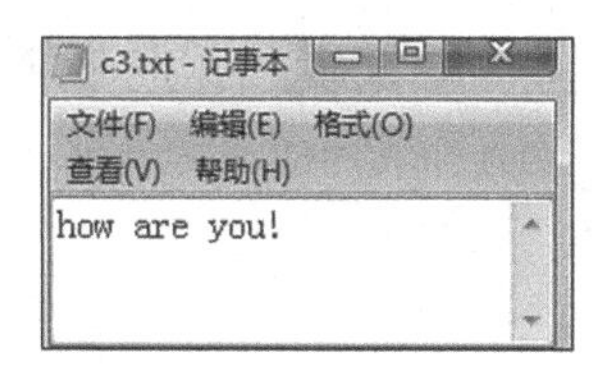

(a) 文件写前内容

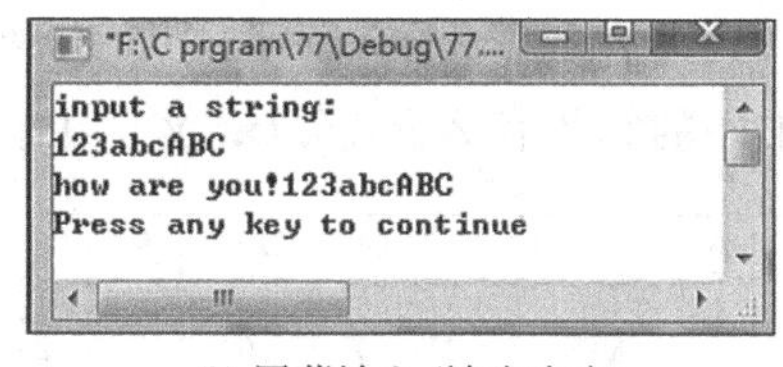

(b) 屏幕输入/输出内容

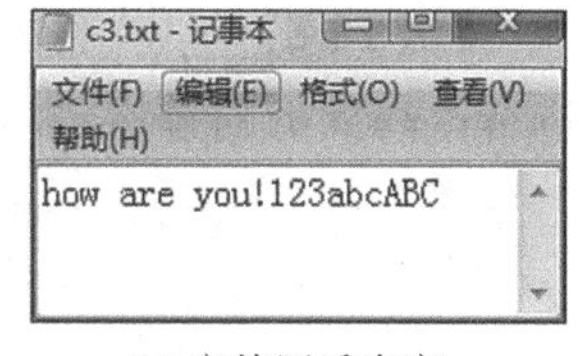

(c) 文件写后内容

图 10.6　例 10-4 运行结果

【程序分析】 在写入文件 c3.txt 之前，文件的内容是"how are you!"，运行程序后，通过键盘追加的内容为"123abcABC"，这样在通过追加方式"at+"打开文件后，把键盘追加的内容放到文件的最后面，这样文件写后的内容为"how are you! 123abcABC"。

10.3.3　格式化读写函数

1. fscanf()格式化读函数

其函数原型为：

```
int fscanf(FILE * fp,const char * format,变量地址列表);
```

第一个参数为文件指针，第二个参数为格式控制参数，参数格式要求与 scanf()函数所使用格式要求一致，第三个参数为变量的地址列表。

如果函数执行成功，则返回正确输入项的个数；若执行失败，则返回 0。

例如：

```
char name[12]="Tom";
int age=20;
…
fscanf(fp,"%s%d",name,&age);
```

上述代码表示将从 fp 指向的文件读取一个字符串和一个整型数据存入数组 name 中和变量 age 中。

2. fprintf()格式化写函数

其函数原型为：

```
int fprintf(FILE * fp,const char * format,输出项列表);
```

第一个参数为文件指针,第二个参数为格式控制参数,使用方法与 printf 函数使用方法一致,第三个参数为输出项列表。

例如:

```
fprintf(fp,"%12s%6d",name age)
```

上述代码表示将字符串 name 和整型变量 age 的值存入到 fp 指向的文件中。

【例 10-5】 从文件 c4.txt(内容如图 10.7 所示)中读取学生基本信息,然后按照总分进行由高到低的排序,并把排序的结果存入到 c5.txt 文件中。

```
110100105  杨婷     130.00  132.00  128.00  256.00
110100104  刘洁     121.00  105.00  130.00  250.00
110100102  李科     108.00  130.00  125.00  241.00
110100101  王晓东   112.00  120.00  121.00  230.00
110100103  赵国庆   99.00   98.00   101.00  200.00
```

图 10.7 学生信息数据文件 c4.tx 内容

【问题解析】

从 c4.txt 文件的内容可以分析出,学号和姓名为字符串形式,成绩为实数型,数据之间以空格进行分割,每个学生的信息占用一行,因此需要定义结构体数组存储每个学生信息,然后计算出每个学生的总分,并按总分进行排序,把结果存入文件 c5.txt 中,同时把结果显示在屏幕上。

【程序代码】

```
1        #include <stdio.h>
2        #define N 10000
3        struct student
4        {
5            char id[10];                    //准考证号
6            char name[9];                   //姓名
7            float score[4];                 //大小为 4 的数组,分别存储 4 门课程分数
8            float total;                    //总分
9        };
10       typedef struct student stuStru;
11       /*     @函数名称: sum 入口参数: stuStru * s ,int n
12              @函数功能: 求学生的高考总分
13        */
14       void sum(stuStru * s,int n)
15       {
16           int j;
17           stuStru * p=s;
18           while (p<s+n)
19           {
20               p->total=0;
21               for (j=0;j<4;j++)
```

```
22                  p->total+=p->score[j];
23          p++;
24          }
25      }
26      /* @函数名称: quickSort 入口参数: stuStru s[] ,int low, int high
27          @函数功能: 采用快速排序法对学生信息按总分由高到低排序
28      */
29      void quickSort(stuStru s[], int low, int high)
30      {
31          int left,right;
32          stuStru t;
33          if (low<high)
34          {
35              left=low;
36              right=high;
37              t=s[left];
38              do
39              {
40                  while (left<right && s[right].total<t.total)
41                      right--;
42                  if (left<right)
43                      s[left++]=s[right];
44                  while (left<right && s[left].total>t.total)
45                      left++;
46                  if (left<right)
47                      s[right--]=s[left];
48              }while (left<right);
49            s[left]=t;
50            quickSort(s,low,left-1);
51            quickSort(s,left+1,high);
52          }
53      }
54      /* @函数名称: print 入口参数: stuStru s[] ,int n
55          @函数功能: 输出学生信息
56      */
57      void print(stuStru *s, int n)
58      {
59          int i,j;
60          if (n>0)
61              {
62                  printf("%-12s%-12s","准考证号","姓名");          //输出表头
63                  printf("%-8s%-8s%-8s%-8s%-8s\n","语文","数学","英语",
                            "综合","总分");
64                  printf("------------------------\n");
```

```
65                  for (i=0;i<n;i++,s++)
66                  {
67                      printf("%-12s",s->id);        //输出准考证号
68                      printf("%-12s",s->name);      //输出姓名
69                      for (j=0;j<4;j++)             //输出成绩
70                          printf("%-8.2f",s->score[j]);
71                      printf("%-8.2f\n",s->total); //输出总分
72                  }
73              }
74          }
75          /*@函数名称: readData 入口参数: stuStru s[] ,char * filename
76          @函数功能: 从文件 filename 读入考生信息存入 s,返回正确读取的考生人数
77          */
78          int readData(stuStru s[], char * filename)
79          {
80              FILE * fp;
81              fp=fopen(filename, "r");
82              if (fp!=NULL)
83              {
84                  int n=0,i;
85                  while (!feof(fp))
86                  {
87                      fscanf(fp,"%s",s[n].id);          //读入准考证号
88                      fscanf(fp,"%s",s[n].name);        //读入姓名
89                      for (i=0;i<4;i++)                 //读入 4 门课程成绩
90                          fscanf(fp,"%f",&s[n].score[i]);
91                      n++;
92                  }
93                  fclose(fp);
94                  return n;                             //返回有效学生人数
95              }
96              else return 0;
97      }
98      /* @函数名称: saveData 入口参数: stuStru s[] char * filename, int n
99      @函数功能: 考生信息存盘函数
100     */
101     void saveData(stuStru * s, char * filename, int n)
102     {
103         FILE * fp;
104         int i,j;
105         fp=fopen(filename, "w");
106         if (fp!=NULL)
107         {
108             for (i=0;i<n;i++,s++)
```

```
109            {
110                fprintf(fp,"%-12s",s->id);           //输出准考证号
111                fprintf(fp,"%-12s",s->name);         //输出姓名
112                for (j=0;j<4;j++)                    //输出成绩
113                fprintf(fp,"%-8.2f",s->score[j]);
114                fprintf(fp,"%-8.2f\n",s->total);     //输出总分
115            }
116            fclose(fp);                              //关闭文件
117            }
118        else
119          printf("文件保存失败!\n");
120        }
121        int main()
122        {
123            stuStru s[N];
124            int n;
125            n=readData(s,"d:\\example\\c4.txt");     //从文件读数据
126            sum(s,n);                                //求和
127            quickSort(s,0,n-1);                      //按总分由高到低排序
128            print(s,n);                              //输出
129            saveData(s,"d:\\example\\c5.txt",n);
130            return 0;
131        }
```

【运行结果】

例 10-5 运行结果如图 10.8 所示。

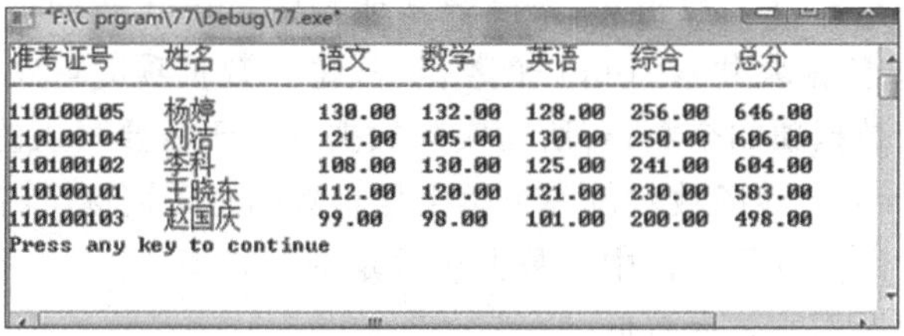

```
"F:\C prgram\77\Debug\77.exe"
准考证号    姓名        语文    数学    英语    综合    总分
-----------------------------------------------------------------
110100105   杨婷        130.00  132.00  128.00  256.00  646.00
110100104   刘洁        121.00  105.00  130.00  250.00  606.00
110100102   李科        108.00  130.00  125.00  241.00  604.00
110100101   王晓东      112.00  120.00  121.00  230.00  583.00
110100103   赵国庆      99.00   98.00   101.00  200.00  498.00
Press any key to continue
```

(a) 例10-5 屏幕输出内容

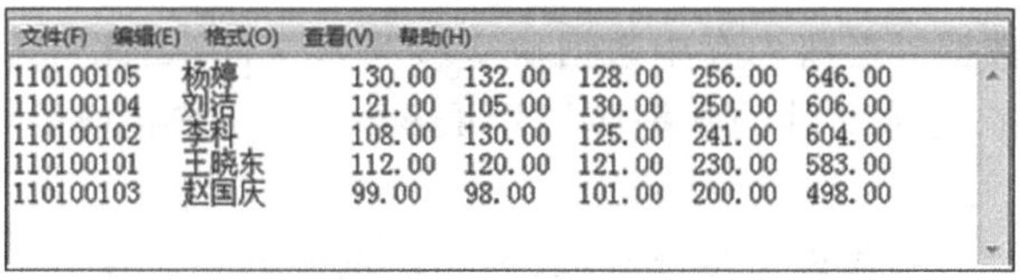

```
文件(F)  编辑(E)  格式(O)  查看(V)  帮助(H)
110100105   杨婷        130.00  132.00  128.00  256.00  646.00
110100104   刘洁        121.00  105.00  130.00  250.00  606.00
110100102   李科        108.00  130.00  125.00  241.00  604.00
110100101   王晓东      112.00  120.00  121.00  230.00  583.00
110100103   赵国庆      99.00   98.00   101.00  200.00  498.00
```

(b) 例10-5 文件 c5.txt 文件内容

图 10.8 例 10-5 运行结果

【程序分析】 本程序较复杂,但采用函数进行问题分解,每个函数完成一个特定功能。其中,readData 函数完成文件的读取功能,saveData 完成数据文件输出功能。在格

式化读写函数中格式控制参数采用%s读取学号和姓名，利用%f读取成绩，用法与普通的格式控制参数一致。通过使用文件进行数据输入和输出，实现了程序与数据分离，数据的复用与共享。

10.3.4 数据块读写函数

利用fread和fwrite函数可以对文件进行数据块的读写操作，一次可以读写一组数据。

1. fread()数据库读函数

此函数用于从文件中读出一个数据块，其函数原型为：

```
unsigned fread(void * buffer, unsigned size, unsigned count, FILE * fp);
```

该函数从fp所指的文件中读取数据块并存储到buffer指向的内存中，buffer是待读入数据块存放的起始地址，size是每个数据块的大小，即待读入的每个数据块的字节数，count是最多允许读取的数据块个数，函数返回实际读到的数据块个数。

出错或读到文件末尾的情况必须用检测函数ferror和feof来判断。

2. fwrite()数据块写函数

此函数用于向文件写入一个数据块，其函数原型为：

```
unsigned fwrite(const void * buffer, unsigned size, unsigned count,
        FILE * fp);
```

各函数的含义与fread函数相同，该函数功能是将buffer指向的内存中的数据块写入fp所指的文件，该数据块共有count个数据项，每个数据项有size字节。如果执行成功，返回实际写入的数据项的个数；若所写实际数据项少于需要写入的数据项，则出错。

在例10-5中，saveData函数对每一个学生信息数据是采用逐个将数据项输出到文件中的方式，这种方式的优点是文件中的数据按固定的格式呈现，便于用户用文本浏览器软件进行直接浏览，但操作的效率较低。

采用fwrite()函数一次性将学生结构体数据的n个元素写入文件具有较高的存取效率。但该函数写入数据时是将内存中数据块直接写入文件，因此宜采用二进制文件。同时应注意，用fwrite()写入文件的数据应该用fread()函数按相应的格式进行读取，才能正确还原数据。

【例10-6】 从键盘输入两个学生数据，利用数据块读写方式，写入一个文件中，再读出这两个学生的数据显示在屏幕上。

【问题解析】

对于采用数据块的方式操作的文件，最适合的方式是采用二进制文件进行数据的存储，由于要对文件进行读写操作，因此采用二进制读写方式("wb+")打开文件，然后利用同一个结构体类型完成对文件的写操作和读操作，从而保证每次写入和读取的数据库空间大小相同,数据能够利用结构体获取。

【程序代码】

```
1        #include<stdio.h>
2        struct student
3        {
4            char name[10];            //姓名
5            int num;                  //学号
6            int age;                  //年龄
7            float score;              //成绩
8        }stu1[2],stu2[2],*p,*q;
9        int main()
10       {
11           FILE *fp;
12           char ch;
13           int i;
14           p=stu1;
15           q=stu2;
16           //以读写方式打开文件
17           if((fp=fopen("d:\\example\\stu_list.txt","wb+"))==NULL)
18           {
19               printf("Cannot open file strike a1ny key exit!");
20               getch();
21               exit(1);
22               }
23           printf("input data\n");
24           for(i=0;i<2;i++,p++)  //输入指针变量 p 所指向的结构体数据
25           scanf("%s%d%d%f",p->name,&p->num,&p->age,&p->score);
26           p=stu1;                   //指针 p 重新指向结构体 stu1 首地址
27                                     //将 p 所指向数据写入指针 fp 所指向的文件
28           fwrite(p,sizeof(struct student),2,fp);
29           rewind(fp);               //将文件内部指针移至文件首
30           fread(q,sizeof(struct student),2,fp);
                                       //读取文件内容存放至结构体数组
31           printf("\n\nname\tnumber     age     score\n");
32           for(i=0;i<2;i++,q++)  //输出结构体数组信息
33           printf("%s\t%5d%7d%.1f\n",q->name,q->num,q->age,q->score);
34           fclose(fp);
35           return 0;
36       }
```

【运行结果】

例 10-6 运行结果如图 10.9 所示。

【例 10-7】 把例 10-5 修改为数据块读写模式,分别设计两个 writeToFile 函数和 readFromFile 函数。

(1) writeToFile 函数,采用 fwrite 函数保存学生信息数据至文件。

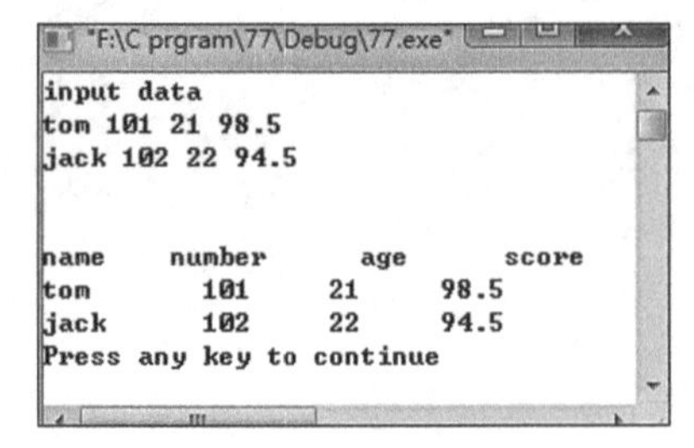

(a) 键盘输入内容在屏幕的显示

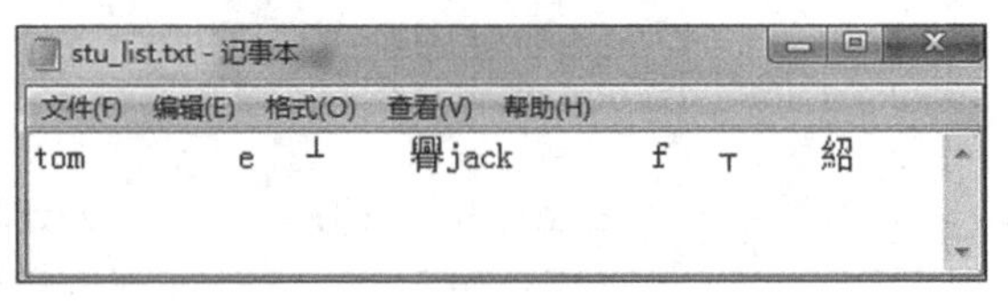

(b) 二进制文件在记事本软件中显示的乱码

图 10.9 例 10-6 的运行结果

(2) readFromFile 函数,采用 fread 函数从文件读入学生信息数据至某学生结构体数组,并将结果显示到屏幕上。

【问题解析】

采用数据块操作文件相对采用字符和格式化操作文件要复杂一些,因此采用模块化编程方式能够有效地分解程序难度,更有利于程序的理解和调试,提高程序的通用性。

【程序代码】

```
1     void writeToFile(stuStru s[], char * filename, int n)
2     {
3         FILE * fp;
4         fp=fopen(filename, "wb");              //打开文件
5         if (fp!=NULL)
6         {
7             fwrite(s,sizeof(stuStru), n, fp);   //写文件
8             fclose(fp);
9         }
10        else
11        printf("文件保存失败!\n");
12    }
13    int readFromFile(stuStru s[], char * filename)
14    {
15        FILE * fp;
16        int n=0,k;
17        fp=fopen(filename, "rb");              //打开文件
18        if (fp!=NULL)
19        {
20            while ( 1 )
21            {
22                k=fread(s+n,sizeof(stuStru), 1, fp);    //读取一条记录
23                if (k!=1) break;                //未读取成功表明文件已结束
24                n++;
25            }
26        return n;                               //返回成功读取的记录总数
```

```
27              fclose(fp);
28              }
29          else
30          {
31              printf("读取数据失败!\n");
32              return 0;
33          }
34      }
35      int main()
36      {
37          stuStru s[N],t[N];
38          int n;
39          n=readData(s,"d:\\example\\c4.txt");     //从文件读数据,采用例 10-5 函数
40          sum(s,n);                                //求和,采用例 10-5 函数
41          quickSort(s,0,n-1);                 //按总分由高到低排序,采用例 10-5 函数
42          writeToFile(s,"d:\\example\\c5.dat",n); //存盘
43          n=readFromFile(t,"d:\\example\\c5.dat"); //读取数据存入数组 t
44          print(t,n);                              //输出学生数据,采用例 10-5 函数
45          return 0;
46      }
```

【运行结果】

例 10-7 运行结果如图 10.10 所示。

```
"F:\C prgram\77\Debug\77.exe"
准考证号    姓名        语文     数学     英语     综合     总分
-------------------------------------------------------------------
110100105   杨婷        130.00   132.00   128.00   256.00   646.00
110100104   刘洁        121.00   105.00   130.00   250.00   606.00
110100102   李科        108.00   130.00   125.00   241.00   604.00
110100101   王晓东      112.00   120.00   121.00   230.00   583.00
110100103   赵国庆      99.00    98.00    101.00   200.00   498.00
Press any key to continue
```

(a) 屏幕输出结果

```
00000000  31 31 30 31 30 30 31 30  35 00 D1 EE E6 C3 00 CC  110100105.......
00000010  CC CC CC CC 00 00 02 43  00 00 04 43 00 00 00 43  .......C...C...C
00000020  00 00 80 43 00 80 21 44  31 31 30 31 30 30 31 30  ...C..!D11010010
00000030  34 00 C1 F5 BD E0 00 CC  CC CC CC CC 00 00 F2 42  4..............B
00000040  00 00 D2 42 00 00 02 43  00 00 7A 43 00 80 17 44  ...B...C..zC...D
00000050  31 31 30 31 30 30 31 30  32 00 C0 EE BF C6 00 CC  110100102.......
00000060  CC CC CC CC 00 00 D8 42  00 00 02 43 00 00 FA 42  .......B...C...B
00000070  00 00 71 43 00 00 17 44  31 31 30 31 30 30 31 30  ..qC...D11010010
00000080  31 00 CD F5 CF FE B6 AB  00 CC CC CC 00 00 E0 42  1..............B
00000090  00 00 F0 42 00 00 F2 42  00 00 66 43 00 C0 11 44  ...B...B..fC...D
000000a0  31 31 30 31 30 30 31 30  33 00 D5 D4 B9 FA C7 EC  110100103.......
000000b0  00 CC CC CC 00 00 C6 42  00 00 C4 42 00 00 CA 42  .......B...B...B
000000c0  00 00 48 43 00 00 F9 43                           ..HC...C
```

(b) 二进制文件 c5.dat 中数据的存储内容

图 10.10　例 10-7 的运行结果

【程序分析】 main()函数先利用格式化读取模式,从文件 c4. txt 中把文本文件数据读取进行缓存,然后利用 writeToFile 函数,把缓存数据用数据块模式写入到文件 c5. dat 中,最后利用 readFromFile 函数从文件中用数据块读入缓存中并显示到屏幕上。对

readFromFile 函数而言，由于其不知道文件中学生数据实际个数，因此采用了逐个记录读取的方式，fread()函数的返回值表示正确读取的数据块个数，若其值不为 1，则表示文件中的记录已全部读取完毕。

作为改进，读者可以在设计 writeToFile 函数时先将学生记录的总数 n 用格式输出语句存入文件第 1 行，再将所有学生的信息从第 2 行开始存入。相应地，读取时就可以用格式输入语句先从文件的第 1 行读取学生总数 n，接下来只需要通过 fread(s, sizeof(stuStu), n, fp)语句就可以将全部学生记录一次性读入。

注意： 学生结构定义和其他函数与例 10-5 一致，此处省略。

10.4 文件的随机读写

计算机中的文件按读写方式可分为顺序文件和随机文件。顺序文件是指只能按照顺序读写的文件，而随机文件是指可以随机读写文件任意位置内容的文件。本章前面所有对文件的读写都是从文件的开头数据逐个进行的，这种方式称为顺序访问。程序根据文件中的"读写位置指针"来读取指定位置的数据。在顺序读写时，每读或写完一个数据后，该位置指针就自动移动到它后面的位置。如果读写的数据项包含多字节，则对数据项读写完毕后读写位置指针移动到下一个数据项的起始地址。

有时读者仅需要文件中的部分数据，这时希望能够直接定位到数据存储位置进行读写，而不是从文件起始位置逐一读取文件内容。把这种方式称为文件的随机访问。

文件的属性决定了对文件可进行的访问方式，正如数组和链表一样，数组可以随机访问，而链表只能顺序访问。C 语言提供了相关函数来指定读写位置指针的值，因此可以实现对随机文件的随机访问。

1. fseek()函数

此函数的作用是使文件读写位置指针移动到所需的位置，它的调用方式为：

```
fseek(文件指针,位移量,起始点);
```

其中，起始点是指以什么地方为基准进行移动，其值有 3 种，分别用 3 个符号常量来表示，如表 10.2 所示。

表 10.2　起始点的取值

符号名	值	含　义
SEEK_SET	0	文件开头
SEEK_CUR	1	文件当前位置
SEEK_END	2	文件末尾

位移量是指以起始点为基点移动的字节数，如果其值为正数，表示由文件头向文件末

尾方向移动(简称为前移),反之则表示由文件末尾向文件头方向移动(简称为后移)。位移量为 long int 型数据。如果 fseek()函数执行成功,函数返回值为 0,否则返回一个非 0 值。

例如,如 fp 为指向例 10-7 的学生排序结果文件的指针,则:

```
fseek(fp,sizeof(stuStru) * 2,SEEK_SET);
```

表示将文件读写位置指针从文件开头向前移动 2 个记录的位置,即定位在第 3 个学生记录的起始位置。

```
fseek(fp,-sizeof(stuStru) * 2,SEEK_END);
```

则表示将文件读写位置从文件末尾向后移动 2 个记录的位置,即定位到倒数第 2 个学生记录的起始位置。

注意:fseek 函数一般主要用于二进制文件随机读写。

2. ftell()函数

此函数用于返回文件读写位置指针相对于文件头的字节数,其值为 long int 类型,出错时返回－1。其调用格式为:

```
ftell(fp);
```

例如:

```
long position;
if((position=ftell(fp))==-1L)
    printf("A file error has occurred as %ld \n",position);
```

用于通知用户文件出错的位置。

3. rewind()函数

使用此函数可使文件读写位置指针重新返回文件的开头处。调用格式为:

```
rewind(fp);
```

例如,如需在某文件中追加记录,然后将文件内容输出,可以在文件末尾追加记录后,调用 rewind()函数让文件读写位置指针重新回到文件的开头处,再将文件内容依次读出并输出。

函数调用成功则函数的返回值为 0,否则,返回非 0 值。

【例 10-8】 对例 10-7 程序中将学生排序的信息数据存入二进制文件 c5. dat,编写程序从文件中由后向前读取学生数据输出到屏幕上,并将其结果保存到二进制文件 c6. dat。

【问题解析】

可以采用 fseek()函数从文件末尾向文件头方向依次读取数据存入内存结构体数组中,之后调用 printf()函数输出。

【程序代码】

```
1        int readFromFile(stuStru s[], char * filename)
2        {
3            FILE * fp;
4            int n=0,k;
5            fp=fopen(filename, "rb");                //打开文件
6            if (fp!=NULL)
7            {
8                fseek(fp,-sizeof(stuStru),SEEK_END);
9                while ( 1 )
10               {
11                   k=fread(s+n,sizeof(stuStru), 1, fp);     //读取一条记录
12                   if (k!=1) break;                 //未读取成功表明文件已结束
13                   n++;
14                   fseek(fp,-2 * sizeof(stuStru),SEEK_CUR);
15               }
16           fclose(fp);
17           return n;                                //返回成功读取的记录总数;
18           }
19           else
20           {
21               printf("读取数据失败!\n");
22               return 0;
23           }
24       }
25       int main()
26       {
27           stuStru s[N];
28           int n;
29           n=readFromFile(s,"d:\\example\\c5.dat");      //读取数据存入数组 s
30           print(s,n);                              //输出学生数据
31           writeToFile(s,"d:\\example\\c6.dat",n);//将结果保存到 c6.dat
32           return 0;
33       }
```

【运行结果】

例 10-8 运行结果如图 10.11 所示。

【例 10-9】 例 10-8 程序已将按总递增的学生数据存入二进制文件 c6.dat 中,编写一个程序,将一条新学生记录{"110100106","大雄",121,130,99,215,565}的学生数据追加到文件末尾,并重新读取学生信息后输出到屏幕上。

【问题解析】

因为要追加记录到文件中,且对该文件写完后需要读取数据,因此打开模式应该为 ab+。添加记录后使用 rewind()函数将文件读写指针重新定位到文件头。

```
"F:\C prgram\77\Debug\77.exe"
准考证号    姓名        语文    数学    英语    综合    总分
----------------------------------------------------------
110100103   赵国庆      99.00   98.00   101.00  200.00  498.00
110100101   王晓东      112.00  120.00  121.00  230.00  583.00
110100102   李科        108.00  130.00  125.00  241.00  604.00
110100104   刘洁        121.00  105.00  130.00  250.00  606.00
110100105   杨婷        130.00  132.00  128.00  256.00  646.00
Press any key to continue
```

(a) 屏幕输出结果

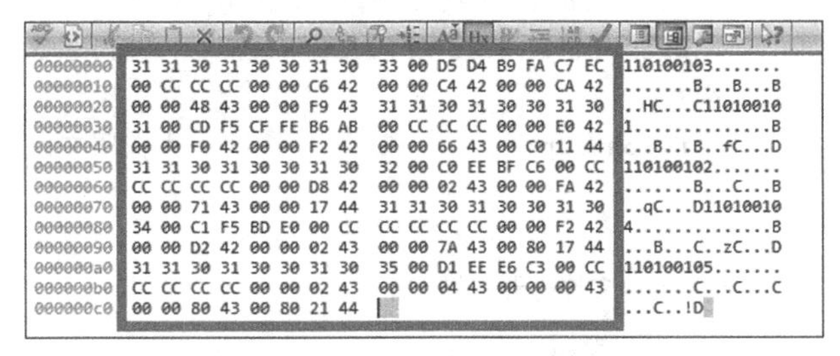

(b) 二进制文件 c6.dat 中数据的存储内容

图 10.11 例 10-8 的运行结果

【程序代码】

```
1        #include <stdio.h>
2        #define N 10000
3        struct student
4        {
5            char id[10];                          //准考证号
6            char name[9];                         //姓名
7            float score[4];               //大小为 4 的数组,分别存储 4 门课程分数
8            float total;                          //总分
9        };
10       typedef struct student stuStru;
11       int main()
12       {
13           stuStru s={"110100106","大雄",121,130,99,215,565};
14           stuStru t;
15           FILE * fp;
16           int k,j;
17           fp=fopen("d:\\example\\c6.dat","ab+");
18           if (fp!=NULL)
19           {
20               fwrite(&s,sizeof(s),1,fp);         //将学生 s 写入文件
21               rewind(fp);                         //重新回到文件头部
22               printf("%-12s%-12s","准考证号","姓名");     //输出表头
23               printf("%-8s%-8s%-8s%-8s%-8s\n","语文","数学","英语",
                        "综合","总分");
24               printf("----------------------------------\n");
```

```
25              while(1)
26              {
27                  k=fread(&t, sizeof(t), 1, fp); //读取一条记录
28                  if (k!=1) break;               //未读取成功表明文件已结束
29                  printf("%-12s",t.id);          //输出准考证号
30                  printf("%-12s",t.name);        //输出姓名
31                  for (j=0;j<4;j++)              //输出成绩
32                      printf("%-8.2f",t.score[j]);
33                  printf("%-8.2f\n",t.total);    //输出总分
34                  }
35                  fclose(fp);                    //关闭文件
36              }
37          else
38              printf("文件打开失败!");
39                return 0;
40      }
```

【运行结果】

例 10-9 运行结果如图 10.12 所示。

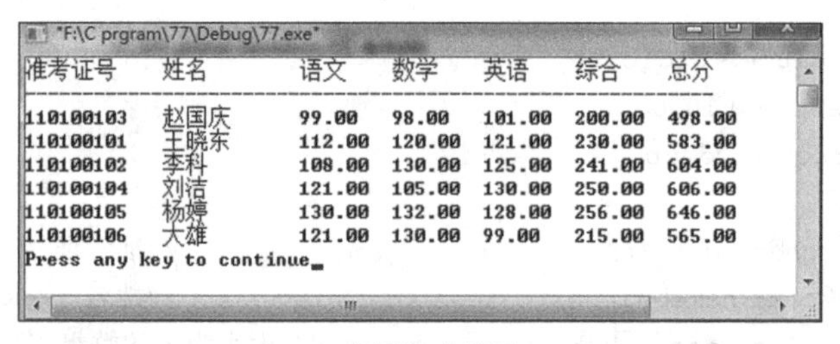

(a) 屏幕输出结果

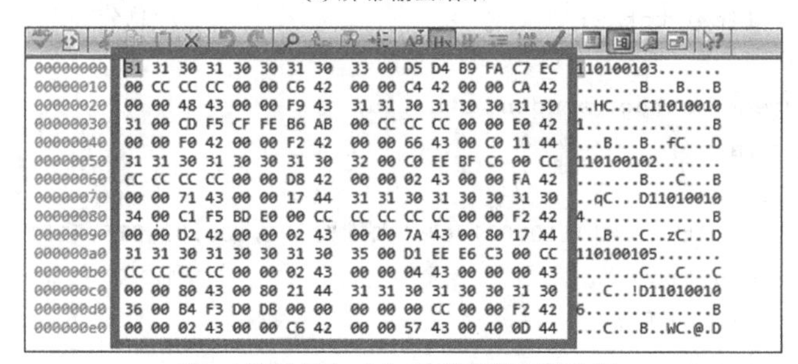

(b) 二进制文件 c6.dat 中数据的存储内容

图 10.12　例 10-9 的运行结果

【程序分析】 从程序的运行结果可以看到,新添加的大雄的信息成功添加到 c6.dat 文件的末尾,同时能够从文件头重新读取文件内容,并正确输出到屏幕上。

习　题

一、选择题

1. 以下叙述中错误的是(　　)。

   A. C 语言中对二进制文件的访问速度比文本文件快

   B. C 语言中,随机文件以二进制代码形式存储数据

   C. 语句"FILE　fp;"定义了一个名为 fp 的文件指针

   D. C 语言中的文本文件以 ASCII 码形式存储数据

2. 下列关于 C 语言数据文件的叙述中正确的是(　　)。

   A. 文件由 ASCII 码字符序列组成,C 语言只能读写文本文件

   B. 文件由二进制数据序列组成,C 语言只能读写二进制文件

   C. 文件由记录序列组成,可按数据的存放形式分为二进制文件和文本文件

   D. 文件由数据流形式组成,可按数据的存放形式分为二进制文件和文本文件

3. 以下叙述中不正确的是(　　)。

   A. C 语言中的文本文件以 ASCII 码形式存储数据

   B. C 语言中对二进制文件的访问速度比文本文件快

   C. C 语言中,随机读写方式不适用于文本文件

   D. C 语言中,顺序读写方式不适用于二进制文件

4. 以下程序企图把从终端输入的字符输出到名为 abc.txt 的文件中,直到从终端读入字符#号时结束输入和输出操作,但程序有错。

```
#include?<stdio.h>
main()
{
    FILE * fout; char ch;
    fout=fopen('abc.txt','w');
    ch=fgetc(stdin);
    while(ch!='#')
    {
        fputc(ch,fout);
        ch=fgetc(stdin);
    }
    fclose(fout);
}
```

出错的原因是(　　)。

A. 函数 fopen 调用形式错误　　B. 输入文件没有关闭

C. 函数 fgetc 调用形式错误　　D. 文件指针 stdin 没有定义

5. 以下叙述中错误的是(　　)。

A. 二进制文件打开后可以先读文件的末尾,而顺序文件不可以

B. 在程序结束时,应当用 fclose 函数关闭已打开的文件

C. 利用 fread 函数从二进制文件中读数据时,可以用数组名给数组中所有元素读入数据

D. 不可以用 FILE 定义指向二进制文件的文件指针

6. 若要打开 A 盘上 user 子目录下名为 abc.txt 的文本文件进行读、写操作,下面符合此要求的函数调用是(　　)。

A. fopen("A:\user\abc.txt","r")　　B. fopen("A:\\user\\abc.txt","r+")

C. fopen("A:\user\abc.txt","rb")　　D. fopen("A:\\user\\abc.txt","w")

7. 在 C 程序中,可把整型数以二进制形式存放到文件中的函数是(　　)。

A. fprintf 函数　　B. fread 函数　　C. fwrite 函数　　D. fputc 函数

8. 标准函数 fgets(s, n, f) 的功能是(　　)。

A. 从文件 f 中读取长度为 n 的字符串存入指针 s 所指的内存

B. 从文件 f 中读取长度不超过 n－1 的字符串存入指针 s 所指的内存

C. 从文件 f 中读取 n 个字符串存入指针 s 所指的内存

D. 从文件 f 中读取长度为 n－1 的字符串存入指针 s 所指的内存

9. 有以下程序:

```
#include  <stdio.h>
main()
{
    FILE * fp;
    int i, k, n;
    fp=fopen("data.dat", "w+");
    for(i=1; i<6; i++)
    {
        fprintf(fp,"%d ",i);
        if(i%3==0) fprintf(fp,"\n");
    }
    rewind(fp);
    fscanf(fp, "%d%d", &k, &n);
    printf("%d %d\n", k, n);
    fclose(fp);
}
```

程序运行后的输出结果是(　　)。

A. 0　0　　B. 123　45　　C. 1　4　　D. 1　2

10. 有以下程序:

```
#include  "stdio.h"
```

```
void WriteStr(char  * fn,char  * str)
{
    FILE  * fp;
    fp=fopen(fn,"W");
    fputs(str,fp);
    fclose(fp);
}
main()
{
    WriteStr("t1.dat","start");
    WriteStr("t1.dat","end");
}
```

程序运行后,文件 t1. dat 中的内容是(　　)。

A. start　　B. end　　C. startend　　D. ndrt

二、填空题

1. 已有文本文件 test. txt,其中的内容为“Hello, everyone!”。以下程序中,文件 test. txt 已正确为“读”而打开,由文件指针 fr 指向该文件,则程序的输出结果是________ 。

```
#include <stdio.h>
main()
{
    FILE * fr; char str[40];
    …
    fgets(str,5,fr);
    printf("%s\n",str);
    fclose(fr);
}
```

2. 若 fp 已正确定义为一个文件指针,d1. dat 为二进制文件,请填空,以便为“读”而打开此文件:

```
fp=fopen(________________);
```

3. 以下程序用来统计文件中字符个数。请填空。

```
#include "stdio.h"
main()
{
    FILE * fp;
    long num=0L;
    if((fp=fopen("fname.dat","r"))==NULL)
    {
```

```
        printf("Open error\n");
        exit(0);
    }
    while( ________________ )
    {
        fgetc(fp);
        num++;
    }
    printf("num=%ld\n",num-1);
    fclose(fp);
}
```

4. 下面程序把从终端读入的10个整数以二进制方式写到一个名为bi.dat的新文件中，请填空。

```
#include<stdio,h>
FILE * fp;
main()
{
    int i,j;
    if((fp=fopen( ________________ , "wb"))==NULL) exit(0);
    for(i=0; i<10; i++)
    {
        scanf("%d",&j);
        fwrite(&j,sizeof(int),1, ________ );
    }
    fclose(fp);
}
```

5. 以下程序的功能是：从键盘上输入一个字符串，把该字符串中的小写字母转换为大写字母，输出到文件test.txt中，然后从该文件读出字符串并显示出来。请填空。

```
#include
main()
{
    FILE    * fp;
    char    str[100];
    int   i=0;
    if((fp=fopen("text.txt",____________ ))==NULL)
    {
        printf("can't open this file.\n");exit(0);}
    printf("input astring:\n");   gest(str);
    while (str[i])
    {
```

```
        if(str[i]>='a'&&str[i]<='z')
            str[i]=____________ ;
        fputc(str[i],fp);
        i++;
    }
    fclose(fp);
    fp=fopen("test.txt", ____________);
    fgets(str,100,fp);
    printf("%s\n",str);
    fclose(fp);
}
```

附录 A　C 语言中的关键字

由 ANSI 标准定义的 C 语言关键字共 32 个：

auto	break	case	char	const	continue	double	default
do	enum	else	extern	float	for	goto	int
if	long	return	register	signed	static	struct	switch
short	sizeof	typedef	union	unsigned	void	volatile	while

根据关键字的作用，可以将关键字分为数据类型关键字和流程控制关键字两大类。

1. 数据类型关键字

(1) 基本数据类型(5 个)：

- void：声明函数无返回值或无参数，声明无类型指针，显式丢弃运算结果。
- char：字符型类型数据，属于整型数据的一种。
- int：整型数据，通常为编译器指定的机器字长。
- float：单精度实数型数据，属于实数数据的一种。
- double：双精度实数型数据，属于实数数据的一种。

(2) 类型修饰关键字(4 个)：

- short：修饰 int，短整型数据，可省略被修饰的 int。
- long：修饰 int，长整型数据，可省略被修饰的 int。
- signed：修饰整型数据，有符号数据类型。
- unsigned：修饰整型数据，无符号数据类型。

(3) 复杂类型关键字(5 个)：

- struct：结构体声明。
- union：共用体声明。
- enum：枚举声明。
- typedef：声明类型别名。
- sizeof：得到特定类型或特定类型变量的大小。

(4) 存储级别关键字(6 个)：

- auto：指定为自动变量，由编译器自动分配及释放。通常在栈上分配。
- static：指定为静态变量，分配在静态变量区，修饰函数时，指定函数作用域为文件内部。
- register：指定为寄存器变量，建议编译器将变量存储到寄存器中使用，也可以修饰函数形参，建议编译器通过寄存器而不是堆栈传递参数。
- extern：指定对应变量为外部变量，即在另外的目标文件中定义，可以认为是约定由另外文件声明的全局变量。
- const：与 volatile 合称“cv 特性”，指定变量不可被当前线程/进程改变(但有可能被系统或其他线程/进程改变)。

- volatile：与 const 合称“cv 特性”，指定变量的值有可能会被系统或其他进程/线程改变，强制编译器每次从内存中取得该变量的值。

2. 流程控制关键字

(1) 跳转结构(4 个)：

- return：用在函数体中，返回特定值(或者是 void 值，即不返回值)。
- continue：结束当前循环，开始下一轮循环。
- break：跳出当前循环或 switch 结构。
- goto：无条件跳转语句。

(2) 分支结构(5 个)：

- if：条件语句。
- else：条件语句否定分支(与 if 连用)。
- switch：开关语句(多重分支语句)。
- case：开关语句中的分支标记。
- default：开关语句中的“其他”分支，可选。

(3) 循环结构(3 个)：

- for：for 循环结构，"for(1;2;3)4;"的执行顺序为"1→2→4→3→2…"循环，其中 2 为循环条件。
- do：do 循环结构，"do 1 while(2);"的执行顺序是"1→2→1…"循环，2 为循环条件。
- while：while 循环结构，"while(1) 2;"的执行顺序是"1→2→1…"循环，1 为循环条件。

以上循环语句，当循环条件表达式为真则继续循环，为假则跳出循环。

附录B　C运算符的优先级与结合性

优先级	运算符	含　义	运算类型	结合性
1	( ) [ ] -> .	圆括号 下标运算符 指向结构体成员运算符 结构体成员运算符	单目	自左向右
2	! ~ ++　-- (类型关键字) + - * & sizeof	逻辑非运算符 按位取反运算符 自增、自减运算符 强制类型转换 正、负号运算符 指针运算符 地址运算符 长度运算符	单目	自右向左
3	*　/　%	乘、除、求余运算符	双目	自左向右
4	+　-	加、减运算符	双目	自左向右
5	<< >>	左移运算符 右移运算符	双目	自左向右
6	<　<=　>　>=	小于、小于或等于、大于、大于或等于	双目	自左向右
7	==　!=	等于、不等于	双目	自左向右
8	&	按位与运算符	双目	自左向右
9	^	按位异或运算符	双目	自左向右
10	|	按位或运算符	双目	自左向右
11	&&	逻辑与运算符	双目	自左向右
12	||	逻辑或运算符	双目	自左向右
13	?　:	条件运算符	三目	自右向左
14	=　+=　-=　*= /=　%= <<=　>>= &=　^=　|=	赋值运算符	双目	自右向左
15	,	逗号运算符		自左向右

说明：

(1) 同一优先级的运算符，运算次序由结合方向决定。例如，-(负号)和++为同一级别运算符，结合方向为自右向左，因此-i++相当于-(i++)，先运行括号内容，在运行负号运算符。

(2) 不同的运算符要求有不同的运算对象个数(单目/双目/三目)。

附录 C 常用字符与 ASCII 值对照表

ASCII 值	控制字符	ASCII 值	字 符	ASCII 值	字 符	ASCII 值	字 符
0	NUT	32	(space)	64	@	96	、
1	SOH	33	!	65	A	97	a
2	STX	34	"	66	B	98	b
3	ETX	35	#	67	C	99	c
4	EOT	36	$	68	D	100	d
5	ENQ	37	%	69	E	101	e
6	ACK	38	&	70	F	102	f
7	BEL	39	'	71	G	103	g
8	BS	40	(	72	H	104	h
9	HT	41	)	73	I	105	i
10	LF	42	*	74	J	106	j
11	VT	43	+	75	K	107	k
12	FF	44	,	76	L	108	l
13	CR	45	—	77	M	109	m
14	SO	46	.	78	N	110	n
15	SI	47	/	79	O	111	o
16	DLE	48	0	80	P	112	p
17	DC1	49	1	81	Q	113	q
18	DC2	50	2	82	R	114	r
19	DC3	51	3	83	S	115	s
20	DC4	52	4	84	T	116	t
21	NAK	53	5	85	U	117	u
22	SYN	54	6	86	V	118	v
23	TB	55	7	87	W	119	w
24	CAN	56	8	88	X	120	x
25	EM	57	9	89	Y	121	y
26	SUB	58	:	90	Z	122	z
27	ESC	59	;	91	[	123	{
28	FS	60	<	92	/	124	|
29	GS	61	=	93	]	125	}
30	RS	62	>	94	^	126	~
31	US	63	?	95	—	127	DEL

说明：

(1) 0～32 及 127(共 34 个)是控制字符或通信专用字符(其余为可显示字符)，如控制符 LF(换行)、CR(回车)、FF(换页)、DEL(删除)、BS(退格)、BEL(振铃)等；通信专用字符 SOH(文头)、EOT(文尾)、ACK(确认)等；ASCII 值 8、9、10 和 13 分别转换为退格、制表、换行和回车字符。它们并没有特定的图形显示，但会依不同的应用程序，而对文本显示有不同的影响。

(2) 33～126(共 94 个)是字符，其中 48～57 为 0～9 的 10 个阿拉伯数字。

(3) 65～90 为 26 个大写英文字母，97～122 为 26 个小写英文字母，其余为一些标点符号、运算符号等。

附录D　常用的ANSI C标准库函数

库函数并不是C语言的一部分，它是由编译系统根据一般用户的需要编制并提供给用户使用的一组程序。每一种C编译系统都提供了一批库函数，不同的编译系统所提供的库函数的数目和函数名以及函数功能是不完全相同的。ANSI C标准提出了一批建议提供的标准库函数。它包括了目前多数C编译系统所提供的库函数，但也有一些是某些C编译系统未曾实现的。考虑到通用性，本附录列出ANSI C建议的常用库函数。限于篇幅，本附录不能全部介绍，只从教学需要的角度列出最基本的函数。读者在编写C程序时可根据需要，查阅有关系统的函数使用手册。

1. 数学函数(#include <math.h>或#include "math.h")

函数名	函数原型	功能	返回值
acos	double acos(double x);	计算 arccos x 的值，其中-1<=x<=1	计算结果
asin	double asin(double x);	计算 arcsin x 的值，其中-1<=x<=1	计算结果
atan	double atan(double x);	计算 arctan x 的值	计算结果
atan2	double atan2(double x, double y);	计算 arctan x/y 的值	计算结果
cos	double cos(double x);	计算 cos x 的值，其中 x 的单位为弧度	计算结果
cosh	double cosh(double x);	计算 x 的双曲余弦 cosh x 的值	计算结果
exp	double exp(double x);	求 e^x 的值	计算结果
fabs	double fabs(double x);	求实型 x 的绝对值	计算结果
floor	double floor(double x);	求出不大于 x 的最大整数	该整数的双精度实数
fmod	double fmod(double x, double y);	求整除 x/y 的余数，%只适用于整型数据	返回余数的双精度实数
frexp	double frexp(double val, int *eptr);	把双精度数 val 分解成数字部分(尾数)和以2为底的指数，即 $val=x*2^n$，n 存放在 eptr 指向的变量中	数字部分 x 0.5<=x<1
log	double log(double x);	求 lnx 的值	计算结果
log10	double log10(double x);	求 $\log_{10}x$ 的值	计算结果
modf	double modf(double val, int *ptr);	把双精度数 val 分解成数字部分和小数部分，把整数部分存放在 ptr 指向的变量中	val 的小数部分
pow	double pow(double x, double y);	求 x^y 的值	计算结果
sin	double sin(double x);	求 sin x 的值，其中 x 的单位为弧度	计算结果

续表

函数名	函数原型	功能	返回值
sinh	double sinh(double x);	计算 x 的双曲正弦函数 sinh x 的值	计算结果
sqrt	double sqrt(double x);	计算$\sqrt{x}$,其中 x≥0	计算结果
tan	double tan(double x);	计算 tan x 的值,其中 x 的单位为弧度	计算结果
tanh	double tanh(double x);	计算 x 的双曲正切函数 tanh x 的值	计算结果
log10	double log10(double);	计算以 10 为底的对数	计算结果
log	double log(double);	以 e 为底的对数	
sqrt	double sqrt(double);	开平方	
cabs	double cabs(struct complex znum);	求复数的绝对值	
ceil	double ceil(double);	取上整,返回不比 x 小的最小整数	
floor	double floor(double);	取下整,返回不比 x 大的最大整数,即高斯函数[x]	

2. 字符函数(#include <ctype.h>或#include "ctype.h")

函数名	函数原型	功能	返回值
isalnum	int isalnum(int ch);	检查 ch 是否是字母或数字	是字母或数字返回1,否则返回 0
isalpha	int isalpha(int ch);	检查 ch 是否是字母	是字母返回 1,否则返回 0
iscntrl	int iscntrl(int ch);	检查 ch 是否是控制字符(其 ASCII 码值在 0 和 0x1F 之间,数值为 0~31)	是控制字符返回1,否则返回 0
isdigit	int isdigit(int ch);	检查 ch 是否是数字(0~9)	是数字返回 1,否则返回 0
isgraph	int isgraph(int ch);	检查 ch 是否是可打印(显示)字符(0x21 和 0x7e 之间),不包括空格	是可打印字符返回非 0,否则返回 0
islower	int islower(int ch);	检查 ch 是否是小写字母(a~z)	是小字母返回非0,否则返回 0
isprint	int isprint(int ch);	检查 ch 是否是可打印字符(其 ASCII 码值在 0x21 和 0x7e 之间),包括空格	是可打印字符返回1,否则返回 0
ispunct	int ispunct(int ch);	检查 ch 是否是标点字符(不包括空格)即除字母、数字和空格以外的所有可打印字符	是标点返回 1,否则返回 0
isspace	int isspace(int ch);	检查 ch 是否是空格、跳格符(制表符)或换行符	是,返回 1,否则返回 0

续表

函数名	函数原型	功　　能	返回值
isupper	int isupper(int ch);	检查 ch 是否是大写字母(A～Z)	是大写字母返回1,否则返回 0
isxdigit	int isxdigit(int ch);	检查 ch 是否是一个十六进制数字(即 0～9,或 A～F,a～f)	是,返回 1,否则返回 0
tolower	int tolower(int ch);	将 ch 字符转换为小写字母	返回 ch 对应的小写字母
toupper	int toupper(int ch);	将 ch 字符转换为大写字母	返回 ch 对应的大写字母
isascii	int isascii(int ch)	测试参数是否是 ASCII 码值 0～127	是返回非 0,否则返回 0

3. 字符串函数(#include <string.h>或#include "string.h")

函数名	函数原型	功　　能	返回值
memchr	void memchr(void * buf, char ch, unsigned count);	在 buf 的前 count 个字符里搜索字符 ch 首次出现的位置	返回指向 buf 中 ch 的第一次出现的位置指针。若没有找到 ch,返回 NULL
memcmp	int memcmp(void * buf1, void * buf2, unsigned count);	按字典顺序比较由 buf1 和 buf2 指向的数组的前 count 个字符	buf1＜buf2,为负数 buf1＝buf2,返回 0 buf1＞buf2,为正数
memcpy	void * memcpy(void * to, void * from, unsigned count);	将 from 指向的数组中的前 count 个字符复制到 to 指向的数组中。From 和 to 指向的数组不允许重叠	返回指向 to 的指针
memove	void * memove(void * to, void * from, unsigned count);	将 from 指向的数组中的前 count 个字符复制到 to 指向的数组中。From 和 to 指向的数组不允许重叠	返回指向 to 的指针
memset	void * memset(void * buf, char ch, unsigned count);	将字符 ch 复制到 buf 指向的数组前 count 个字符中	返回 buf
strcat	char * strcat(char * str1, char * str2);	把字符 str2 接到 str1 后面,取消原来 str1 最后面的串结束符'\0'	返回 str1
strchr	char * strchr(char * str, int ch);	找出 str 指向的字符串中第一次出现字符 ch 的位置	返回指向该位置的指针,如找不到,则应返回 NULL
strcmp	int * strcmp(char * str1, char * str2);	比较字符串 str1 和 str2	若 str1 ＜ str2, 为负数 若 str1＝str2,返回 0 若 str1 ＞ str2, 为正数

续表

函数名	函 数 原 型	功　　能	返回值
strcpy	char * strcpy (char * str1, char * str2);	把 str2 指向的字符串复制到 str1 中去	返回 str1
strlen	unsigned int strlen(char * str);	统计字符串 str 中字符的个数(不包括终止符'\0')	返回字符个数
strncat	char * strncat (char * str1, char * str2, unsigned count);	把字符串 str2 指向的字符串中最多 count 个字符连到串 str1 后面,并以 NULL 结尾	返回 str1
strncmp	int strncmp(char * str1, * str2, unsigned count);	比较字符串 str1 和 str2 中至多前 count 个字符	若 str1 ＜ str2, 为负数 若 str1=str2,返回 0 若 str1 ＞ str2, 为正数
strncpy	char * strncpy(char * str1, * str2, unsigned count);	把 str2 指向的字符串中最多前 count 个字符复制到串 str1 中去	返回 str1
strnset	void * strnset (char * buf, char ch, unsigned count);	将字符 ch 复制到 buf 指向的数组前 count 个字符中	返回 buf
strset	void * strset(void * buf, char ch);	将 buf 所指向的字符串中的全部字符都变为字符 ch	返回 buf
strstr	char * strstr(char * str1, * str2);	寻找 str2 指向的字符串在 str1 指向的字符串中首次出现的位置	返回 str2 指向的字符串首次出现的地址。否则返回 NULL

4. 输入输出函数(#include ＜stdio. h＞或#include "stdio. h")

函数名	函 数 原 型	功　　能	返回值
clearerr	void clearer(FILE * fp);	清除文件指针错误指示器	无
close	int close(int fp);	关闭文件(非 ANSI 标准)	关闭成功返回 0,不成功返回-1
creat	int creat(char * filename, int mode);	以 mode 所指定的方式建立文件(非 ANSI 标准)	成功返回正数,否则返回-1
eof	int eof(int fp);	判断 fp 所指的文件是否结束	文件结束返回 1,否则返回 0
fclose	int fclose(FILE * fp);	关闭 fp 所指的文件,释放文件缓冲区	关闭成功返回 0,不成功返回非 0
feof	int feof(FILE * fp);	检查文件是否结束	文件结束返回非 0,否则返回 0

续表

函数名	函数原型	功　能	返回值
ferror	int ferror(FILE * fp);	测试 fp 所指的文件是否有错误	无错返回 0,否则返回非 0
fflush	int fflush(FILE * fp);	将 fp 所指的文件的全部控制信息和数据存盘	存盘正确返回 0,否则返回非 0
fgets	char * fgets(char * buf, int n, FILE * fp);	从 fp 所指的文件读取一个长度为(n−1)的字符串,存入起始地址为 buf 的空间	返回地址 buf。若遇文件结束或出错则返回 EOF
fgetc	int fgetc(FILE * fp);	从 fp 所指的文件中取得下一个字符	返回所得到的字符。出错返回 EOF
fopen	FILE * fopen(char * filename, char * mode);	以 mode 指定的方式打开名为 filename 的文件	成功,则返回一个文件指针,否则返回 0
fprintf	int fprintf(FILE * fp, char * format,args,…);	把 args 的值以 format 指定的格式输出到 fp 所指的文件中	实际输出的字符数
fputc	int fputc(char ch, FILE * fp);	将字符 ch 输出到 fp 所指的文件中	成功则返回该字符,出错返回 EOF
fputs	int fputs(char str, FILE * fp);	将 str 指定的字符串输出到 fp 所指的文件中	成功则返回 0,出错返回 EOF
fread	int fread(char * pt, unsigned size, unsigned n, FILE * fp);	从 fp 所指定文件中读取长度为 size 的 n 个数据项,存到 pt 所指向的内存区	返回所读的数据项个数,若文件结束或出错返回 0
fscanf	int fscanf(FILE * fp, char * format,args,…);	从 fp 指定的文件中按给定的 format 格式将读入的数据送到 args 所指向的内存变量中(args 是指针)	已输入的数据个数
fseek	int fseek(FILE * fp, long offset, int base);	将 fp 指定的文件的位置指针移到 base 所指定的位置为基准、以 offset 为位移量的位置	返回当前位置,否则返回−1
ftell	long ftell(FILE * fp);	返回 fp 所指定的文件中的读写位置	返回文件中的读写位置,否则返回 0
fwrite	int fwrite(char * ptr, unsigned size, unsigned n, FILE * fp);	把 ptr 所指向的 n * size 字节输出到 fp 所指向的文件中	写到 fp 文件中的数据项的个数
getc	int getc(FILE * fp);	从 fp 所指向的文件中读出下一个字符	返回读出的字符,若文件出错或结束返回 EOF
getchar	int getchar();	从标准输入设备中读取下一个字符	返回字符,若文件出错或结束返回−1
gets	char * gets(char * str);	从标准输入设备中读取字符串存入 str 指向的数组	成功返回 str,否则返回 NULL

续表

函数名	函 数 原 型	功　　能	返回值
open	int open(char * filename, int mode);	以 mode 指定的方式打开已存在的名为 filename 的文件(非 ANSI 标准)	返回文件号(正数),如打开失败返回－1
printf	int printf(char * format, args,…);	在 format 指定的字符串的控制下,将输出列表 args 的值输出到标准设备	输出字符的个数。若出错返回负数
prtc	int prtc(int ch, FILE * fp);	把一个字符 ch 输出到 fp 所指的文件中	输出字符 ch,若出错返回 EOF
putchar	int putchar(char ch);	把字符 ch 输出到 fp 标准输出设备	返回换行符,若失败返回 EOF
puts	int puts(char * str);	把 str 指向的字符串输出到标准输出设备,将'\0'转换为回车行	返回换行符,若失败返回 EOF
putw	int putw(int w, FILE * fp);	将一个整数 i(即一个字)写到 fp 所指的文件中(非 ANSI 标准)	返回读出的字符,若文件出错或结束返回 EOF
read	int read(int fd, char * buf, unsigned count);	从文件号 fp 所指定文件中读 count 字节到由 buf 知识的缓冲区(非 ANSI 标准)	返回真正读出的字节个数,如文件结束返回 0,出错返回－1
remove	int remove (char * fname);	删除以 fname 为文件名的文件	成功返回 0,出错返回－1
rename	int remove (char * oname, char * nname);	把 oname 所指的文件名改为由 nname 所指的文件名	成功返回 0,出错返回－1
rewind	void rewind(FILE * fp);	将 fp 指定的文件指针置于文件头,并清除文件结束标志和错误标志	无
scanf	int scanf(char * format, args,…);	从标准输入设备按 format 指示的格式字符串规定的格式,输入数据给 args 所指示的单元。args 为指针	读入并赋给 args 数据个数。如文件结束返回 EOF,若出错返回 0
write	int write(int fd, char * buf, unsigned count);	从 buf 指示的缓冲区输出 count 个字符到 fd 所指的文件中(非 ANSI 标准)	返回实际写入的字节数,如出错返回－1

5. 动态存储分配函数(＃include ＜stdlib. h＞或＃include "stdlib. h")

函数名	函 数 原 型	功　　能	返回值
callloc	void * calloc(unsigned n, unsigned size);	分配 n 个数据项的内存连续空间,每个数据项的大小为 size	分配内存单元的起始地址。如不成功,返回 0
free	void free(void * p);	释放 p 所指内存区	无

续表

函数名	函数原型	功　能	返回值
malloc	void * malloc(unsigned size);	分配size字节的内存区	所分配的内存区地址,如内存不够,返回0
realloc	void * realloc(void * p, unsigned size);	将p所指的已分配的内存区的大小改为size。size可以比原来分配的空间大或小	返回指向该内存区的指针。若重新分配失败,返回NULL

6. 其他函数(#include <stdlib.h>或#include "stdlib.h")

函数名	函数原型	功　能	返回值
abs	int abs(int num);	计算整数num的绝对值	返回计算结果
atof	double atof(char * str);	将str指向的字符串转换为一个double型的值	返回双精度计算结果
atoi	int atoi(char * str);	将str指向的字符串转换为一个int型的值	返回转换结果
atol	long atol(char * str);	将str指向的字符串转换为一个long型的值	返回转换结果
exit	void exit(int status);	中止程序运行。将status的值返回调用的过程	无
itoa	char * itoa(int n, char * str, int radix);	将整数n的值按照radix进制转换为等价的字符串,并将结果存入str指向的字符串中	返回一个指向str的指针
labs	long labs(long num);	计算long型整数num的绝对值	返回计算结果
ltoa	char * ltoa(long n, char * str, int radix);	将长整数n的值按照radix进制转换为等价的字符串,并将结果存入str指向的字符串	返回一个指向str的指针
rand	int rand(void);	产生0～32 767的随机整数(0～0x7fff)	返回一个伪随机(整)数
random	int random(int num);	产生0～num的随机数	返回一个随机(整)数
randomize	void randomize();	初始化随机函数,使用时包括头文件time.h	
putenv	int putenv(const char * name)	将字符串name增加到DOS环境变量中	0:操作成功,-1:操作失败
ecvt	char * ecvt(double value, int ndigit,int * dec,int * sign)	将浮点数转换为字符串 value为待转换的浮点数,ndigit为转换后的字符串长度	转换后的字符串指针

参 考 文 献

[1] 谭浩强. C程序设计[M]. 5版. 北京：清华大学出版社，2017.

[2] 苏小红,王宇颖,孙志岗. C语言程序设计[M]. 2版. 北京：高等教育出版社，2013.

[3] 何钦铭,颜晖. C语言程序设计[M]. 北京：高等教育出版社，2008.

[4] 冯林. C语言程序设计教程[M]. 北京：高等教育出版社，2015.

[5] 苏小红,孙志岗,陈慧鹏. C语言大学实用教程[M]. 3版. 北京：电子工业出版社，2012.

[6] 王祥宏. C语言程序设计[M]. 西安：西安电子科技大学出版社，2007.

[7] 王敬华. C语言程序设计教程[M]. 2版. 北京：清华大学出版社，2009.

[8] 田丽华. C语言程序设计[M]. 2版. 北京：清华大学出版社，2012.

[9] 曹哲,刘军. C语言程序设计[M]. 北京：机械工业出版社，2012.

[10] 朱鸣华,刘旭麟,杨微. C语言程序设计教程[M]. 3版. 北京：机械工业出版社，2014.

图书资源支持

感谢您一直以来对清华版图书的支持和爱护。为了配合本书的使用，本书提供配套的资源，有需求的读者请扫描下方的“书圈”微信公众号二维码，在图书专区下载，也可以拨打电话或发送电子邮件咨询。

如果您在使用本书的过程中遇到了什么问题，或者有相关图书出版计划，也请您发邮件告诉我们，以便我们更好地为您服务。

我们的联系方式：

地　　址：北京市海淀区双清路学研大厦 A 座 701

邮　　编：100084

电　　话：010－62770175－4608

资源下载：http://www.tup.com.cn

客服邮箱：tupjsj@vip.163.com

QQ：2301891038（请写明您的单位和姓名）

资源下载、样书申请

书圈

扫一扫，获取最新目录

用微信扫一扫右边的二维码，即可关注清华大学出版社公众号“书圈”。